AutoCAD 2009 中文版
实用教程

主 编 李绍鹏 周吉生

副主编 黄 猛 贾 磊 郭佳俊 魏铁建

電子工業出版社

Publishing House of Electronics Industry

北京·BEIJING

内 容 简 介

　　本书循序渐进地介绍了 AutoCAD 的绘图方法和技巧，重点对二维图形的绘制与编辑，以及三维图形的绘制与编辑进行了阐述，同时在本书的最后对于 AutoCAD 在建筑制图和机械制图中的应用也做了比较详细的说明。本书在介绍基础知识的同时，配以丰富的例题与讲解，并针对书中每章的知识点，精心设计了切合该章知识点的动手实践和上机操作题，可以帮助读者快速地掌握 AutoCAD 绘图的基础知识，轻松地进行图形绘制。

　　本书结构清晰，强调理论与实践相结合，注重可读性和实用性，并且每章都有该章要点和导读。本书既可作为各类职业院校计算机应用技术专业的教材，也可用做计算机培训班、辅导班和短训班的教材，还可作为相关技术人员与自学者的学习和参考用书。

图书在版编目(CIP)数据

AutoCAD 2009 中文版实用教程 / 李绍鹏，周吉生主编. —北京：电子工业出版社，2010.6
ISBN 978-7-121-10865-5

Ⅰ．①A… Ⅱ．①李… ②周… Ⅲ．①计算机辅助设计－应用软件，AutoCAD 2009－教材
Ⅳ．①TP391.72

中国版本图书馆 CIP 数据核字(2010)第 086386 号

策划编辑：　祁玉芹
责任编辑：　鄂卫华
印　　刷：　北京市天竺颖华印刷厂
装　　订：　三河市鑫金马印装有限公司
出版发行：　电子工业出版社
　　　　　　北京市海淀区万寿路 173 信箱　邮编 100036
开　　本：　787×1092　1/16　　印张：18.5　　字数：474 千字
印　　次：　2010 年 6 月第 1 次印刷
定　　价：　29.00 元

　　凡所购买电子工业出版社图书有缺损问题，请向购买书店调换。若书店售缺，请与本社发行部联系，联系及邮购电话：(010) 88254888。

　　质量投诉请发邮件至 zlts@phei.com.cn，盗版侵权举报请发邮件至 dbqq@phei.com.cn。

　　服务热线：(010) 88258888。

前 言

AutoCAD 是目前世界上最流行的计算机辅助设计软件之一。由于 AutoCAD 具有简便易学、定位准确等优点，一直深受工程设计人员的青睐。目前 AutoCAD 系列版本已广泛应用于建筑、机械、电子、土木、航天和石油化工等工程设计领域。因此，熟练掌握 AutoCAD 软件的使用，是每个从事建筑、机械、电子、土木、航天、石油化工等相关行业工程技术人员必备的基本功和基本技能。

为了能够使读者快速地掌握 AutoCAD 绘图的方法和技巧，本书在介绍 AutoCAD 基本概念和基本操作的同时，配以大量的课堂练习，并设计了配合本书的上机操作题，力求使本书成为一本可读性和实用性强的好教材。

全书共分为 18 章，各章内容安排如下：

第 1 章重点介绍了 AutoCAD 2009 的基本操作界面、命令输入方式、基本绘图环境的设置和图形文件的管理，并对 AutoCAD 的基本功能进行了说明，使读者对 AutoCAD 软件有一个初步的了解。

第 2 章主要介绍了 AutoCAD 中图形对象的选择方法，常用的夹点编辑功能，以及如何快速地平移和缩放视图。

第 3 章详细介绍了 AutoCAD 提供的辅助绘图工具，坐标和坐标系的定义，以及如何利用点和构造线精确定位。

第 4 章着重介绍了 AutoCAD 中绘制直线、多段线、多线、圆、圆弧、椭圆、椭圆弧、样条曲线、修订云线、矩形、多边形和圆环等基本图形的方法。

第 5 章介绍了 AutoCAD 中对图形进行移动、旋转、删除、拉伸、延伸、修剪、打断、缩放、圆角、倒角和分解等的基本方法。

第 6 章详细介绍了如何利用复制、镜像、偏移、阵列等命令快速地绘制有重复图形的图形对象。

第 7 章重点介绍了对图形对象进行图案填充的方法。

第 8 章讲述了几种比较复杂的，有一定规律的二维图形对象的绘制技巧和方法。

第 9 章详细讲解了文字样式的设置方法，以及创建单行文字、多行文字、对文字进行编辑和创建表格的方法。

第 10 章介绍了尺寸标注样式的创建方法，以及进行长度型尺寸标注、径向尺寸标注、角度尺寸标注、引线标注、尺寸公差尺寸标注、形位公差尺寸标注和对尺寸标注进行编辑的方法。

第 11 章着重介绍了图层的基本概念和一些基本操作，以及对图层进行管理的方法。

第 12 章讲述了图块的基本概念、图块的创建方法，以及创建带属性的图块和动态图块的方法。

第 13 章介绍了三维绘图的一些基础知识，包括三维实体的观察、三维绘图视图和视口的基本操作、用户坐标系的定义和创建等。

第 14 章详细介绍了在 AutoCAD 中绘制三维网格面和三维实体等基本三维模型的方法。

第 15 章重点介绍了一些三维通用编辑命令的使用，同时介绍了三维实体面、三维边和三维实体编辑的方法，最后介绍了布尔运算的用法。

第 16 章着重介绍了打印图形的一些基础知识，包括如何创建打印布局，如何创建打印样式和如何打印图形等。

第 17 章全面介绍了 AutoCAD 在建筑制图中的一些基本应用，包括建筑制图标准的实现、样板图的绘制，以及各种建筑图的基本绘制方法。

第 18 章介绍了 AutoCAD 在机械制图中的一些基本应用，包括机械制图标准的实现、模板的使用，以及各种机械图的基本绘制方法。

本书每章的前面都有该章要点和导读，书后都安排了形式灵活的习题，包括填空、选择、问答和上机操作题，以帮助读者牢固掌握所学的知识。书中所有的命令行提示都给出解释说明，以便读者能够详细了解操作过程和操作方法。本书可作为各类职业院校计算机应用技术专业的教材，也可用做计算机培训班、辅导班和短训班的教材，还可作为相关技术人员和自学者的学习和参考用书。

本书由李绍鹏、周吉生担任主编，副主编是黄猛、贾磊、郭佳俊和魏铁建，此外参加本书编写的人员还有朱敬、马新春、朱涛、孟昭宏、杜彦平、封新亚、高翔、马利平和宋磊。由于作者水平有限，书中难免存在疏漏和错误之处，恳请专家和广大读者批评指正。

为了使本书更好地服务于授课教师的教学，我们为本书配备了教学课件和习题答案。使用本书作为教材授课的教师，如果需要本书的教学课件，可到网址 www.tqxbook.com 下载。如有问题，可与我们联系。

我们的 E-mail 地址：qiyuqin@phei.com.cn。电话：（010）68253127（祁玉芹）。

编著者
2010 年 05 月

目 录

第 1 章　AutoCAD 基础

本章要点：

- AutoCAD 2009 的启动
- AutoCAD 2009 的界面
- AutoCAD 2009 命令输入方式
- 绘图环境设置
- 图形文件管理

本章导读：

- **基础内容**：AutoCAD 2009 操作界面的组成，命令输入的基本方式，以及对图形文件进行管理的基本方法。
- **重点掌握**：如何灵活地采用不同的命令输入方式绘制图形，如何对图形文件进行合理的管理。
- **一般了解**：本章所讲的内容是学习以后章节的基础，均需要读者了解掌握。

课 堂 讲 解

　　AutoCAD 是 AutoDesk 公司开发的计算机辅助设计软件，它在二维绘图编辑、文件管理和三维处理等方面具有强大的功能，它可以帮助工程设计人员进行精确的设计工作。目前，AutoCAD 在建筑、机械、电子、土木和医学等很多领域，都有着非常广泛的应用。

1.1　AutoCAD 2009 系统界面

　　图 1-1 显示的是 AutoCAD 2009 的【二维草图与注释】工作空间的绘图工作界面。
　　系统给用户提供了【二维草图与注释】、【三维建模】和【AutoCAD 经典】3 种工作空间。所谓工作空间，是指由分组组织的菜单、工具栏、选项板和功能区控制面板组成的集合，通俗地说也就是我们可见到的一个软件操作界面的组织形式。对于老用户来说，比较习惯于传统的【AutoCAD 经典】工作空间的界面，它延续了 AutoCAD 从 R14 版本以来一直保持的界面，用户可以通过单击如图 1-2 所示的按钮，在弹出的菜单中切换工作空间。

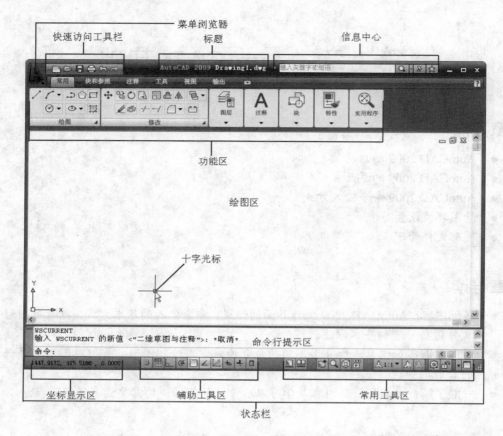

图 1-1 【二维草图与注释】工作空间的绘图工作界面

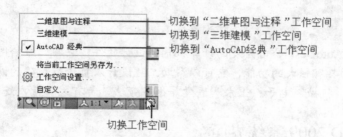

图 1-2 切换工作空间

图 1-3 为传统的【AutoCAD 经典】工作空间的界面的效果，如果用户想进行三维图形的绘制，可以切换到【三维建模】工作空间，它的界面上提供了大量的与三维建模相关的界面项，与三维无关的界面项将被省去，方便了用户的操作。

在 AutoCAD 2009 的【工作空间】工具栏中，提供了【AutoCAD 经典】、【二维草图与注释】和【三维建模】3 种不同的工作空间，用户也可以通过"工作空间"工具栏来切换工作空间。

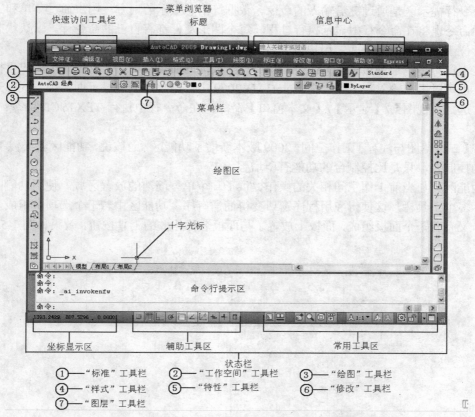

图 1-3　传统的【AutoCAD 经典】工作空间的界面

AutoCAD 2009 工作界面的底部是状态栏。其中坐标显示区显示十字光标当前的坐标位置，鼠标左键单击一次，则呈灰度显示，固定当前坐标值，数值不再随光标的移动而改变，再次单击则恢复。辅助工具区集成了用于辅助制图的一些工具，常用工具区集成了一些在制图过程中经常会用到的工具，其功能如图 1-4 所示。

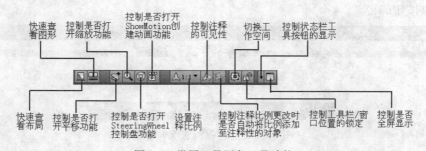

图 1-4　常用工具区各工具功能

十字光标用于定位点、选择和绘制对象，由定点设备（如鼠标、光笔）控制。当移动定点设备时，十字光标的位置会作相应的移动，这就像手工绘图中的笔一样方便，并且可以通过选择【工具】/【选项】命令，在弹出的"选项"对话框中改变十字光标的大小（默认大小是 5）。

命令行提示区是通过键盘输入的命令、数据等信息显示的地方，用户通过菜单和工具栏执行的命令也将在命令行中显示执行过程。每个图形文件都有自己的命令行，默认状态下，命令行位于系统窗口的下面，用户可以将其拖动到屏幕的任意位置。

　　文本窗口是记录 AutoCAD 命令的窗口，是放大的命令行窗口，它记录了用户已执行的命令，也可以用来输入新命令。在 AutoCAD 2009 中，用户可以通过下面 3 种方式打开文本窗口：选择【视图】/【显示】/【文本窗口】命令；在命令行中执行 TEXTSCR 命令；按 F2键。

　　在【二维草图与注释】工作空间，2009 版本新增了功能区，应该说，功能区就类似于 2008版本的控制台，只是比控制台的功能有所增强。

　　功能区为与当前工作空间相关的操作提供了一个单一简洁的放置区域。使用功能区时无需显示多个工具栏，这使得应用程序窗口变得简洁有序。功能区由若干个选项卡组成，每个选项卡又有若干个面板组成，面板上放置了与面板名称相关的工具按钮，效果如图 1-5 所示。

图 1-5　功能区功能演示

　　用户可以根据实际绘图的情况，将面板展开，也可以将选项卡最小化，仅保留面板标题，效果如图 1-6 所示，用户也可以再次单击【最小化为选项卡】按钮，仅保留选项卡的名称，效果如图 1-7 所示，这样就可以获得最大的工作区域。当然，用户如果想显示面板，只需要再次单击该按钮即可。

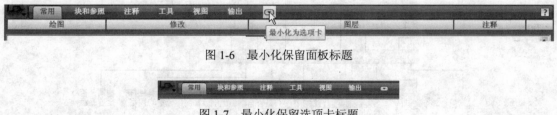

图 1-6　最小化保留面板标题

图 1-7　最小化保留选项卡标题

　　功能区可以水平显示、垂直显示或显示为浮动选项板。创建或打开图形时，默认情况下，在图形窗口的顶部将显示水平的功能区。用户可以在选项卡标题、面板标题或者功能区标题处单击鼠标右键，会弹出相关的快捷菜单，从而可以对选项卡、面板或者功能区进行操作，可以控制显示，可以控制是否浮动等。

1.2 AutoCAD 命令输入方式

AutoCAD 2009 常用的输入方法是鼠标和键盘输入，在绘图时两种设备是结合进行的，利用键盘输入命令和参数，利用鼠标执行工具栏中的命令、选择对象和捕捉关键点等。

1.2.1 命令与系统变量

在 AutoCAD 中，系统变量用于控制某些命令工作方式的设置。它们可以打开或关闭模式，如【捕捉】、【栅格】或【正交】等；可以设置填充图案的默认比例；可以存储关于当前图形和 AutoCAD 配置的信息。

命令是用户需要进行的某个操作。系统变量的控制一般在命令行中执行，一些情况下也可以通过单击按钮执行。

大部分的 AutoCAD 命令都可以通过键盘在命令行中执行（而且部分命令只有在命令行中才能执行），并且文本内容、坐标、数值以及各种参数的输入，大部分是通过键盘来进行的。

1.2.2 通过鼠标绘图

使用鼠标绘图包含两方面的意思：利用鼠标执行命令和利用鼠标在绘图区域里选择对象并绘图。

鼠标在绘图中能够引导系统弹出预置菜单和快捷菜单，快捷菜单的内容是由右击鼠标的位置以及是否配合其他键来决定的。通过快捷菜单可以方便快捷地完成一系列操作，包括命令和变量的输入、设置等。对于三键鼠标，弹出按钮通常是鼠标的中间按钮。

用鼠标执行【直线】绘图命令的过程如下：选择【绘图】/【直线】命令，即可执行直线命令，命令行提示如下。

命令: _line 指定第一点: //系统提示用户在绘图区用鼠标或者坐标值定位第一点

1.2.3 通过按钮命令绘图

通过按钮命令绘图是指用户通过单击工具栏中相应的按钮来执行命令。用按钮执行【直线】绘图命令的过程如下：单击【绘图】工具栏中的【直线】按钮 ，执行直线命令，命令行提示如下。

命令: _line 指定第一点: //系统提示用户在绘图区用鼠标或者坐标值定位第一点

1.2.4 通过命令形式绘图

在 AutoCAD 中，大部分命令都具有别名，用户可以直接在命令行中输入别名并按下 Enter 键来执行命令。

通过命令形式执行【直线】绘图命令的过程如下：在命令行中直接输入 line，按 Enter 键，命令行提示如下。

> 命令: line   //输入命令，按 Enter 键
> 指定第一点: //系统提示用户在绘图区用鼠标或者坐标值定位第一点

> 在 AutoCAD 中，命令不区分大小写，对于直线命令来说，LINE、line 和 Line 执行效果是一样的，甚至 LiNe 也可以执行直线命令。

1.2.5　使用透明命令

在执行某一个命令的过程中去执行另一个命令，这叫透明地使用命令。例如在画直线的过程中需要缩放视图，则可以使用透明命令，缩放视图之后回来接着画直线。

使用透明命令主要用于修改图形设置或打开绘图辅助工具，例如对象捕捉和正交模式，而选择对象、创建新对象、重新生成图像或结束绘图任务的命令不可以透明地调用。

以【直线】命令为例，单击【直线】按钮 ✐ 执行【直线】命令，同时单击【标准】工具栏中的【实时缩放】按钮 🔍，命令行提示如下。

> 命令: _line 指定第一点:'_zoom   //执行【直线】命令的同时执行【实时缩放】命令
> >>指定窗口的角点，输入比例因子 (nX 或 nXP)，或者   //系统提示信息
> [全部(A)/中心(C)/动态(D)/范围(E)/上一个(P)/比例(S)/窗口(W)/对象(O)] <实时>:   //缩放视图
> >>按 Esc 键或 Enter 键退出，或单击右键显示快捷菜单   //按 Esc 键或按 Enter 键退出
> 正在恢复执行 LINE 命令   //系统提示信息
> 指定第一点: //继续执行直线命令，系统提示用户在绘图区用鼠标或者坐标值定位第一点

1.2.6　重复执行上一次命令

用户在执行完上一次命令之后，如果还想继续执行这个命令，可以按 Enter 键继续执行。

如果用户在执行完【直线】命令之后，还要继续使用【直线】命令绘图，命令行提示如下。

> 命令: _line 指定第一点: //系统提示用户在绘图区用鼠标或者坐标值定位第一点
> 指定下一点或 [放弃(U)]:   //系统提示用户在绘图区用鼠标或者坐标值定位第二点
> 指定下一点或 [放弃(U)]:   //按 Enter 键，完成一次直线命令
> 命令: //按 Enter 键，重复执行【直线】命令
> LINE 指定第一点: //系统提示用户在绘图区用鼠标或者坐标值定位第一点

1.2.7　退出执行命令

在绘图过程中，如果用户不想执行当前命令，按 Esc 键，退出命令的执行即可。

1.3　绘图环境基本设置

在用户使用 AutoCAD 绘图之前，首先要对绘图单位，以及绘图区域进行设置，以便能

够确定绘制的图纸与实际尺寸的关系，便于用户绘图。

1.3.1 设置绘图界限

一般来说，如果用户不作任何设置，AutoCAD 系统对作图范围没有限制。可以将绘图区看作是一幅无穷大的图纸，但所绘图形的大小是有限的，因此为了更好地绘图，需要设定作图的有效区域。

选择【格式】/【图形界限】命令，或在命令行中输入 LIMITS，命令行提示如下。

```
命令:LIMITS                                    //执行命令
重新设置模型空间界限:                            //系统提示信息
指定左下角点或 [开(ON)/关(OFF)] <0.0000,0.0000>: //用鼠标或者坐标值定位左下角点
指定右上角点 <420.0000,297.0000>:              //用鼠标或者坐标值定位右上角点
```

在执行 LIMITS 命令的过程中，将出现 4 个选项，分别为【开】、【关】、【指定左下角点】和【指定右上角点】。【开】选项表示打开绘图界限检查，如果所绘图形超出了图限，则系统不绘制出此图形并给出提示信息，从而保证了绘图的正确性；【关】选项表示关闭绘图界限检查；【指定左下角点】选项表示设置绘图界限左下角坐标；【指定右上角点】选项表示设置绘图界限右上角坐标。

提示 绘图界限也用于辅助栅格的显示和图形缩放。当打开栅格时，系统仅在图形界限内显示栅格，而将图形全部缩放时，系统将按图形界限缩放图形。模型空间和图纸空间的图形界限是相互独立的，需要分别进行设置。不过，模型空间和图纸空间的图形界限的设置方法相同。

1.3.2 设置绘图单位

在 AutoCAD 中，用户可以使用各种标准单位进行绘图，对于中国用户来讲，通常使用毫米、厘米、米和千米等作为单位，毫米是最常用的一种绘图单位。不管采用何种单位，在绘图时只能以图形单位计算绘图尺寸。

选择【格式】/【单位】命令，或在命令行中输入 DDUNITS 命令，弹出如图 1-8 所示的【图形单位】对话框，在该对话框中可以对图形单位进行设置。

对话框中【长度】选项组中的【类型】下拉列表框用于设置长度单位的格式类型；【精度】下拉列表框用于设置长度单位的显示精度。【角度】选项组中的【类型】下拉列表框用于设置角度单位的格式类型；【精度】下拉列表框用于设置角度单位的显示精度；选中【顺时针】复选框，表明角度测量方向是顺时针方向，不选中此复选框则角度测量方向为逆时针方向。角度测量的默认方向是按逆时针方向度量的。

单击【方向】按钮，弹出如图 1-9 所示的【方向控制】对话框，在对话框中可以设置起始角度（0B）的方向。在 AutoCAD 的默认设置中，0B 方向是指向右（亦即正东）的方向，逆时针方向为角度增加的正方向。在对话框中可以选中 5 个单选按钮中的任意一个来改变角度测量的起始位置。也可以通过选中【其他】单选按钮，并单击【拾取】按钮，在图形窗口中拾取两个点来确定在 AutoCAD 中 0B 的方向。

图 1-8 【图形单位】对话框 图 1-9 【方向控制】对话框

1.4 图形文件管理

与其他 Windows 界面风格的软件一样,创建新文件、打开已有文件、保存文件、输入文件和关闭文件都是软件操作的基本内容,下面将详细介绍这些内容。

1.4.1 创建新的 AutoCAD 文件

选择【文件】/【新建】命令,单击【标准】工具栏或者【快速访问】工具栏上的【新建】按钮□,均可创建新的图形文件。

当系统变量 startup=0 时,打开【选择样板】对话框。打开对话框之后,系统自动定位到样板文件所在的文件夹,用户无需做更多设置,在样板列表中选择合适的样板,并在右侧的【预览】框内观看到样板的预览图像,选择好样板之后,单击【打开】按钮即可创建出新图形文件。

也可以不选择样板,单击【打开】按钮右侧的下三角按钮,弹出附加下拉菜单,用户可以从中选择【无样板打开-英制】或者【无样板打开-公制】命令来创建新图形,新建的图形不以任何样板为基础。

当系统变量 startup=1 时,弹出如图 1-10 所示的【创建新图形】对话框,用户可以使用【从草图开始】、【使用样板】和【使用向导】三种方式创建新图形。

当【从草图开始】按钮被按下时,界面如图 1-10 所示。用户可以选择【公制】或者【英制】两种方式创建新图形,选定的设置决定系统变量要使用的默认值,这些系统变量可控制文字、标注、栅格、捕捉以及默认的线型和填充图案文件。

当【使用样板】按钮被按下时,界面如图 1-11 所示。用户可以从【选择样板】列表框中选择合适的样板来创建图形。

当【使用向导】按钮被按下时,界面如图 1-12 所示。用户可以通过设置向导逐步建立基本图形设置,向导提供了两个选项用来设置图形:快速设置向导和高级设置向导。快速设置向导用于设置测量单位、显示单位的精度和栅格界限。高级设置向导除了设置测量单位、显示单位的精度和栅格界限外,还可以进行角度设置(例如测量样式的单位、精度、方向和方位)。

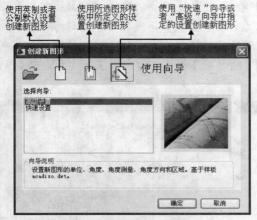

图 1-10　【创建新图形】对话框

图 1-11　【使用样板】创建图形

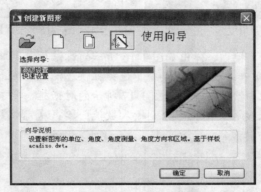

图 1-12　【使用向导】创建图形

※ 例 1-1　使用高级设置向导创建图形

要创建一个机械图形，长度为 300，宽度为 250，要求以东为正方向，逆时针测量角度。设置绘图环境。

具体操作步骤如下。

（1）在图 1-12 所示的对话框中，选择【高级设置】选项，单击【确定】按钮，弹出如图 1-13 所示的对话框。要求用户设置新创建的图形文件的默认测量单位，有【小数】、【工程】、【建筑】、【分数】和【科学】5个单选按钮可供选择，在【精度】下拉列表框中可以选择测量单位的精度格式。这里选中【小数】单选按钮，选择精度为0.000。

（2）单击【下一步】按钮，弹出如图 1-14 所示的对话框，要求用户对绘图角度单位进行设置。系统提供了【十进制度

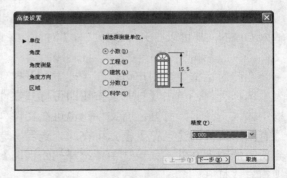

图 1-13　设置单位

数）、【度/分/秒】、【百分度】、【弧度】和【勘测】等 5 种角度单位，在【精度】下拉列表框中可以设置角度测量单位的精度格式。这里选中【十进制度数】单选按钮，选择精度为 0。

（3）单击【下一步】按钮，弹出如图 1-15 所示的对话框，要求对角度测量的起始方向进行设置。系统提供了【东】、【北】、【西】、【南】和【其他】等 5 个方向设置。这里选中【东】单选按钮。

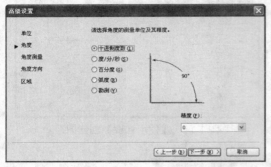

图 1-14　设置角度　　　　　　　　　　　图 1-15　设置角度测量起始方向

（4）单击【下一步】按钮，弹出如图 1-16 所示的对话框，要求用户设置角度测量的方向。系统提供了【逆时针】和【顺时针】两个单选按钮供选择，这里选中【逆时针】单选按钮。

（5）单击【下一步】按钮，弹出如图 1-17 所示的对话框，要求用户设置绘图区域。用户可以在【宽度】和【长度】文本框中分别输入数值。单击【完成】按钮，完成设置。

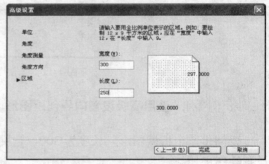

图 1-16　设置角度测量的方向　　　　　　图 1-17　设置绘图区域

1.4.2　打开 AutoCAD 文件

选择【文件】/【打开】命令，或单击【标准】工具栏中的【打开】按钮，或在命令行中输入 OPEN，都可以打开【选择文件】对话框。该对话框用于打开已经存在的 AutoCAD 图形文件。

在此对话框中，用户可以在【搜索】下拉列表框中选择文件所在的位置，然后在文件列表中选择文件，单击【打开】按钮即可打开文件。另外，用户还可以直接在【文件名】文本框中输入文件名，打开已有文件，也可在文件列表框中双击需打开的文件。在此对话框的右边有图形文件的【预览】框，可在此处查看所选择图形文件的预览图，这样就可以很方便找到所需的图形文件。如果选中【选择初始视图】复选框，目标图形文件将以定义过的第一个视窗方式打开。

1.4.3 保存 AutoCAD 文件

选择【文件】/【保存】命令，或单击【标准】工具栏中的【保存】按钮，或在命令行中输入 SAVE，都可以对图形文件进行保存。如果当前的图形文件已经命名，则按此名称保存文件；如果当前图形文件尚未命名，则弹出【图形另存为】对话框，该对话框用于保存已经创建但尚未命名的图形文件。

在【图形另存为】对话框中，【保存于】下拉列表框用于设置图形文件保存的路径；【文件名】文本框用于输入图形文件的名称；【文件类型】下拉列表框用于选择文件保存的格式。AutoCAD 2009 图形文件可以保存为如下几种格式。

（1）　DWG：AutoCAD 的图形文件。

（2）　DXF：包含图形信息的文本文件，其他的 CAD 系统可以从此文件读取该图形信息。

（3）　DWS：二维矢量图形，用于在因特上发布 AutoCAD 图形。

（4）　DWT：AutoCAD 样板文件。

> 在将图形保存为 DWG 文件之后，用户可以发现在文件夹中还有一个 BAK 后缀的文件，BAK 文件是一个副本文件，可以用来恢复备份副本。

对于已经保存的文件，用户可以选择【文件】/【另存为】命令，在弹出的【图形另存为】对话框中重新设置保存路径、文件名称和文件类型。

由于在使用计算机绘制和设计图形时，经常会遇到停电等突发事件使自己的努力付诸东流，所以在使用 AutoCAD 绘图过程中需要经常存盘。用户可以利用系统提供的自动保存功能经常保存文件。选择【工具】/【选项】命令，弹出【选项】对话框，在【打开和保存】选项卡的【文件安全措施】选项组的【保存间隔分钟数】文本框中输入适当的数值，例如 5 或者 10，选中【自动保存】复选框，如图 1-18 所示，单击【确定】按钮完成设置，系统就会每隔 5 分钟或 10 分钟自动保存图形。

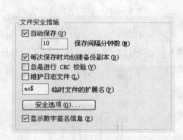

图 1-18　自动保存设置

1.4.4 关闭 AutoCAD 文件

完成图形的绘制以后，选择【文件】/【关闭】命令，或者单击菜单栏右侧的【关闭】按钮⊠，或者在命令行中输入 CLOSE，即可关闭图形文件。如果用户没有对图形文件做最后一次保存，则会弹出提示框，提示用户对当前图形进行最后一次保存。

1.5 AutoCAD 功能说明

AutoCAD 具有 CAD 软件所具有的一切基本功能，用户可以使用 AutoCAD 绘制基本的二维图形和三维图形，对二维图形、三维图形进行编辑，也可以使用 AutoCAD 对二维图形进行精确的标注，将绘制的图形输出打印等。

（1） 绘制二维图形。

AutoCAD 提供了基本的二维绘图工具，用于绘制直线、中心线、圆、椭圆、圆弧、矩形等基本图形，并且还提供了多种编辑工具，可以对这些基本图形进行编辑。如图 1-19 所示就是一个绘制完成的二维图形。

（2） 绘制三维图形。

AutoCAD 提供了比较强大的三维绘图功能，包括基本的三维网格面和三维体绘制工具等，用户可以很轻松地绘制出圆柱、圆锥、球等三维图形。另外，用户还可以使用拉伸、旋转、镜像、扫描等基础编辑工具，生成比较复杂的三维实体。如图 1-20 所示就是一个绘制完成的三维实体模型。

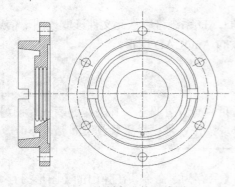 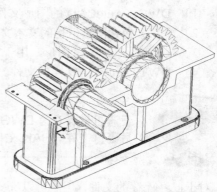

图 1-19　绘制完成的二维图形　　　　　　图 1-20　绘制完成的三维实体模型

（3） 标注尺寸。

标注尺寸是向图形中添加测量注释的过程，同时尺寸也是由创建的模型的外观限定，在整个绘图过程中是不可缺少的一环。AutoCAD 2009 为用户提供了各种标注工具，用于给图形进行精确的标注。如图 1-21 所示是一个经过标注的零件图。

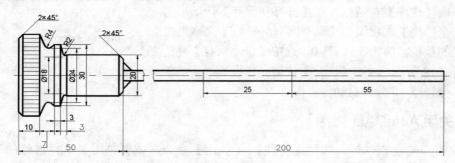

图 1-21　经过标注的零件图

（4） 打印图形。

图形绘制完成后可以使用多种方法将其输出，例如，将图形打印输出。

1.6　动手实践

创建一个 AutoCAD 文件，将其保存在 C 盘的【AutoCAD 文件】文件夹中，文件名为【练习 1】，创建的新文件不使用样板，使用公制进行创建。创建完成后，在 C 盘的【AutoCAD】

文件夹中再保存一个备份，文件名为【练习1备份】，保存完成后，退出 AutoCAD 系统。

具体操作步骤如下。

（1）选择【开始】/【程序】/Autodesk/AutoCAD 2009-Simplified Chinese/AutoCAD 2009 命令，启动 AutoCAD 2009 中文版。

（2）此时要保证处于【显示"启动"对话框】状态，启动后，弹出【创建新图形】对话框，单击【从草图开始】按钮，在弹出的【默认设置】选项组中选中【公制】单选按钮，如图 1-22 所示，单击【确定】按钮。

图 1-22　【创建新图形】对话框

（3）单击【确定】按钮之后，弹出【新功能专题研习】窗口，选中【以后再说】单选按钮，单击【确定】按钮，进入绘图界面。

（4）选择【文件】/【保存】命令，弹出【图形另存为】对话框。在【保存于】下拉列表框中选择路径【C:/AutoCAD 文件】，在【文件名】文本框中输入【练习1】，单击【保存】按钮，保存图形文件。

（5）选择【文件】/【另存为】命令，弹出【图形另存为】对话框。在【保存于】下拉列表框中选择路径【C:/AutoCAD 文件】，在【文件名】下拉列表框中输入【练习1备份】，单击【保存】按钮，保存图形文件。

（6）选择【文件】/【退出】命令，退出 AutoCAD 系统。

1.7　习题练习

1.7.1　填空题

（1）AutoCAD 图形文件的格式是_____，AutoCAD 样板文件的格式是_____。

（2）选择【工具】/【_____】命令，弹出【_____】对话框，在【_____】选项卡中可以设置自动保存的时间。

（3）使用【创建新图形】对话框创建新图形，有_____，_____和_____3种方法。

（4）在 AutoCAD 里，各种命令的基本角度起始方向是_____，角度增加方向是_____。

1.7.2 选择题

（1）_____工具栏不是 AutoCAD 系统默认启动界面上的工具栏。
    A. 标注
    B. 标准
    C. 绘图
    D. 修改

（2）_____命令是透明命令。
    A. OPEN
    B. ZOOM
    C. LINE
    D. CLOSE

（3）AutoCAD 文件不可以保存为_____文件。
    A. AutoCAD 2004 图形
    B. AutoCAD 图形样板
    C. AutoCAD 图形标准
    D. AutoCAD 97 图形

（4）_____是系统变量，不是操作命令。（请读者通过实际操作判断）
    A. LINE
    B. CIRCLE
    C. MLINE
    D. CENTERMT

1.7.3 上机操作题

（1）练习最基本的【圆】命令的各种输入方式。其中，【标准】工具栏中的【圆】按钮是，命令行中可以输入的【圆】命令是 CIRCLE，菜单命令是【绘图】/【圆】。

（2）新建一个文件，保存文件名称为【练习 2】，文件类型为样板文件。

第2章　对象的选择与视图调整

本章要点：

- 目标对象的选择
- 夹点编辑功能
- 快速缩放视图
- 快速平移视图

本章导读：

- **基础内容**：了解各种选择图形对象的方法和夹点的定义，以及快速缩放平移视图的方法。
- **重点掌握**：本章的重点在于掌握在绘制编辑图形对象的过程中熟练地进行对象的选择，进行视图的缩放平移操作。
- **一般了解**：本章所讲的夹点编辑功能由于不能精确编辑，一般不常用，读者了解即可。

课 堂 讲 解

在绘图过程中，通过基本图形的绘制，以及对基本图形的编辑，可以制作出用户想要的复杂的图形。用户编辑图形的前提是使图形对象处在一个合适的视图环境中，选择对象，然后才能对图形对象进行编辑。图形对象的选择以及视图的调整是进行二维绘图和三维绘图的基础。只有熟练掌握了图形对象的选择方法以及图形对象的视图调整，才能够快速地对二维图形和三维图形进行编辑。

当图形对象被选中之后，图形对象上会出现夹点，用户可以使用夹点对图形对象进行直接编辑。下面将讲解对象选择、视图调整的方法，以及夹点编辑功能的使用。

2.1　目标对象的选择

AutoCAD 提供了两种编辑图形的顺序：先输入命令，后选择要编辑的对象；先选择对象，然后进行编辑。这两种方法用户可以结合自己的习惯和命令要求灵活使用。

为了编辑方便，将一些对象组成一组，这些对象可以是一个，也可以是多个，称之为选择集。用户在进行复制、粘贴等编辑操作时，都需要选择对象，也就是构造选择集。建立了一个选择集以后，可以将这一组对象作为一个整体进行操作。

需要选择对象时，在命令行有提示，比如【选择对象:】。根据命令的要求，用户选取线段、圆弧等对象，以进行后面的操作。

用户可以通过 3 种方式构造选择集：单击对象直接选择、窗口选择（左选）和交叉窗口选择（右选）。

（1）单击对象直接选择。

当命令行提示【选择对象:】时，绘图区出现拾取框光标，将光标移动到某个图形对象上，单击鼠标左键，则可以选择与光标有公共点的图形对象，被选中的对象呈高亮显示。

单击对象直接选择方式适合构造选择集的对象较少的情况，对于构造选择集的对象较多的情况就需要使用另外两种选择方式了。

提示 如果用户采取先选择对象，后对对象进行编辑的操作，只需将光标移动到要选择的图形上，单击鼠标左键，可以选择与光标有公共点的图形对象，被选中的对象呈亮现方式，与先执行编辑命令有所不同。

（2）窗口选择（左选）。

当需要选择的对象较多时，可以使用窗口选择方式，这种选择方式与 Windows 的窗口选择方式类似。首先单击鼠标左键，将光标沿右下方拖动，再次单击鼠标左键，形成选择框，选择框成实线显示。被选择框完全包容的对象将被选择。

（3）交叉窗口选择（右选）。

交叉窗口选择（右选）与窗口选择（左选）选择方式类似，所不同的是光标往左上移动形成选择框，选择框呈虚线，只要与交叉窗口相交或者被交叉窗口包容的对象，都将被选择。

选择对象的方法有很多种，当对象处于被选择状态时，该对象呈高亮显示。如果是先选择后编辑，则被选择的对象上还出现控制点，3 种选择方式在不同情况下的选择情况如表 2-1 所示。

表 2-1　选择方式对比表

选择方式	先选择后执行编辑命令		先执行编辑命令后选择	
单击对象直接选择				
窗口选择（左选）				
交叉窗口选择（右选）				

在选择完图形对象后，用户可能还需要在选择集中添加或删除对象。需要添加图形对象

时，可以采用如下方法：

- 按【Shift】键，单击要添加的图形对象。
- 使用直接单击对象选择方式选取要添加的图形对象。
- 在命令行中输入 A 命令，然后选择要添加的对象。

需要删除对象时，可以采用如下方法：

- 按【Shift】键，单击要删除的图形对象。
- 在命令行中输入 R 命令，然后选择要删除的对象。

2.2 夹点

当对象处于选择状态时，在其上会出现若干个带颜色的小方框，在 AutoCAD 中这些小方框代表的是所选实体的特征点，被称为夹点。

夹点有 3 种状态：冷态、温态和热态。当夹点处于热态时，则被激活，用户可以对图形对象进行编辑；当夹点处于冷态时，则夹点未被激活；温态是热态和冷态的过渡。图形对象被选择之后，实体上将出现若干夹点，此时夹点处于冷态，系统默认颜色号是 150；将光标移动到某个夹点的上方，该点则处于温态，系统默认颜色号为 11；单击夹点后，该点处于热态，系统默认颜色号为 12。

选择【工具】/【选项】命令，打开【选项】对话框，在【选择】选项卡中可以对夹点进行编辑，如图 2-1 所示。

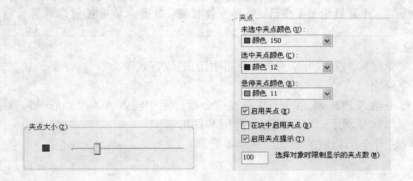

图 2-1 夹点选项设置

在【夹点大小】选项组中，可以通过拖动滑块来设置夹点的大小。在【夹点】选项组中可以设置夹点不同状态的颜色显示，并设置是否启用夹点和夹点提示。

当所选择的图形对象的夹点处于热态时，用户可以对图形对象进行某些编辑，由于夹点编辑不能准确地对图形进行编辑，一般不建议用户使用。

2.3 快速缩放平移视图

如果要使整个视图显示在屏幕内，就要缩小视图；如果要在屏幕中显示一个局部对象，就要放大视图，这是视图的缩放操作。要在屏幕中显示当前视图不同区域的对象，就需要移动视图，这是视图的平移操作。AutoCAD 提供了视图缩放和视图平移功能，以方便用户观察和编辑图形对象。

2.3.1 缩放视图

选择【视图】/【缩放】命令，在弹出的级联菜单中选择合适的命令，或单击如图 2-2 所示的【缩放】工具栏中合适的按钮，或者在命令行中输入 ZOOM 命令，都可以执行相应的视图缩放操作。

图 2-2　【缩放】工具栏

在命令行中输入 ZOOM 命令，命令行提示如下。

> 命令: ZOOM
> 指定窗口的角点，输入比例因子 (nX 或 nXP)，或者
> [全部(A)/中心(C)/动态(D)/范围(E)/上一个(P)/比例(S)/窗口(W)/对象(O)] <实时>:

命令行中不同的选项代表了不同的缩放方法。

> **提示**
>
> 【缩放】工具栏被集成在【标准】工具栏上。在【标准】工具栏中，单击【窗口缩放】按钮，弹出下拉按钮，单击合适的按钮即可执行相应的操作。

下面以命令行输入方式分别介绍几种常用的缩放方式：

（1）全部缩放。

在命令行中输入 ZOOM 命令，然后在命令行提示中输入 A，按 Enter 键，则在视图中将显示整个图形，并显示用户定义的图形界限和图形范围。

对图 2-3 进行全部缩放的效果如图 2-4 所示。

图 2-3　未全部缩放效果

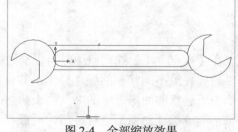

图 2-4　全部缩放效果

（2）范围缩放。

在命令行中输入 ZOOM 命令，然后在命令行提示中输入 E，按 Enter 键，则在视图中将尽可能大地、包含图形中所有对象的放大比例显示视图。视图包含已关闭图层上的对象，但不包含冻结图层上的对象。

对图 2-5 进行范围缩放的效果如图 2-6 所示。

图 2-5　未进行范围缩放效果　　　　　图 2-6　进行范围缩放效果

（3）显示前一个视图。

在命令行中输入 ZOOM 命令，然后在命令行提示中输入 P，按 Enter 键，则显示上一个视图。

 AutoCAD 能恢复以前的 10 个视图。AutoCAD 提供的显示前一个视图功能只能恢复视图的大小和位置，而不能恢复前一个视图的编辑环境和特性。

（4）比例缩放。

在命令行中输入 ZOOM 命令，然后在命令行提示中输入 S，按 Enter 键，命令行提示如下。

```
命令: ZOOM
指定窗口的角点，输入比例因子 (nX 或 nXP)，或者
[全部(A)/中心(C)/动态(D)/范围(E)/上一个(P)/比例(S)/窗口(W)/对象(O)] <实时>: s
输入比例因子(nX 或 nXP):
```

这种缩放方式能够按照精确的比例缩放视图，按照要求输入比例后，系统将以当前视图中心为中心点进行比例缩放。系统提供了 3 种缩放方式，第 1 种是相对于图形界限的比例进行缩放，很少用；第 2 种是相对于当前视图的比例进行缩放，输入方式为 nX；第 3 种是相对于图纸空间单位的比例进行缩放，输入方式为 nXP。图 2-7 所示是基准图，图 2-8 所示是输入 2X 后的图形，图 2-9 所示是输入 2XP 后的图形。

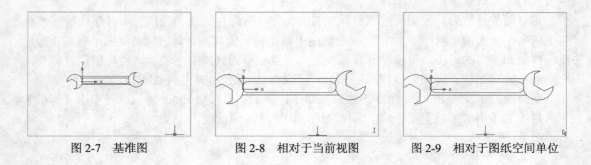

图 2-7　基准图　　　　　图 2-8　相对于当前视图　　　　　图 2-9　相对于图纸空间单位

（5） 窗口缩放。

窗口缩放方式用于缩放一个由两个对角点所确定的矩形区域，在图形中指定一个缩放区域，AutoCAD 将快速地放大包含在区域中的图形。窗口缩放使用非常频繁，但是仅能用来放大图形对象，不能缩小图形对象，而且窗口缩放是一种近似的操作，在图形复杂时可能要多次操作才能得到所要的效果。

在命令行中输入 ZOOM 命令，然后在命令行提示中输入 W，按 Enter 键，命令行提示如下。

```
命令:ZOOM                                    //输入缩放命令
指定窗口的角点，输入比例因子 (nX 或 nXP)，或者//系统提示信息
[全部(A)/中心(C)/动态(D)/范围(E)/上一个(P)/比例(S)/窗口(W)/对象(O)] <实时>: w
                                             //使用窗口缩放
指定第一个角点:                              //选择图 2-11 所示 1 点
指定对角点:                                  //选择图 2-11 所示 2 点
```

图 2-10 所示为基准图形，按照图 2-11 所示选择窗口后，缩放图如图 2-12 所示。

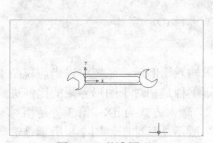

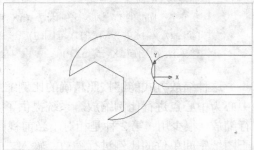

图 2-10 基准图形　　　　图 2-11 选择窗口　　　　图 2-12 窗口缩放效果

（6） 实时缩放。

实时缩放开启后，视图会随着鼠标左键的操作同时进行缩放。当执行实时缩放后，光标将变成一个放大镜形状 ，按住鼠标左键向上移动将放大视图，向下移动将缩小视图。如果鼠标移动到窗口的尽头，可以松开鼠标左键，将鼠标移回到绘图区域，然后再按住鼠标左键拖动光标继续缩放。视图缩放完成后按 Esc 键或按 Enter 键完成视图的缩放。

在命令行中输入 ZOOM 命令，然后在命令行提示中直接按 Enter 键，或者单击【标准】工具栏中的【实时缩放】按钮 ，即可对图形进行实时缩放。

实时缩放方法缩放视图很直接、方便，是使用最广泛的缩放方式。但如果图形文件较大，或者采用三维着色模式显示的时候，这种方法的同步显示比较慢。

2.3.2　平移视图

当在图形窗口中不能显示所有的图形时，就需要进行平移操作，以便用户查看图形的其他部分。

单击【标准】工具栏中的【实时平移】按钮，或选择【视图】/【平移】/【实时】命令，或在命令行中输入 PAN，然后按 Enter 键，光标都将变成手形，用户可以对图形对象进行实时平移。

当然，选择【视图】/【平移】命令，在弹出的级联菜单中还有其他平移菜单命令，同样可以进行平移的操作，不过这不太常用，这里不再赘述。

实时平移操作经常与缩放视图结合进行，并且实时平移操作经常作为透明命令使用。

2.4　动手实践

如图 2-13 所示的图形文件由两个独立的对象组成，要求将两个独立的对象分别保存为另外的文件，左边的图形保存为【主视图】，右边的图形保存为【剖视图】，文件保存在 C 盘的【AutoCAD 文件】文件夹中。

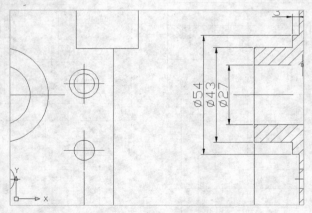

图 2-13　视图

具体操作步骤如下。

（1）在命令行中输入 ZOOM 命令，命令行提示如下。

（2）按 Enter 键，视图效果如图 2-14 所示。

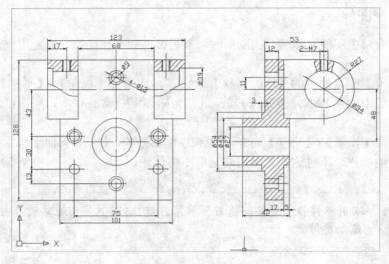

图 2-14　范围缩放效果

（3）在图 2-15 所示的绘图区的点 1 处单击鼠标，向左上拖动鼠标，至绘图区的 2 点，再次单击鼠标，所选择的效果如图 2-16 所示。

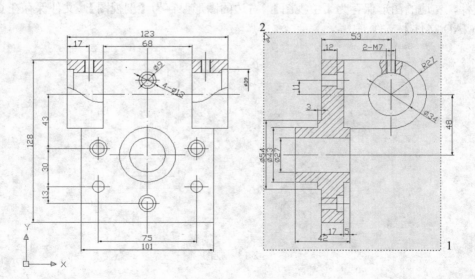

图 2-15　选择范围

图 2-16　选择完成后的图形对象

（4）按 Delete 键，删除所选择的对象。选择【文件】/【另存为】命令，弹出【图形另存为】对话框，将图形保存为【主视图.dwg】。

（5）按照同样的方法，再次打开原图形文件，删除另外一个图形，将图形保存为【剖视图.dwg】的文件。

2.5　习题练习

2.5.1　填空题

（1）用户在绘制、编辑和观察图形时，最常用的两个命令是_____和_____。

（2）夹点有_____、_____、_____ 3 种状态。

（3）用户可以通过_____、_____和_____ 3 种方法选择 AutoCAD 绘图区中的图形对象。

（4）采用窗口选择（左选）方式选择时，_____对象被选择，而采用交叉窗口选择（右选）选择时，_____对象被选择。

2.5.2　选择题

（1）如图 2-17 所示，采用_____选择方式可以一次性选中图形。

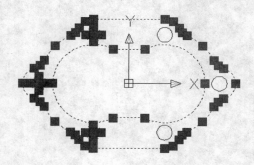

图 2-17　图形选择情况

A. 单击对象直接选择

B. 窗口选择（左选）

C. 交叉窗口选择（右选）

（2）默认状态下，当夹点变为_____时，用户可以对图形对象进行某些编辑。

     A. 红色   B. 蓝色   C. 绿色

（3）_____是按照先选择，后编辑的顺序对图形对象进行处理的。

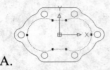   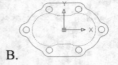   

     A.   B.   C.

（4）要在视图中显示整个图形的全貌和用户定义的图形界限、图形范围，使用_____。

     A. 窗口缩放   B. 全部缩放

     C. 范围缩放   D. 比例缩放

2.5.3　问答题

（1）比较窗口选择（左选）方式和交叉窗口选择（右选）方式，两者有什么区别？

（2）列举缩放视图常见的几种方式，并说明各自的适用范围。

2.5.4　上机操作题

（1）请读者对照图 2-18，练习夹点、平移和缩放功能的使用。

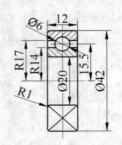

图 2-18　轴承零件图

第 3 章　点的精确定位

本章要点：

- 状态栏辅助绘图
- 坐标和坐标系的使用
- 点的样式的设置与绘制
- 构造线的绘制

本章导读：

- **基础内容：** 了解状态栏中各种辅助绘图工具的开启方法和具体应用范围，以及坐标的表示方法和点的样式的设置与绘制。
- **重点掌握：** 如何在绘图过程中利用各种辅助绘图工具灵活绘图，并能够利用点和构造线来辅助绘图。
- **一般了解：** 本章将会用到前面章节中没有讲解过的操作和命令，这是为了演示点的精确定位，读者只要跟着作者的思路进行操作，从中理解如何对点进行精确定位即可。

课 堂 讲 解

在使用 AutoCAD 绘制图形的过程中，系统为用户提供了一些辅助绘图工具以提高绘图效率，譬如捕捉、栅格、正交、极轴、对象捕捉和对象追踪等。在使用 AutoCAD 绘图的过程中，图形的绘制基本上都是由点、距离和方向 3 个因素决定的，点是所有图形绘制的基础，因此点的精确定位在 AutoCAD 绘图中显得尤为重要。在 AutoCAD 中，除了系统提供的辅助绘图工具外，用户自己还可以利用构造线、射线以及点来进行精确定位。

AutoCAD 系统本身提供的辅助绘图工具都位于命令行提示的下方，如图 3-1 所示。

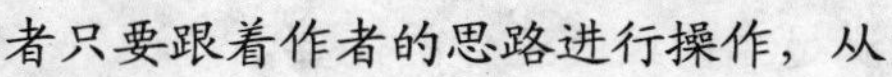

| 捕捉 | 栅格 | 正交 | 极轴 | 对象捕捉 | 对象追踪 | DUCS | DYN | 线宽 | QP |

图 3-1　状态栏辅助工具

使用【构造线】和【射线】命令绘制的线的交点可以精确定位点的位置，结合使用【复制对象】和【偏移】命令可以精确定位距离，绘制不同角度的构造线和射线可以定位方向。使用【点】命令也可以精确定位点的位置。

3.1 通过状态栏辅助绘图

如图 3-1 所示的状态栏提供的辅助绘图工具包括捕捉、栅格、正交、极轴、对象捕捉、对象追踪、DUCS、DYN、线宽和 QP 等，其中 DUCS、线宽和 QP 3 个按钮不属于辅助绘图工具，将在其他章节讲解。

捕捉、栅格、对象捕捉和对象追踪的设置都可以通过如图 3-2 所示的【草图设置】对话框中不同的选项卡来进行设置。将光标移动到相应按钮上，右击鼠标，在弹出的快捷菜单中选择【设置】命令，弹出【草图设置】对话框，用户在相应的选项卡中进行设置即可。

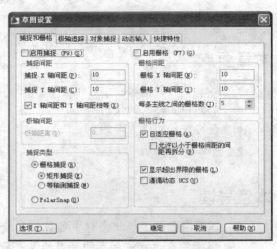

图 3-2 　【草图设置】对话框

3.1.1　设置捕捉和栅格

在绘图中，使用栅格和捕捉功能有助于创建和对齐图形中的对象，并且可以通过设置捕捉和栅格的间距，使其更能满足当前绘图工作的需要。

栅格是按照设置的间距显示在图形区域中的点，它能提供直观的距离和位置的参照，类似于坐标纸中的方格的作用，栅格只在图形界限以内显示。

捕捉则使光标只能停留在图形中指定的点上，这样就可以很方便地将图形放置在特殊点上，便于以后的编辑工作。一般来说，栅格与捕捉的间距和角度都设置为相同的数值，打开捕捉功能后，光标只能定位在图形中的栅格点上。

将光标移动到状态栏中的【捕捉】按钮 捕捉 或者【栅格】按钮 栅格 上，右击鼠标，在弹出的快捷菜单中选择【设置】命令，弹出如图 3-2 所示的【草图设置】对话框，当前显示的是【捕捉和栅格】选项卡。

【启用捕捉】和【启用栅格】复选框用于控制捕捉功能和栅格功能的开启，用户也可以通过单击状态栏上的相应按钮来控制开启。

在【捕捉类型】选项组中，提供了【栅格捕捉】和【PolarSnap】两种类型供用户选择。【栅格捕捉】模式中包含了【矩形捕捉】和【等轴测捕捉】两种样式，在二维图形绘制中，通常使用的是矩形捕捉。

【PolarSnap】模式是一种相对捕捉，也就是相对于上一点的捕捉。如果当前未执行绘图命令，光标就能够在图形中自由移动，不受任何限制。当执行某一种绘图命令后，光标就只能在特定的极轴角度上，并且定位在距离为间距的倍数的点上。

系统默认模式为【栅格捕捉】中的【矩形捕捉】，这也是最常用的一种。

在【捕捉间距】选项组和【栅格间距】选项组中，用户可以设置捕捉和栅格的距离。【捕捉间距】选项组中的【捕捉 X 轴间距】和【捕捉 Y 轴间距】文本框可以分别设置捕捉在 X 方向和 Y 方向的单位间距，【X 和 Y 间距相等】复选框可以设置 X 和 Y 方向的间距是否相等。

【栅格间距】选项组中的【栅格 X 轴间距】和【栅格 Y 轴间距】文本框可以分别设置栅格在 X 方向和 Y 方向的单位间距。

 在绘图过程中，一般只需要设置栅格和捕捉的间距。为了方便绘图，一般将两者的间距设置为相同的数值。间距具体数值的大小由图形的大小来确定。

如图 3-3 所示，是利用栅格和捕捉功能绘制的楼梯，楼梯台阶高 20，宽 40。

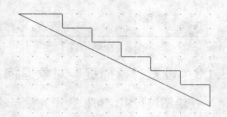

图 3-3   栅格捕捉使用示意图

3.1.2   设置正交和极轴

在 AutoCAD 2009 中，系统提供了类似丁字尺的绘图辅助工具【正交】。当用户单击状态栏中的【正交】按钮正交时，光标只能在水平方向和垂直方向上移动。

 在正交模式下工作时，用户仍然可以直接输入点的坐标或者使用对象捕捉，这两种方法都能指定点的位置，而不受正交模式的影响。

AutoCAD 从 2000 版本以后引入了极轴追踪功能，单击状态栏中的【极轴】按钮极轴，打开极轴追踪功能。将光标移动到【极轴】按钮极轴上，右击鼠标，在弹出的快捷菜单中选择【设置】命令，弹出【草图设置】对话框，当前显示的是【极轴追踪】选项卡，如图 3-4 所示。

在【极轴追踪】选项卡中，【启用极轴追踪】复选框用于控制极轴追踪功能的开启，并提示用户该功能的快捷键为 F10。

在【极轴角设置】选项组中，用户可以在【增量角】下拉列表框中选择合适的角度作为增量角，所捕捉的角度为增量角倍数。如果选中【附加角】复选框，单击【新建】按钮就能在列表中添加若干个需要进行追踪的特殊角度。特殊角度不同于角度增量，只能追踪到特殊角度的位置。

在【极轴角测量】选项组中可以设置极轴追踪角的基准线，【绝对】单选按钮以当前 UCS 的 X 轴和 Y 轴为基准计算极轴追踪角，其中 X 轴正半轴是 0°方向，Y 轴正半轴是 90°方向。【相对上一段】单选按钮以最后创建的两个点之间的直线为基准计算极轴追踪角。如果直线以一条直线的端点、中点或近点对象捕捉为起点，极轴追踪角度将相对这条直线进行计算。

 正交模式和极轴追踪是不能同时使用的，在实际绘图中，正交模式的使用也越来越少。

如图 3-5 所示为使用极轴追踪功能绘制的两条构造辅助线，其中【增量角】设为 15°。

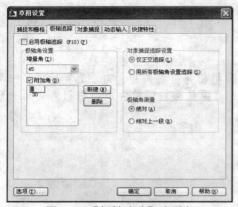

图 3-4 【极轴追踪】选项卡

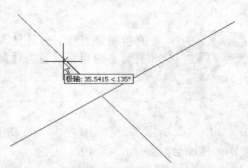

图 3-5 使用极轴追踪功能绘制的构造辅助线

3.1.3 设置对象捕捉、对象追踪

在绘图过程中，可以使用光标自动捕捉到对象中的特殊点，如端点、中点、圆心和交点等。使用这种功能，能够快速地绘制通过已经存在的特殊点的图形对象，如通过圆心的直线、通过两条直线交点的直线等。对象捕捉是使用最为方便和广泛的一种绘图辅助工具，无论是在平面绘图还是在三维建模过程中都起着重要的作用。

对象捕捉包括两种方式，每种方式的特点如下。

（1）单点捕捉：只有指定一种点的捕捉类型后，才能执行相应的操作，并且只能使用一次。单点捕捉具有较高的捕捉优先级。

（2）对象捕捉：在光标接近特殊点时，自动根据系统设置显示当前捕捉的情况，用户可以根据需要选择适当的点。对象捕捉的优先级较低，在单点捕捉执行的过程中，对象捕捉不起作用。

在绘图区将光标移动到任意一个工具栏上，单击鼠标右键，在弹出的工具栏菜单中选择【对象捕捉】命令，弹出如图 3-6 所示的【对象捕捉】工具栏。用户可以在工具栏中单击相应的按钮，以选择合适的对象捕捉模式。

图 3-6 【对象捕捉】工具栏

将光标移动到状态栏的【对象捕捉】按钮 对象捕捉
上，右击鼠标，在弹出的快捷菜单中选择【设置】
命令，弹出【草图设置】对话框，当前显示的是【对
象捕捉】选项卡，如图 3-7 所示。用户可以在该选
项卡中设置相关的捕捉模式。在【对象捕捉模式】
选项组中，提供了 13 种捕捉模式，如表 3-1 所示。
选中模式前的复选框则打开相应的捕捉模式，与【对
象捕捉】工具栏按钮操作类似。单击【全部选择】
按钮 全部选择 ，则选中所有的捕捉模式，单击【全
部清除】按钮 全部清除 ，则取消所有的捕捉模式。

【启用对象捕捉】复选框用于控制对象捕捉功

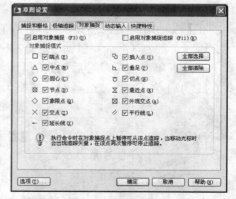

图 3-7 【对象捕捉】选项卡

能的开启。当对象捕捉打开时，在【对象捕捉模式】选项组中选定的对象捕捉处于活动状态。【启用对象捕捉追踪】复选框用于控制对象捕捉追踪的开启。使用对象捕捉追踪，在命令行中指定点时，光标可以沿基于其他对象捕捉点的对齐路径进行追踪。要使用对象捕捉追踪，必须打开一个或多个对象捕捉。

表 3-1　对象捕捉模式说明

对象捕捉类型	说　明	图　示
端点	捕捉到圆弧、椭圆弧、直线、多线、多段线、样条曲线、面域或射线最近的端点，或捕捉宽线、实体或三维面域的最近角点	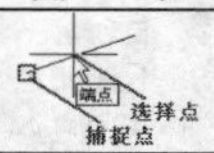
中点	捕捉到圆弧、椭圆、椭圆弧、直线、多线、多段线、面域、实体、样条曲线或参照线的中点	
圆心	捕捉到圆弧、圆、椭圆或椭圆弧的圆心	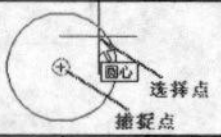
节点	捕捉到点对象、标注定义点或标注文字起点	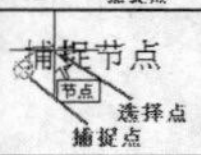
象限点	捕捉到圆弧、圆、椭圆或椭圆弧的象限点	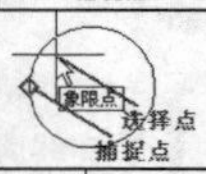
交点	捕捉到圆弧、圆、椭圆、椭圆弧、直线、多线、多段线、射线、面域、样条曲线或参照线的交点	
延伸	当光标经过对象的端点时，显示临时延长线或圆弧，以便用户在延长线或圆弧上指定点	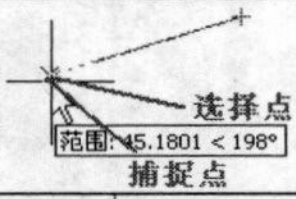
插入点	捕捉到属性、块、形或文字的插入点	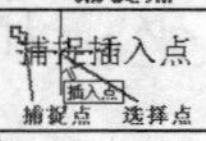
垂足	捕捉圆弧、圆、椭圆、椭圆弧、直线、多线、多段线、射线、面域、实体、样条曲线或参照线的垂足，可以用直线、圆弧、圆、多段线、射线、参照线、多线或三维实体的边作为绘制垂直线的基础对象	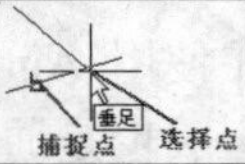
切点	捕捉到圆弧、圆、椭圆、椭圆弧或样条曲线的切点	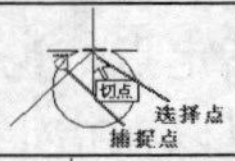
最近点	捕捉到圆弧、圆、椭圆、椭圆弧、直线、多线、点、多段线、射线、样条曲线或参照线的最近点	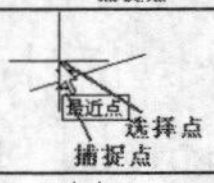
外观交点	捕捉不在同一个平面上的两个对象的外观交点	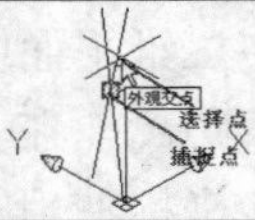
平行	无论何时 AutoCAD 提示输入矢量的第二个点，都绘制平行于另一个对象的矢量	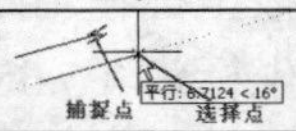

单击【选项】按钮 选项(T)... ，弹出【选项】对话框，显示【草图】选项卡，用户可以在如图 3-8 所示的选项组中设置对象捕捉的相应参数。

3.1.4　动态输入

AutoCAD 提供的动态输入功能，可以让用户在工具栏提示中输入坐标值或者进行其他操作，而不必在命令行中进行输入。用户单击状态栏中的【DYN】按钮即可控制动态输入功能的打开和关闭。【动态输入】有指针输入、标注输入和动态提示 3 个组件。

选择【草图设置】上的【动态输入】选项卡，如图 3-9 所示。选择【启用指针输入】复选框，则有命令在执行时，十字光标的位置将在光标附近的工具栏提示中显示为坐标。用户可以在工具栏提示中输入坐标值，不用在命令行中输入；选择【可能时启用标注输入】复选框，当命令提示输入第二点时，工具栏提示将显示距离和角度值，在工具栏提示中的值将随着光标移动而改变；选择【在十字光标附近显示命令提示和命令输入】复选框，可以在工具栏提示而不是命令行中输入命令以及对提示做出响应。

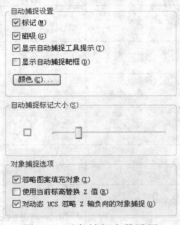

图 3-8　对象捕捉参数设置

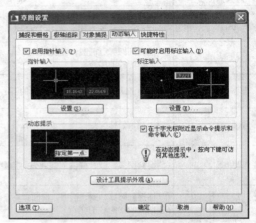

图 3-9　【动态输入】选项卡

3.2　坐标和坐标系

在使用 AutoCAD 绘图中，点是组成图形的基本单位，每个点都有自己的坐标。图形的绘制一般也是通过坐标对点进行精确定位的。当命令行提示输入点时，既可以使用鼠标在图形中指定点，也可以在命令行中直接输入坐标值。坐标系主要分为笛卡儿坐标系和极坐标，用户可以在指定坐标时任选一种使用。

笛卡儿坐标系有 3 个轴，即 X 轴、Y 轴和 Z 轴。输入坐标值时，需要指示沿 X 轴、Y 轴和 Z 轴相对于坐标系原点（0,0,0）点的距离（以单位表示）及其方向（正或负）。

在二维平面中，可以省去 Z 轴的坐标值（始终为 0），直接由 X 轴指定水平距离，Y 轴指定垂直距离，在 XY 平面上指定点的位置。

极坐标使用距离和角度定位点。例如，笛卡儿坐标系中坐标为（4,4）的点，在极坐标系中的坐标为（5.656, π/4）。其中，5.656 表示该点与原点的距离，π/4 表示原点到该点的直线与极轴所成的角度。

3.2.1　相对坐标

相对坐标以前一个输入点为输入坐标点的参考点，取它的位移增量，形式为 ΔX、ΔY、ΔZ，输入方法为（@ΔX,ΔY,ΔZ）。"@"表示输入的为相对坐标值。

在命令行中输入 LINE，命令行提示如下。

命令：LINE	//输入 LINE，表示绘制直线，读者不用深究其具体含义
指定第一点:10,10	//输入第一点坐标 10,10，绝对坐标

指定下一点或 [放弃(U)]: @5,5　　//输入第二点坐标@5,5，相对坐标
指定下一点或 [闭合(C)/放弃(U)]://按 Enter 键，完成直线绘制

绘制完成的直线如图 3-10 所示，图中给出了点的坐标图示。

3.2.2　绝对坐标

绝对坐标以当前坐标系原点为基准点，取点的各个坐标值，输入方法为（*X,Y,Z*）。在绝对坐标中，*X* 轴、*Y* 轴和 *Z* 轴 3 轴线在原点（0,0,0）相交。

在命令行中输入 LINE，命令行提示如下。

命令: LINE　　　　　　　　　　//输入 LINE，表示绘制直线，读者不用深究其具体含义
指定第一点:10,10　　　　　　　//输入第一点坐标 10,10，绝对坐标
指定下一点或 [放弃(U)]: 15,15　//输入第二点坐标 15,15，绝对坐标
指定下一点或 [闭合(C)/放弃(U)]://按 Enter 键，完成直线绘制

绘制完成的直线如图 3-11 所示。

图 3-10　相对坐标绘制直线　　　　　　　图 3-11　绝对坐标绘制直线

3.3　构造点精确定位

点对象作为节点或参照几何图形，有利于对象捕捉和相对偏移的操作。在绘制点之前，用户可以设置点的样式，也可以绘制单点和定数等分点、定距等分点，下面详细讲解。

3.3.1　设置点样式

为了使图形中的点有很好的可见性，并同其他图形相区分，用户可以相对于屏幕或使用绝对单位设置点的样式和大小。

选择【格式】/【点样式】命令，弹出如图 3-12 所示的【点样式】对话框。系统提供了 20 种点的样式供用户选择，点的大小也可自行设置。

在对话框中，当选中【相对于屏幕设置大小】单选按钮时，表示按屏幕尺寸的百分比设

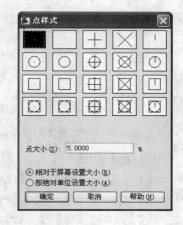

图 3-12　【点样式】对话框

置点的显示大小。当进行缩放时，点的显示大小并不改变。此时【点大小】文本框变成 点大小(S): 5.0000 %，用户可以输入百分比。当选中【按绝对单位设置大小】单选按钮时，表示按指定的实际单位设置点显示的大小。当进行缩放时，AutoCAD 显示的点的大小随之改变。此时【点大小】文本框变成 点大小(S): 5.0000 单位，用户可以输入点大小实际值。

3.3.2 点的绘制

选择【绘图】/【点】/【单点】命令，或在命令行中输入 point 命令，或单击【绘图】工具栏中的【点】按钮 ·，都可进行点的绘制。选择【绘图】/【点】/【多点】命令可以同时绘制多个点。

单击【点】按钮 · 后，命令行提示如下。

```
命令: _point              //单击按钮执行命令
当前点模式:   PDMODE=0   PDSIZE=0.0000//系统提示信息
指定点:                   //要求用户输入点的坐标
```

在输入第一个点的坐标时，必须输入绝对坐标，以后的点可以使用相对坐标输入。

3.3.3 创建定数等分点

所谓定数等分点，是按相同的间距在某个图形对象上标识出多个特殊点的位置，各个等分点之间的间距由对象的长度和等分点的个数来决定。使用定数等分点，可以按指定等分段数等分线、圆弧、样条曲线、圆、椭圆和多段线等。

选择【绘图】/【点】/【定数等分】命令，或在命令行中输入 divide 命令，即可执行定数等分命令。

※ 例 3-1 定数等分图 3-13 所示弧线

将图 3-13 所示的弧线等分为 4 份，等分效果如图 3-14 所示。

图 3-13 待定数等分弧线　　　　　　图 3-14 定数等分弧线效果

具体操作步骤如下。

（1）选择【格式】/【点样式】命令，弹出如图 3-12 所示的【点样式】对话框。选择点样式为⊠，单击【确定】按钮。

（2）选择【绘图】/【点】/【定数等分】命令，命令行提示如下。

```
命令: _divide            //选择菜单执行命令
选择要定数等分的对象:    //选择图 3-13 所示圆弧
输入线段数目或 [块(B)]: 4 //输入等分数目为 4
```

（3）按 Enter 键，等分效果如图 3-14 所示。

3.3.4　创建定距等分点

所谓定距等分，就是按照某个特定的长度对图形对象进行标记，这里的特定长度可以由用户在命令执行的过程中指定。使用等分命令时，不仅可以使用点作为图形对象的标识符号，还能够使用图块来标识。

选择【绘图】/【点】/【定距等分】命令，或在命令行中输入 measure 命令，即可执行定距等分命令。

※ 例 3-2　定距等分图 3-15 所示直线

图 3-15 所示直线长 30，将其按照固定距离等分为 6 段，等分效果如图 3-16 所示。

图 3-15　待定距等分直线　　　　图 3-16　定距等分直线效果

具体操作步骤如下。

（1）选择【格式】/【点样式】命令，弹出【点样式】对话框。选择点样式为⊕，单击【确定】按钮。

（2）选择【绘图】/【点】/【定距等分】命令，命令行提示如下。

```
命令: _measure          //选择菜单执行命令
选择要定距等分的对象:    //选择图 3-15 所示直线
指定线段长度或 [块(B)]: 5 //输入等分固定距离
```

（3）按 Enter 键，等分效果如图 3-16 所示。

3.4　构造线精确定位

向两个方向无限延伸的直线称为构造线，构造线可用做创建其他对象的参照。构造线用做辅助线具有得天独厚的优势，用户可以在图形中创建"辅助线"图层，将构造线放置在该图层中。

选择【绘图】/【构造线】命令，或单击【绘图】工具栏中的【构造线】按钮✔，或者在命令行中输入 xline，都可以执行该命令。

单击【构造线】按钮✔，命令行提示如下。

```
命令: _xline
指定点或 [水平(H)/垂直(V)/角度(A)/二等分(B)/偏移(O)]:
```

命令行给出了 5 种绘制构造线的方法，【水平（H）】和【垂直（V）】方式能够创建一条经过指定点并且与当前 UCS 的 X 轴或 Y 轴平行的构造线；【角度（A）】方式可以创建一条与参照线或水平轴成指定角度，并经过指定一点的构造线；【二等分（B）】方式可以创建一条等分某一角度的构造线；【偏移（O）】方式可以创建平行于一条基线一定距离的构造线。

构造线用做精确定位，需要结合其他命令来执行，这将在第 8 章和第 17 章的实例中讲解。

3.5 动手实践

创建如图 3-17 所示的图形，在图形的绘制过程中，会用到不少前面章节和本章没有讲过的图形绘制和编辑命令，用户按照步骤进行操作即可。用户重点要注意的是本章知识的使用。图形的具体尺寸参考栅格。

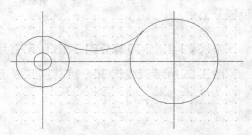

图 3-17   绘制效果图

具体操作步骤如下。

（1）单击状态栏中的【捕捉】按钮 捕捉 和 【栅格】按钮 栅格 ，启用捕捉和栅格功能，绘图区如图 3-18 所示。

（2）单击【绘图】工具栏中的【构造线】按钮 ✎ ，命令行提示如下。

> 命令: _xline 指定点或 [水平(H)/垂直(V)/角度(A)/二等分(B)/偏移(O)]: h //绘制水平构造线
> 指定通过点: //过点 1 绘制构造线

（3）用同样的方法，分别过点 1 和点 2 绘制两条竖直构造线，效果如图 3-19 所示。

（4）将光标移动到状态栏中的【对象捕捉】按钮 对象捕捉 上，右击鼠标，在弹出的快捷菜单中选择【设置】命令，弹出【草图设置】对话框。选中【交点】复选框 × ☑ 交点(I) ，单击【确定】按钮，打开交点捕捉功能。

（5）单击【绘图】工具栏中的【圆】按钮 ⊙ ，命令行提示如下。

> 命令: _circle 指定圆的圆心或 [三点(3P)/两点(2P)/相切、相切、半径(T)]:   //捕捉点 2
> 指定圆的半径或 [直径(D)]:   //以 5 个栅格单位为半径

（6）用同样的方法，绘制其他两个圆，圆心为点 1，半径分别为 1 个和 3 个栅格单位，效果如图 3-20 所示。

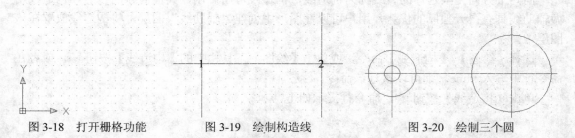

图 3-18   打开栅格功能   图 3-19   绘制构造线   图 3-20   绘制三个圆

（7）将光标移动到状态栏中的【对象捕捉】按钮 对象捕捉 上，右击鼠标，在弹出的快捷菜单中选择【设置】命令，弹出【草图设置】对话框。选中【切点】复选框 ⊙ ☑ 切点(N) ，单击【确定】按钮，打开切点捕捉功能。单击【绘图】工具栏中的【圆】按钮◎，命令行提示如下。

> 命令: _circle 指定圆的圆心或[三点(3P)/两点(2P)/相切、相切、半径(T)]: t
> //使用相切方式绘制圆
> 指定对象与圆的第一个切点://捕捉如图 3-21 所示的小圆切点
> 指定对象与圆的第二个切点://捕捉如图 3-22 所示的大圆切点
> 指定圆的半径 <30.0000>: 80 //输入圆半径

（8） 按 Enter 键，绘制相切圆，效果如图 3-23 所示。

图 3-21　捕捉小圆切点　　　　图 3-22　捕捉大圆切点　　　　图 3-23　绘制相切圆

（9） 打开交点捕捉功能，单击【构造线】按钮╱，捕捉 3 个圆的两个切点，绘制过两个切点的构造线，如图 3-24 所示。

（10） 单击【修改】工具栏中的【修剪】按钮╶╱╴，命令行提示如下。

> 命令: _trim 　　　　　　　　　　　　//单击按钮执行命令
> 当前设置:投影=UCS，边=无 　　　　　　//系统提示信息
> 选择剪切边... 　　　　　　　　　　　//系统提示信息
> 选择对象或 <全部选择>: 找到 1 个 　　//选中如图 3-24 所示的构造线
> 选择对象: 　　　　　　　　　　　　　//按 Enter 键，完成选择
> 选择要修剪的对象，或按住 Shift 键选择要延伸的对象，或
> [栏选(F)/窗交(C)/投影(P)/边(E)/删除(R)/放弃(U)]:选择相切圆的上半部分
> 选择要修剪的对象，或按住 Shift 键选择要延伸的对象，或
> [栏选(F)/窗交(C)/投影(P)/边(E)/删除(R)/放弃(U)]: //按 Enter 键，完成选择

修剪效果如图 3-25 所示。

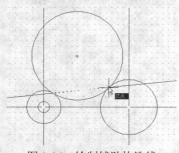 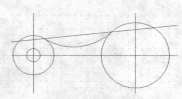

图 3-24　绘制辅助构造线　　　　　　　　　　　图 3-25　修剪相切圆

（11） 选择步骤 9 中创建的构造线，按 Delete 键删除，效果如图 3-17 所示。

3.6　习题练习

3.6.1　填空题

（1）绘制一条直线，第一个点的绝对坐标是（1,2），第二个点的相对坐标是（10,20），则第二个点的坐标用绝对坐标表示是_____。

（2）需要绘制与已经存在的两个圆相切的直线，则用户需要打开对象捕捉功能的_____捕捉功能。

（3）等数等分点各个等分点之间的间距由_____和_____来决定。

（4）在实际绘图中，构造线通常被用来作为_____，通过构造线之间的偏移定位_____，通过构造线的交点定位_____。

3.6.2　选择题

（1）不能与极轴追踪同时使用的绘图辅助工具是_____。
　　A. 捕捉　　　　　　　　B. 正交　　　　　　　C. 对象捕捉

（2）在【草图设置】对话框中的【极轴追踪】选项卡中，设置【增量角】为30°，则以下_____角不能使用极轴追踪绘制。
　　A. 30　　　　　　　B. 60　　　　　　　C. 135　　　　　　D. 150

（3）_____对象捕捉模式对不在同一平面的图形对象也适用。
　　A. 切点　　　　　B. 象限点　　　　　C. 外观交点　　　　D. 中点

（4）对于文字对象，可以捕捉_____。
　　A. 节点和插入点　　B. 节点和中点　　C. 中点和插入点　　D. 象限点和节点

3.6.3　上机操作题

（1）对照表 3-1，了解各种对象捕捉模式的适用范围。通过简单的练习掌握对象捕捉的灵活使用。

（2）使用点样式⊕，将图 3-26 所示的样条曲线定数等分，等分为 6 段，效果如图 3-27 所示。

（3）灵活运用栅格、捕捉、对象捕捉和构造线等功能绘制如图 3-28 所示的图形，尺寸参照栅格尺寸，栅格和捕捉设置 X 轴、Y 轴间距均为 10。

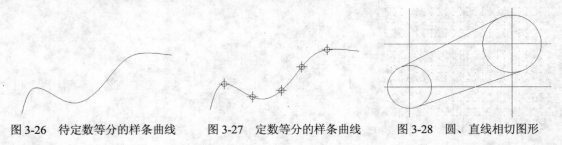

图 3-26　待定数等分的样条曲线　　　　图 3-27　定数等分的样条曲线　　　　图 3-28　圆、直线相切图形

第4章 绘制二维基本图形

本章要点：

- 各种直线的绘制
- 各种弧线的绘制
- 各种封闭图形的绘制

本章导读：

- **基础内容：** 了解 AutoCAD 中各种基本图形的绘制方法，以及各种参数的具体设置。
- **重点掌握：** 如何面对不同的情况采取基本图形的不同绘图方法进行绘图。
- **一般了解：** 本章的绘图思路读者了解即可。

课 堂 讲 解

　　组成图形最基本的单位是点。在实际绘图过程中，不可能要求用户逐点地去绘制图形。AutoCAD 为用户提供了一些常见的基本图形的绘制方法，如直线、圆、圆弧、正多边形等。用户可以使用这些方法或者这些方法的组合直接绘制图形对象，如图 4-1 所示就是一个由圆弧、圆和正六边形组成的螺母。

　　对于基本图形的绘制，系统提供了 3 种执行命令的方法，最常用的是通过按钮和在命令行中输入命令执行。菜单命令不常用，用户如果感兴趣，选择【绘图】命令，在弹出的级联菜单中选择相应的选项也可执行命令。

　　绘制基本图形的按钮都集中在【绘图】工具栏中，【绘图】工具栏默认情况下停留在绘图区左侧，按住鼠标拖动，可以将【绘图】工具栏拖到任意位置，【绘图】工具栏如图 4-2 所示。

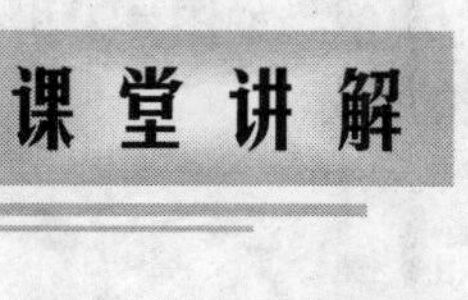

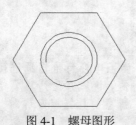

图 4-1　螺母图形

图 4-2　【绘图】工具栏

4.1 绘制直线

我们将 AutoCAD 系统定义的直线、构造线、多段线、多线和射线等都定义为直线。构造线和射线的用法在第 3 章已经阐述过，本节主要讲解其他直线型命令的使用方法。

4.1.1 绘制直线

直线是 AutoCAD 中最基本的图形，也是绘图过程中用得最多的图形。用户可以绘制一系列连续的直线段，但每条直线段都是一个独立的对象。

单击【直线】按钮 ∕，或在命令行中输入 line，都可执行该命令。单击【直线】按钮 ∕，命令行提示如下。

命令: _line   //单击按钮执行命令
指定第一点: //通过坐标方式或者光标拾取方式确定直线第一点
指定下一点或 [放弃(U)]:   //通过其他方式确定直线第二点

通常绘制直线都必须先确定第一点，第一点可以通过输入坐标值或者在绘图区中使用光标直接拾取获得。第一点的坐标值只能使用绝对坐标表示，不能使用相对坐标表示。

当指定完第一点后，系统要求用户指定下一点，此时用户可以采用多种方式输入下一点：绘图区光标拾取、相对坐标、绝对坐标、极轴坐标和极轴捕捉配合距离等。如图 4-3 和图 4-4 所示是绘制一条长 100，与 X 轴夹角为 30° 的直线的各种绘制方法的演示。

图 4-3　使用绝对坐标和相对坐标绘制直线

图 4-4　使用极坐标和极轴追踪绘制直线

提示

直线的各种绘制方法读者都要熟练掌握，图 4-4 所示中没有给出通过捕捉点绘制直线的方法，这在实际绘图中也是很常用的，这种方法通常要结合【对象捕捉】功能一起运用，用于绘制一些过特殊点的直线，如切线，垂线和中线等。

4.1.2 绘制多段线

多段线是作为单个对象创建的相互连接的序列线段，可以创建直线段、弧线段或两者的组合线段。多段线中的线条可以设置成不同的线宽以及不同的线型，具有很强的实用性。

单击【多段线】按钮⏎，或在命令行中输入 pline，可以执行该命令。单击【多段线】按钮⏎，命令行提示如下。

```
命令:_pline        //单击按钮执行命令
指定起点:          //通过坐标方式或者光标拾取方式确定多段线第一点
当前线宽为 0.0000  //系统提示信息，第 1 次使用显示默认线宽 0，多次使用显示上一次线宽设
                     置
指定下一个点或 [圆弧(A)/半宽(H)/长度(L)/放弃(U)/宽度(W)]:
```

可以在命令行提示中输入不同的选项，执行不同的操作，绘制由不同线型和线宽组成的多段线。

（1）设置线宽。

在命令行中输入 W，命令行提示如下。

```
指定起点宽度 <0.0000>: //设置即将绘制的多段线的起点的宽度
指定端点宽度 <0.0000>: //设置即将绘制的多段线的末端点的宽度
```

设置完线宽即可进行多段线的绘制。

 **提示** 也可以输入 H 来设置线宽，与输入 W 不同的是，输入 H 设置的是半线宽。

（2）绘制直线。

在命令行提示后，直接在绘图区拾取点，或者输入坐标就可以绘制由连续直线组成的多段线。这里点的输入方法与 4.1.1 节所讲解的直线的点的输入方法是一样的，不再赘述。

（3）绘制圆弧。

在命令行提示后，输入 A，命令行提示如下。

```
指定圆弧的端点或
[角度(A)/圆心(CE)/闭合(CL)/方向(D)/半宽(H)/直线(L)/半径(R)/第二个点(S)/放弃(U)/宽度(W)]:
```

圆弧的绘制方法节在 4.2.1 将给读者详细讲解。

 **提示** 在绘制完多段线后，可以在命令行中输入 C 来闭合多段线。如果不用闭合选项来闭合多段线，而使用捕捉起点闭合，则闭合处有锯齿。在绘制多段线的过程中，如果想放弃前一次绘制的多段线，在命令行中输入 U 即可。

※ 例 4-1　绘制三角形和箭头

绘制如图 4-5 所示的三角形和箭头，其中三角形线宽为 4，箭头部分起点线宽为 8，端点为 0。

具体操作步骤如下。

（1）单击【多段线】按钮，命令行提示如下。

```
命令: _pline                //单击按钮执行命令
指定起点: 100,400           //使用绝对坐标指定多段线起点
当前线宽为 0.0000          //系统提示信息
指定下一个点或 [圆弧(A)/半宽(H)/长度(L)/放弃(U)/宽度(W)]: w        //设置多段线线宽
指定起点宽度 <0.0000>: 4//设置起点线宽为 4
指定端点宽度 <4.0000>: 4//设置端点线宽为 4
指定下一个点或 [圆弧(A)/半宽(H)/长度(L)/放弃(U)/宽度(W)]: 100,100   //指定下一点
指定下一点或 [圆弧(A)/闭合(C)/半宽(H)/长度(L)/放弃(U)/宽度(W)]: 400,100   //指定下一点
指定下一点或 [圆弧(A)/闭合(C)/半宽(H)/长度(L)/放弃(U)/宽度(W)]: c        //闭合多段线
```

（2）按 Enter 键，闭合效果如图 4-6 所示。单击【多段线】按钮，命令行提示如下。

```
命令: _pline                //单击按钮执行命令
指定起点: 80,150           //使用绝对坐标指定多段线起点
当前线宽为 4.0000          //系统提示信息，线宽默认为上一次线宽
指定下一个点或 [圆弧(A)/半宽(H)/长度(L)/放弃(U)/宽度(W)]: 80,200   //指定下一点
指定下一点或 [圆弧(A)/闭合(C)/半宽(H)/长度(L)/放弃(U)/宽度(W)]: w   //设置线宽
指定起点宽度 <4.0000>: 8//设置起点线宽为 8
指定端点宽度 <8.0000>: 0//设置端点线宽为 0
指定下一点或 [圆弧(A)/闭合(C)/半宽(H)/长度(L)/放弃(U)/宽度(W)]: 80,220   //指定下一点
指定下一点或 [圆弧(A)/闭合(C)/半宽(H)/长度(L)/放弃(U)/宽度(W)]:          //按 Enter 键
```

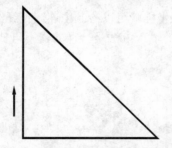

图 4-5　绘制完成的三角形和箭头

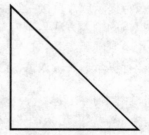

图 4-6　绘制的三角形

（3）按 Enter 键，完成绘制，效果如图 4-5 所示。

多段线设置的线宽，与在第 11 章所要讲解的线宽的设置不是一个含义。状态栏上的【线宽】按钮对多段线线宽不起作用。

4.1.3 绘制多线

多线由1至16条平行线组成,这些平行线称为元素。通过指定每个元素距多线原点的偏移量可以确定元素的位置。用户可以自己创建和保存多线样式,或者使用包含两个元素的默认样式。用户还可以设置每个元素的颜色、线型,以及显示或隐藏多线的接头。所谓接头就是指那些出现在多线元素每个顶点处的线条。

多线多用于建筑设计和园林设计领域,常用于建筑墙线的绘制,这一点将在第17章中的例17-5中详细讲解。

选择【绘图】/【多线】命令,或在命令行中输入mline,可以执行该命令。

选择【绘图】/【多线】命令后,命令行提示如下。

```
命令:_mline                                              //通过菜单执行命令
当前设置: 对正 = 上,比例 = 20.00,样式 = STANDARD   //系统提示信息
指定起点或 [对正(J)/比例(S)/样式(ST)]:              //选择选项
```

系统为用户提供了基本的多线,用户可以按照绘制直线的方法,使用系统默认的多线绘制需要的图形,此时多线的对正样式为上,平行线间距为 20,默认比例为 1,样式为STANDARD。

(1) 设置多线样式。

选择【格式】/【多线样式】命令,弹出如图4-7所示的【多线样式】对话框。在该对话框中用户可以设置自己的多线样式。

【当前多线样式】显示当前正在使用的多线样式,【样式】列表框显示已经创建好的多线样式。【预览】框显示当前选中的多线样式的形状,【说明】文本框为当前多线样式附加的说明和描述。

单击【加载】按钮,弹出如图4-8所示的

图4-7 【多线样式】对话框

【加载多线样式】对话框,用户可以将多线库中的多线样式加载到当前图形文件中。在该对话框的多线样式列表中,显示的是 AutoCAD 自带的 acad.mln 多线样式库中的多线样式。

单击【保存】按钮,弹出【保存多线样式】对话框,可以存储当前所有样式到样式文件,通常存储为*.mln 文件。

在设定好新的多线样式的样式特性和元素特性后,在【名称】文本框中键入对应的新多线样式的名称,单击【添加】按钮,则此新的多线样式就添加到当前多线样式列表中了。

在更改多线样式名时,先将需要更名的样式置为当前,在【名称】文本框中输入新的名称,然后单击【重命名】按钮即可。

单击【新建】按钮,弹出如图4-9所示的【创建新的多线样式】对话框,【新样式名】下拉列表框用于设置多线新样式名称,【基础样式】下拉列表框设置参考样式。设置完成后,单

击【继续】按钮，弹出如图4-10所示的【新建多线样式】对话框。

图4-8　【加载多线样式】对话框

图4-9　【创建新的多线样式】对话框

【新建多线样式】对话框
中的【说明】文本框用于设置
多线样式的简单说明和描述。

【封口】选项组用于设置
多线起点和终点的封闭形式。
封口有4个选项，分别为直线、
外弧、内弧和角度，如图4-11
所示为各种封口情况示意图。

【填充】选项组的【填充】下
拉列表设置多线背景的填充。

【显示连接】复选框设置多线
每个部分的端点上连接线的显
示。

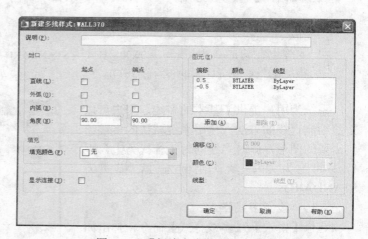

图4-10　【新建多线样式】对话框

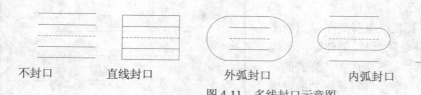

不封口　　　　直线封口　　　　　外弧封口　　　　　内弧封口　　　　　60°角不封口

图4-11　多线封口示意图

　　【图元】选项组可以设置多线元素的特性。元素特性包括每条直线元素的偏移量、颜色
和线型。单击【添加】按钮可以将新的多线元素添加到多线样式中，单击【删除】按钮可以
从当前的多线样式中删除不需要的直线元素。【偏移】文本框用于设置当前多线样式中某个直
线元素的偏移量，偏移量可以是正值，也可以是负值。【颜色】下拉列表框可以选择需要的元
素颜色，在下拉列表中选择【选择颜色】命令，可以弹出【选择颜色】对话框设置颜色。单
击【线型】按钮，弹出【选择线型】对话框，可以从该对话框中选择已经加载的线型，或按
需要加载线型。单击【加载】按钮，弹出【加载或重载线型】对话框，可以选择合适的线型。

提示　　【选择颜色】对话框和【选择线型】对话框的使用，在本书的第11章的
11.2.1节中将详细阐述，请读者参考学习，这里不再赘述。

（2） 绘制多线。

在设置完多线样式后，用户就可以使用【多线】命令绘制多线了。命令行提示有 3 个选项供用户选择：对正、比例和样式。

在命令行中输入 J，命令行提示如下。

指定起点或 [对正(J)/比例(S)/样式(ST)]： J
输入对正类型 [上(T)/无(Z)/下(B)] <上>：

系统提供有上、无、下 3 种对正样式，3 种对正样式的效果如图 4-12 所示。

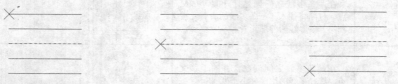

上：最上方元素端点为对齐点　　　无：多线中心点为对齐点　　　下：最下方元素端点为对齐点

图 4-12　对正样式示意图

在命令行中输入 S，命令行提示如下。

指定起点或 [对正(J)/比例(S)/样式(ST)]： S
输入多线比例 <20.00>：

该命令行用于设置多线的比例，系统默认为 20，通常将多线比例设置为 1。

在命令行中输入 ST，命令行提示如下。

指定起点或 [对正(J)/比例(S)/样式(ST)]： ST
输入多线样式名或 [?]：

该命令行用于输入应用的多线样式，如果用户不知道有哪些多线样式，可以输入 "?"，将弹出【文本窗口】供用户参考。

多线不能使用 OFFSET、CHAMFER、FILLET 等命令编辑，但可以使用 EXPLODE 命令分解，分解后就形成了一些独立的直线。

（3） 编辑多线。

选择【修改】/【对象】/【多线】命令，或在命令行中输入 MLEDIT 命令，弹出如图 4-13 所示的【多线编辑工具】对话框。通过该对话框用户可以对多线进行编辑。

在【多线编辑工具】对话框中，用户可

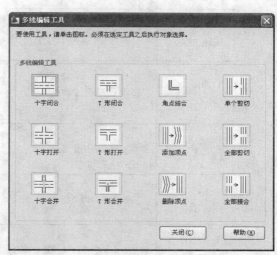

图 4-13　【多线编辑工具】对话框

以对交叉型、T 字形及有拐角和顶点的多线进行编辑，还可以截断和连接多线，具体编辑方法见表 4-1。

表 4-1　【多线编辑工具】对话框各编辑工具说明

图　标	说　明	图　示
（十字闭合）	在两条多线之间创建闭合的十字交点，第一条多线保持原状，第二条多线被修剪成与第一条多线分离的形状	
（十字打开）	在两条多线之间创建打开的十字交点。打断将插入第一条多线的所有元素和第二条多线的外部元素	
（十字合并）	在两条多线之间创建合并的十字交点。选择多线的次序并不重要	
（T 形闭合）	在两条多线之间创建闭合的 T 形交点。将第一条多线修剪或延伸到与第二条多线的交点处	
（T 形打开）	在两条多线之间创建打开的 T 形交点。将第一条多线修剪或延伸到与第二条多线的交点处	
（T 形合并）	在两条多线之间创建合并的 T 形交点。将多线修剪或延伸到与另一条多线的交点处	
（角点结合）	在多线之间创建角点结合。将多线修剪或延伸到它们的交点处	
（添加顶点）	向多线上添加一个顶点	
（删除顶点）	从多线上删除一个顶点	
（单个剪切）	剪切多线上的选定元素	
（全部剪切）	将多线剪切为两个部分	
（全部接合）	将已被剪切的多线线段重新接合起来	

4.2　绘制弧线

弧线也是组成图形对象的基本图形，AutoCAD 提供了圆弧、椭圆弧、修订云线和样条曲线等弧线绘制方法，下面详细讲解。

4.2.1　绘制圆弧

选择【绘图】/【圆弧】命令，或单击【圆弧】按钮 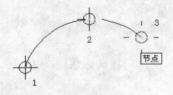，或在命令行中输入 arc，都可执行绘制圆弧命令。单击【圆弧】按钮 后，命令行提示如下。

> 命令:_arc 指定圆弧的起点或 [圆心(C)]:

系统为用户提供了多种绘制圆弧的方法，下面将介绍几种最常用的绘制方式。

（1）指定三点方式。

指定三点方式是 arc 命令的默认方式，依次指定 3 个不共线的点，绘制的圆弧为通过这 3 个点而且起于第一个点止于第三个点的圆弧。单击【圆弧】按钮 ，命令行提示如下。

> 命令:_arc 指定圆弧的起点或 [圆心(C)]: //拾取点 1
> 指定圆弧的第二个点或 [圆心(C)/端点(E)]: //拾取点 2
> 指定圆弧的端点: //拾取点 3，效果如图 4-14 所示。

（2）指定起点、圆心以及另一参数方式。

圆弧的起点和圆心决定了圆弧所在的圆。第 3 个参数可以是圆弧的端点（中止点），角度（即起点到终点的圆弧角度）和长度（圆弧的弦长），各参数的含义如图 4-15 所示。

图 4-14　三点确定一段圆弧　　　　　　图 4-15　圆弧各参数

（3）指定起点、端点以及另一参数方式。

圆弧的起点和端点决定了圆弧圆心所在的直线，第 3 个参数可以是圆弧的角度、圆弧在起点处的切线方向和圆弧的半径。

并不是所有圆弧都能使用 ARC 命令绘制出来，一些圆弧可以借助圆来绘制，譬如与两个圆相切的弧。

※ 例 4-2　绘制跑道

绘制如图 4-16 所示的跑道。

具体操作步骤如下。

（1）单击【直线】按钮 ╱，命令行提示如下。

> 命令: _line 指定第一点: 200,50　//指定直线的第一点的绝对坐标
> 指定下一点或 [放弃(U)]: 400,50　//指定直线下一点的绝对坐标
> 指定下一点或 [放弃(U)]:　　　　//按 Enter 键，完成图 4-17 所示下面一条直线的绘制。

（2）再次执行 line 命令，绘制绝对坐标为（200,150）和（400,150）的直线，效果如图
4-17 所示。

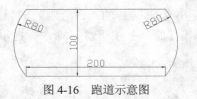

图 4-16　跑道示意图　　　　　　　　　　　　　　图 4-17　绘制两条直线

（3）单击【圆弧】按钮 ╱，命令行提示如下。

> 命令: _arc 指定圆弧的起点或 [圆心(C)]:　　　　//拾取图 4-17 所示的上面一条直线的左端点
> 指定圆弧的第二个点或 [圆心(C)/端点(E)]: e　　//输入 e，采用起点、端点和另一参数绘制
> 指定圆弧的端点:　　　　　　　　　　　　　　//拾取图 4-17 所示的下面一条直线的左端点
> 指定圆弧的圆心或 [角度(A)/方向(D)/半径(R)]: r　//输入 r，采用半径方式绘制
> 指定圆弧的半径: 80　　　　　　　　　　　　//输入圆弧所在圆的半径

（4）按 Enter 键，绘制出如图 4-16 所示的左圆弧。使用同样的方法绘制右圆弧，效果
如图 4-16 所示。

> **绘制第 2 个圆弧时，选择下面直线的右端点为起点，上面直线的右端点为端点，指定圆弧半径为 80，这样才能逆时针绘制出如图 4-16 所示的圆弧。**

4.2.2　绘制椭圆弧

椭圆弧的绘制方法比较简单，与 4.3.5 节将要讲解的椭圆绘制基本一致，只是在绘制椭圆弧时要指定椭圆弧的起始角度和终止角度。单击【椭圆弧】按钮 ⌒，可以执行该命令。

4.2.3　绘制修订云线

revcloud 命令用于创建由连续圆弧组成的多段线，以构成修订云线对象。在检查或圈阅

图形时，可以使用修订云线功能亮显标记以提高工作效率。选择【绘图】/【修订云线】命令，或单击【修订云线】按钮🔄，都可执行该命令。单击【修订云线】按钮🔄，命令行提示如下。

命令：_revcloud   //单击按钮执行修订云线命令
最小弧长：15   最大弧长：15   样式：普通   //系统提示信息
指定起点或 [弧长(A)/对象(O)/样式(S)] <对象>：   //指定一个起点
沿云线路径引导十字光标...   //沿着需要检查的图形移动光标形成路径
修订云线完成。   //当光标移动到起点附近时，修订云线自动闭合

如图 4-18 所示为绘制的一条修订云线。

4.2.4 绘制样条曲线

样条曲线是通过一系列指定点的光滑曲线。在 AutoCAD 中，一般通过指定样条曲线的控制点和起点，以及终点的切线方向来绘制样条曲线，在指定控制点和切线方向时，用户可以在绘图区观察样条曲线的动态效果，这样有助于用户绘制出想要的图形。在绘制样条曲线时，还可以改变样条拟合的偏差，以改变样条与指定拟合点的距离。此偏差值越小，样条曲线就越靠近这些点。

用户可以通过选择【绘图】/【样条曲线】命令，或单击【样条曲线】按钮〜，或在命令行中输入 spline 来执行该命令。单击【样条曲线】按钮〜，命令行提示如下。

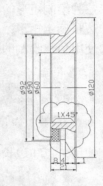

图 4-18   修订云线

命令：_spline   //单击按钮执行命令
指定第一个点或 [对象(O)]：   ///指定样条曲线的起点
指定下一点：   //指定样条曲线的第二个控制点
…   //指定样条曲线的其他控制点
指定下一点或 [闭合(C)/拟合公差(F)] <起点切向>：   //按 Enter 键，开始指定切线方向
指定起点切向：   //指定样条曲线起点的切线方向
指定端点切向：   //指定样条曲线终点的切线方向

如图 4-19 所示是由样条曲线绘制的等高线。

4.3   绘制封闭图形

AutoCAD 除提供了直线和弧线作为基本绘图单元外，还提供了一些具有基本形状的封闭图形的单元，譬如矩形、正多边形、圆、圆环和椭圆等。下面详细讲解。

4.3.1 绘制矩形

用户可以通过选择【绘图】/【矩形】命令，或单

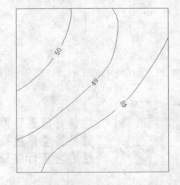

图 4-19   采用样条曲线绘制的等高线

击【矩形】按钮▭，或在命令行中输入 rectangle 来执行该命令。单击【矩形】按钮▭，命令行提示如下。

> 命令: _rectangle
> 指定第一个角点或 [倒角(C)/标高(E)/圆角(F)/厚度(T)/宽度(W)]:

命令行提示中的【标高】选项和【厚度】选项使用较少，这里不作讲述；【倒角】选项用于设置矩形倒角的值，即从两个边上分别切去的长度，如图 4-20 所示；【圆角】选项用于设置矩形 4 个圆角的半径，如图 4-21 所示；【宽度】选项用于设置矩形的线宽。系统给用户提供了三种绘制矩形的方法，一种是通过两个角点绘制矩形，这是默认方法；一种就是通过角点和边长确定矩形；另外一种方法是通过面积来确认矩形，该方法较少使用，不再讲述。

使用角点绘制的矩形如图 4-22 所示，命令行提示如下。

> 命令: _rectangle   //单击按钮执行命令
> 指定第一个角点或 [倒角(C)/标高(E)/圆角(F)/厚度(T)/宽度(W)]: //使用坐标或拾取指定第一点
> 指定另一个角点或 [面积(A)/尺寸(D)/旋转(R)]:   //使用坐标或拾取指定第二角点

使用角点和边长绘制的矩形如图 4-23 所示，命令行提示如下。

> 命令: _rectangle   //单击按钮执行命令
> 指定第一个角点或 [倒角(C)/标高(E)/圆角(F)/厚度(T)/宽度(W)]: //使用坐标或拾取指定第一点
> 指定另一个角点或 [尺寸(D)]: d   //输入 d，表示要输入尺寸值
> 指定矩形的长度 <40.0000>: 20   //输入矩形的长度尺寸
> 指定矩形的宽度 <10.0000>: 50   //输入矩形的宽度尺寸
> 指定另一个角点或 [尺寸(D)]:   //拾取另一个角点的方向上任意一点

倒角

圆角

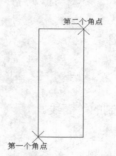

图 4-20 倒角   图 4-21 圆角   图 4-22 使用角点绘制矩形   图 4-23 使用角点和边长绘制矩形

> 绘制完成的矩形，是一个整体，用户不可以对它的各个边进行单独编辑。如果需要单独编辑边，可以使用后面讲解的 explode 命令先将矩形打散，然后再进行编辑。

4.3.2 绘制多边形

创建正多边形是绘制正方形、等边三角形和八边形等图形的简单方法。用户可以通过选

择【绘图】/【正多边形】命令，或单击【正多边形】按钮 ⬡，或在命令行输入 polygon 来执行该命令。

单击【正多边形】按钮 ⬡，命令行提示如下。

> 命令：_polygon 输入边的数目 <4>：8 //输入正多边形的边数
> 指定正多边形的中心点或 [边(E)]：

系统提供了 3 种绘制正多边形的方法，3 种方法绘制的效果如图 4-24 所示。

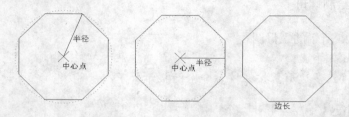

图 4-24　多边形绘制方法示例

（1）　内接圆法：多边形的顶点均位于假设圆的弧上，需要指定边数和半径。

（2）　外切圆法：多边形的各边与假设圆相切，需要指定边数和半径。

（3）　边长方式：上面两种方式是以假设圆的大小确定多边形的边长，而边长方式则直接给出多边形边长的大小和方向。

用户若想采用内切圆法或者外接圆法绘制正多边形，在命令行提示【指定正多边形的中心点或 [边（E）]：】后，在绘图区拾取或者通过坐标方式确定正多边形的中心点，命令行继续提示如下。

> 输入选项 [内接于圆(I)/外切于圆(C)] <I>：I //输入 I，表示内接圆法；输入 C，表示外切圆法
> 指定圆的半径：　　　　　　　　　　　//设置圆的半径

用户若想采用边长方式绘制正多边形，在命令行提示【指定正多边形的中心点或 [边（E）]：】后，输入 E，命令行继续提示如下。

> 指定边的第一个端点：　//相当于绘制直线的第一点
> 指定边的第二个端点：　//相当于绘制直线的第二点

4.3.3　绘制圆

用户可以通过选择【绘图】/【圆】命令，或单击【圆】按钮 ⊙，或在命令行输入 circle 来执行该命令。

单击【圆】按钮 ⊙，命令行提示如下。

> 命令：_circle 指定圆的圆心或 [三点(3P)/两点(2P)/相切、相切、半径(T)]：

系统提供了指定圆心和半径、指定圆心和直径、两点定义直径、三点定义圆周和两个切点加一个半径等 5 种绘制圆的方式，如图 4-25 所示。

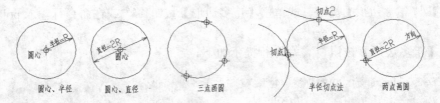

图 4-25　创建圆的各种方法

※ 例 4-3　绘制螺母

绘制如图 4-26 所示的螺母图。

具体操作步骤如下。

（1）单击【正多边形】按钮○，命令行提示如下。

```
命令：_polygon 输入边的数目 <4>：6        //设置多边形边数
指定正多边形的中心点或 [边(E)]：300,300   //输入正多边形中心点坐标
输入选项 [内接于圆(I)/外切于圆(C)] <I>：   //使用内接于圆的绘制方式
指定圆的半径：200                        //指定圆半径
```

（2）按 Enter 键，绘制的正六边形如图 4-27 所示。单击【圆】按钮⊙，命令行提示如下。

```
命令：_circle 指定圆的圆心或 [三点(3P)/两点(2P)/相切、相切、半径(T)]：300,300
                              //输入圆的圆心坐标
指定圆的半径或 [直径(D)] <50.0000>：80   //指定圆的半径
```

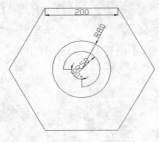

图 4-26　螺母效果图

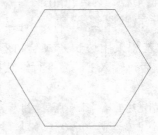

图 4-27　绘制正六边形

（3）按 Enter 键，绘制的圆如图 4-28 所示。单击【直线】按钮╱，命令行提示如下。

```
命令：_line 指定第一点：           //拾取圆心为直线第一点
指定下一点或 [放弃(U)]：@0,-50     //使用相对坐标指定第二点
指定下一点或 [放弃(U)]：           //按 Enter 键，完成直线绘制
LINE 指定第一点：                 //按 Enter 键，继续执行直线命令，拾取圆心为直线第一点
指定下一点或 [放弃(U)]：@-50,0     //使用相对坐标指定第二点
指定下一点或 [放弃(U)]：           //按 Enter 键，完成绘制，效果如图 4-28 所示。
```

（4）单击【圆弧】按钮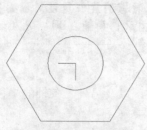，命令行提示如下。

> 命令：_arc 指定圆弧的起点或 [圆心(C)]: c   //输入 c，使用圆心、端点方式绘制
> 指定圆弧的圆心：   //拾取圆的圆心为圆弧圆心
> 指定圆弧的起点：   //拾取竖直直线的下端点为圆弧起点
> 指定圆弧的端点或 [角度(A)/弦长(L)]:   //拾取水平直线的左端点为圆弧端点

（5）绘制的圆弧如图 4-29 所示，选中两条直线，按 Delete 键删除。

图 4-28   绘制圆和辅助线

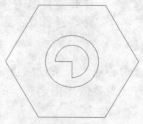

图 4-29   绘制圆弧

4.3.4   绘制圆环

圆环是填充环或实体填充圆，即带有宽度的闭合多段线。要创建圆环，需要指定它的圆心和内外直径。用户可以通过选择【绘图】/【圆环】命令，或在命令行中输入 donut 来执行该命令。选择【绘图】/【圆环】命令，命令行提示如下。

> 命令：_donut   //选择菜单执行命令
> 指定圆环的内径 <10.0000>:   //输入圆环的内径值
> 指定圆环的外径 <20.0000>:   //输入圆环的外径值
> 指定圆环的中心点或 <退出>:   //拾取点或者输入坐标指定圆环中心

4.3.5   绘制椭圆

用户可以通过选择【绘图】/【椭圆】命令，或单击【椭圆】按钮，或在命令行中输入 ellipse 来执行该命令，系统提供了 3 种方式用于绘制精确的椭圆。

（1）一条轴的两个端点和另一条轴半径。

单击【椭圆】按钮，按照默认的顺序就可以依次指定长轴的两个端点和另一条半轴的长度，其中长轴是通过两个端点来确定的，已经限定了两个自由度，只需要给出另外一个轴的长度就可以确定椭圆。

> 命令：_ellipse   //单击按钮执行命令
> 指定椭圆的轴端点或 [圆弧(A)/中心点(C)]:   //拾取点或输入坐标确定椭圆一条轴端点
> 指定轴的另一个端点：   //拾取点或输入坐标确定椭圆一条轴另一端点
> 指定另一条半轴长度或 [旋转(R)]:   //输入长度或者用光标选择另一条半轴长度

（2）一条轴的两个端点和旋转角度。

这种方式实际上相当于将一个圆在空间上绕长轴转动一个角度以后投影在二维平面上。

命令行提示如下。

```
命令: _ellipse                              //单击按钮执行命令
指定椭圆的轴端点或 [圆弧(A)/中心点(C)]:      //拾取点或输入坐标确定椭圆一条轴端点
指定轴的另一个端点:                          //拾取点或输入坐标确定椭圆一条轴另一端点
指定另一条半轴长度或 [旋转(R)]: r            //输入 r，表示采用旋转方式绘制
指定绕长轴旋转的角度: 60                     //输入旋转角度
```

提示 旋转角度是对椭圆的一种直观的理解，特殊的旋转角度对应着特殊的椭圆，例如 0°是圆，60°是长短轴之比为 2 的椭圆，90°则为一条线段。

（3） 中心点、一条轴端点和另一条轴半径。

这种方式需要依次指定椭圆的中心点，一条轴的端点，以及另外一条轴的半径，命令行提示如下。

```
命令: _ellipse                              //单击按钮执行命令
指定椭圆的轴端点或 [圆弧(A)/中心点(C)]: c    //采用中心点方式绘制椭圆
指定椭圆的中心点:                           //拾取点或输入坐标确定椭圆中心点
指定轴的端点:                               //拾取点或输入坐标确定椭圆一条轴端点
指定另一条半轴长度或 [旋转(R)]:             //输入椭圆另一条轴的半径，或者旋转的角度
```

提示 在命令行提示中，还有一个【圆弧】选项，当用户输入 A 时，表示此时绘制的是椭圆弧。

4.4 动手实践

按照图 4-30 所示尺寸，绘制洗脸盆平面图。椭圆弧的起始弧度为 275º，终止弧度为 265º。具体操作步骤如下。

（1） 单击【矩形】按钮▢，命令行提示如下。

```
命令: _rectang                                              //单击按钮执行命令
指定第一个角点或 [倒角(C)/标高(E)/圆角(F)/厚度(T)/宽度(W)]: 3000,0   //指定第一个角点
指定另一个角点或 [面积(A)/尺寸(D)/旋转(R)]:4000,600              //指定另一个角点
命令:                                                      //系统提示信息
RECTANG                                                   //按 Enter 键，再次执行矩形命令
指定第一个角点或 [倒角(C)/标高(E)/圆角(F)/厚度(T)/宽度(W)]: f     //输入 f，设置圆角
指定矩形的圆角半径 <0.0000>: 60                             //指定圆角半径
指定第一个角点或 [倒角(C)/标高(E)/圆角(F)/厚度(T)/宽度(W)]: 3050,25  //指定第一个角点
指定另一个角点或 [面积(A)/尺寸(D)/旋转(R)]:@900,550             //指定第二个角点
```

（2） 按 Enter 键，绘制的两个矩形如图 4-31 所示。

（3）单击【直线】按钮，命令行提示如下。

```
命令: _line 指定第一点:              //指定第 1 点
指定下一点或 [放弃(U)]: @0,200      //指定第 2 点
指定下一点或 [放弃(U)]: @0,75       //指点第 3 点
指定下一点或 [放弃(U)]: @0,70       //指定第 4 点
指定下一点或 [放弃(U)]: @-15,0      //指定第 5 点
```

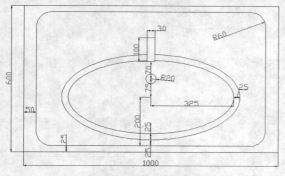

图 4-30　洗脸盆平面效果图

图 4-31　绘制的矩形

（4）按 Enter 键，直线绘制完毕。选择【格式】/【点样式】命令，弹出【点样式】对话框，选择点样式⊠，单击【确定】按钮。单击【点】按钮，分别在点 2、点 3、点 4 和点 5 处插入点，效果如图 4-32 和图 4-33 所示。

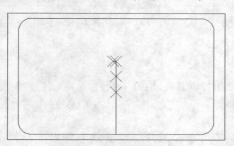

图 4-32　绘制辅助线和辅助点

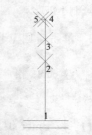

图 4-33　放大效果

（5）单击【矩形】按钮，命令行提示如下。

```
命令: _rectang                                                //单击按钮执行命令
当前矩形模式: 圆角=60.0000                                    //系统提示信息
指定第一个角点或 [倒角(C)/标高(E)/圆角(F)/厚度(T)/宽度(W)]: f   //输入 f，设置圆角
指定矩形的圆角半径 <60.0000>: 0                               //设置圆角半径为 0
指定第一个角点或 [倒角(C)/标高(E)/圆角(F)/厚度(T)/宽度(W)]:    //捕捉点 5
指定另一个角点或 [面积(A)/尺寸(D)/旋转(R)]: @30,100          //指定另一个角点
```

（6）按 Enter 键，绘制的矩形如图 4-34 所示。

（7）单击【椭圆弧】按钮，命令行提示如下。

```
命令: _ellipse                                        //单击按钮执行椭圆弧命令
指定椭圆的轴端点或 [圆弧(A)/中心点(C)]: _a              //系统提示信息
指定椭圆弧的轴端点或 [中心点(C)]: c                     //输入 c，采用中心点方式绘制
指定椭圆弧的中心点:                                    //拾取点 2 为中心点
指定轴的端点: @-350,0                                 //使用相对坐标指定轴的端点
指定另一条半轴长度或 [旋转(R)]: 175                     //指定另外一条轴的长度
指定起始角度或 [参数(P)]: 275                          //输入起始角度
指定终止角度或 [参数(P)/包含角度(I)]: 265               //输入终止角度
```

（8） 按 Enter 键，绘制的椭圆如图 4-35 所示。按照同样的方法绘制内侧椭圆，效果如图 4-36 所示。

图 4-34　绘制小矩形

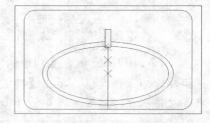

图 4-35　绘制椭圆弧　　　　　　　　图 4-36　绘制内椭圆弧

（9） 单击【圆】按钮，命令行提示如下。

```
命令: _circle 指定圆的圆心或 [三点(3P)/两点(2P)/相切、相切、半径(T)]:    //拾取点 3
指定圆的半径或 [直径(D)] <715.5107>: 20                              //输入半径
```

（10） 按 Enter 键，绘制的小圆如图 4-37 所示。选择辅助直线和辅助点，按 Delete 键删除，效果如图 4-38 所示。

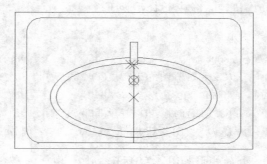

图 4-37　绘制小圆

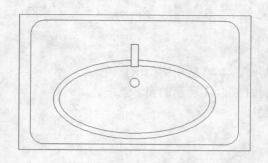

图 4-38　删除辅助线和辅助点

4.5　习题练习

4.5.1　填空题

（1）绘制一条与 X 轴夹角 30°，长度为 100 的直线，在指定完第一点之后，使用相对极坐标绘图，则点输入方式是_____。

（2）在使用通过中心点方式绘制多边形时，系统提供了_____和_____两种方式绘制多边形。

（3）多段线可以设置_____，状态栏中的【线宽】按钮不能控制其显示状态。

（4）在 AutoCAD 中，除了可以使用_____命令绘制圆弧外，还可以使用_____命令中提供的圆弧选项来绘制圆弧。

4.5.2　选择题

（1）未编辑的多线如图 4-39 所示，_____表示十字合并。

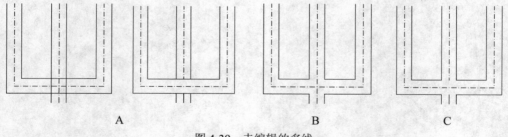

A　　　　　　　　　　B　　　　　　　C

图 4-39　未编辑的多线

（2）使用_____命令可以对多线进行编辑。

  A. OFFSET   B. CHAMFER   C. FILLET   D. EXPLODE

（3）创建一个新的多线样式，该多线样式由两个元素组成（即由两条平行线组成），元素间距为 240，设定一个元素偏移为 120，则可以设定另外一个元素偏移为_____。

  A. 240 或者 0   B. 360 或-120   C. 120 或 0   D. -120 或 0

（4）已知一个圆的周长和圆心位置，可采用_____绘制圆。

A. 半径、圆心　　　　B. 直径、圆心　　C. 三点画圆　　　　D. 相切、相切和半径

4.5.3　上机操作题

（1）　按照尺寸绘制如图 4-40 所示的门示意图。

（2）　按照尺寸绘制如图 4-41 所示的窗示意图。

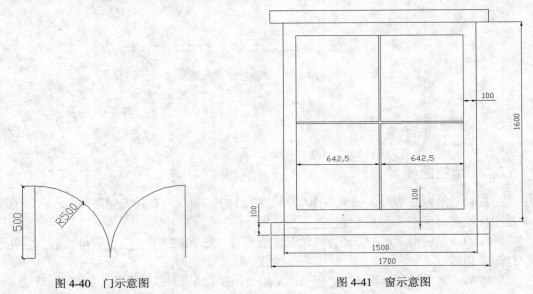

图 4-40　门示意图　　　　　　　　　　　　　图 4-41　窗示意图

（3）　按照尺寸绘制如图 4-42 所示的零件示意图。

（4）　按照尺寸绘制如图 4-43 所示的传动盖俯视图。

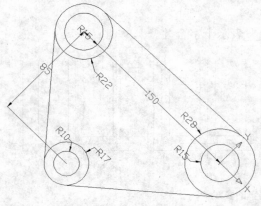

图 4-42　零件示意图

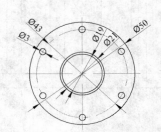

图 4-43　传动盖俯视图

第 5 章 　二维图形的编辑与修改

本章要点：

- 移动、旋转图形
- 拉伸、修剪图形
- 删除、分解图形
- 圆角和倒角

本章导读：

- **基础内容：** 在 AutoCAD 中移动、旋转、分解和删除图形的方法。
- **重点掌握：** 修剪、延伸、圆角和半角等编辑方法在实际绘图中的应用。
- **一般了解：** 打断、缩放和拉伸等编辑方法在实际绘图中应用较少，了解即可。

课 堂 讲 解

对于一些简单的图形对象，用户可以通过前面所讲解的基本图形绘制出来。但对于一些比较复杂的图形对象，就需要用户对基本图形进行适当的编辑才能绘制出来。

在 AutoCAD 2009 中，系统为用户提供了一系列的图形编辑工具：移动、旋转、修剪、延伸、打断、圆角、倒角和缩放等，熟练掌握这些编辑命令，可以提高绘图的效率。

常见的二维图形的编辑命令都在如图 5-1 所示的【修改】工具栏中。用户也可以通过选择【修改】菜单中适当的命令来对二维图形进行编辑和修改。

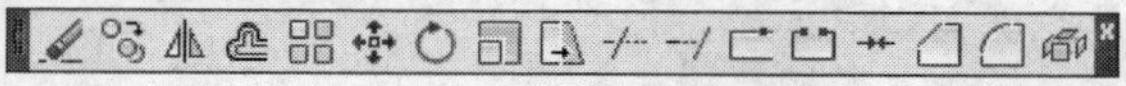

图 5-1 　【修改】工具栏

5.1 图形的位移

在绘制二维图形过程中，可能需要调整图形对象的位置，此时就需要移动图形或者旋转图形。AutoCAD 提供了 move 命令来移动图形，提供了 rotate 命令来旋转图形。

5.1.1 移动图形

用户可以通过选择【修改】/【移动】命令，或单击【移动】按钮，或在命令行中输入 move 来执行该命令。使用移动命令可以将一个或者多个对象平移到新的位置，相当于删除源对象的复制和粘贴。单击【移动】按钮 ✛，命令行提示如下。

```
命令：_move                              //单击按钮执行命令
选择对象：指定对角点：找到 4 个          //选择需要移动的对象
选择对象：                              //按 Enter 键，完成选择
指定基点或 [位移(D)] <位移>：            //输入绝对坐标或者绘图区拾取点作为基点
指定第二个点或 <使用第一个点作为位移>：//输入相对或绝对坐标，或者拾取点，确定第二点
```

效果如图 5-2 所示。

5.1.2 旋转图形

旋转命令可以改变对象的方向，并按指定的基点和角度定位新的方向。用户可以通过选择【修改】/【旋转】命令，或单击【旋转】按钮 ↻，或在命令行中输入 rotate 来执行该命令。

单击【旋转】按钮 ↻，命令行提示如下。

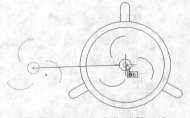

指定基点　　指定位移第二点

图 5-2　移动效果

```
命令：_rotate                                              //单击按钮执行命令
UCS 当前的正角方向：ANGDIR=逆时针　ANGBASE=0  //系统提示信息
选择对象：指定对角点：找到 4 个                          //选择需要旋转的对象
选择对象：                                              //按 Enter 键，完成选择
指定基点：                                              //输入绝对坐标或者在绘图区拾取点作为基点
指定旋转角度，或 [复制(C)/参照(R)] <0>：               //输入需要旋转的角度
```

效果如图 5-3 所示。

一般来说，在【移动】和【旋转】命令中，基点的指定都需要配合对象捕捉功能来完成，基点是一些具有特殊位置的点。

指定基点　　　　　　　　　旋转 60°

图 5-3　旋转效果

5.2　图形的修改

图形的修改是指对图形本身的形状做一定的改变。本节将重点讲述这些编辑命令的使用情况。

5.2.1 删除图形

用户可以通过选择【修改】/【删除】命令，或单击【删除】按钮 ，或在命令行中输入 erase 来执行该命令。单击【删除】按钮 ，命令行提示如下。

命令: _erase
选择对象:

此时屏幕上的十字光标将变为一个拾取框，选择需要删除的对象，按 Enter 键，选择的对象即被删除。按照"先选择实体，再调用命令"的顺序也可将物体删除。删除物体最快的办法是：先选择物体，然后按 Delete 键。另外也可以使用剪切到剪贴板的方法将对象删除。3 种方法的效果是相同的。

提示

可以使用 UNDO 命令恢复意外删除的对象。OOPS 命令可以恢复最近使用 ERASE、BLOCK 或 WBLOCK 命令删除的所有对象。

5.2.2 拉伸图形

拉伸图形命令可以拉伸对象中选定的部分，没有选定的部分保持不变。在使用拉伸图形命令时，图形选择窗口外的部分不会有任何改变；图形选择窗口内的部分会随图形选择窗口的移动而移动，但也不会有形状的改变，只有与图形选择窗口相交的部分会被拉伸。

用户可以通过选择【修改】/【拉伸】命令，或单击【拉伸】按钮 ，或在命令行中输入 stretch 来执行该命令。单击【拉伸】按钮 ，命令行提示如下。

命令: _stretch   //单击按钮执行命令
以交叉窗口或交叉多边形选择要拉伸的对象... //系统提示信息
选择对象: 指定对角点: 找到 6 个   //选择需要拉伸的对象
选择对象: //按 Enter 键，完成对象选择
指定基点或 [位移(D)] <位移>:   //输入绝对坐标或者在绘图区拾取点作为基点
指定第二个点或 <使用第一个点作为位移>://输入相对或绝对坐标或者拾取点确定以第二点

在用交叉窗口方式选择完需要拉伸的对象后，命令行提示的操作与 move 命令类似，如图 5-4 所示就是一个拉伸的示意图。

提示

要进行拉伸的对象必须用交叉窗口或交叉多边形的方式进行选取。

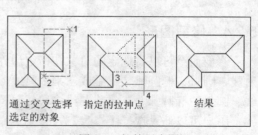

通过交叉选择   指定的拉伸点   结果
选定的对象

图 5-4   拉伸示意图

5.2.3 延伸图形

延伸命令可以将选定的对象延伸至指定的边界上。该命令可以将所选的直线、射线、圆弧、椭圆弧、非封闭的二维或三维多段线延伸到指定的直线、射线、圆弧、椭圆弧、圆、椭

圆、二维或三维多段线、构造线和区域等的上面。

　　用户可以通过选择【修改】/【延伸】命令，或单击【延伸】按钮 ，或在命令行中输入 extend 来执行该命令。单击【延伸】按钮 ，命令行提示如下。

```
命令:_extend              //单击按钮执行命令
当前设置:投影=UCS，边=无    //系统提示信息
选择边界的边...           //系统提示指定边界边
选择对象或 <全部选择>:找到 1 个  //选择指定的边界
选择对象:                 //按 Enter 键，完成选择
选择要延伸的对象，或按住 Shift 键选择要修剪的对象，或
[栏选(F)/窗交(C)/投影(P)/边(E)/放弃(U)]://选择需要延伸的对象
选择要延伸的对象，或按住 Shift 键选择要修剪的对象，或
[栏选(F)/窗交(C)/投影(P)/边(E)/放弃(U)]://选择需要延伸的对象
选择要延伸的对象，或按住 Shift 键选择要修剪的对象，或
[栏选(F)/窗交(C)/投影(P)/边(E)/放弃(U)]://按 Enter 键，完成选择
```

效果如图 5-5 所示。

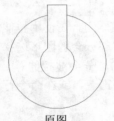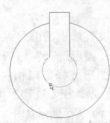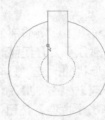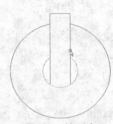

　　原图　　　　　　指定边界边　　　　　指定延伸对象　　　　指定延伸对象

图 5-5　延伸图形

 提示

可延伸的对象必须是有端点的对象，如直线段、射线和多线等，而不能是无端点的对象，如圆、参照线等。

5.2.4　修剪图形

　　修剪命令可以将选定的对象在指定边界一侧的部分剪切掉。可以修剪的对象包括直线、射线、圆弧、椭圆弧、二维或三维多段线、构造线及样条曲线等。有效的边界包括直线、射线、圆弧、椭圆弧、二维或三维多段线、构造线和填充区域等。

　　用户可以通过选择【修改】/【修剪】命令，或单击【修剪】按钮 ，或在命令行中输入 trim 来执行该命令。单击【修剪】按钮 ，命令行提示如下。

```
命令:_trim                 //单击按钮执行命令
当前设置:投影=UCS，边=无     //系统提示信息
选择剪切边...              //系统提示选择剪切边
选择对象或 <全部选择>: 找到 1 个    //选择第一个剪切边
选择对象: 找到 1 个，总计 2 个  //选择第二个剪切边
```

选择对象： //按 Enter 键，完成选择
选择要修剪的对象，或按住 Shift 键选择要延伸的对象，或
[栏选(F)/窗交(C)/投影(P)/边(E)/删除(R)/放弃(U)]：
//选择第一个要修剪的对象，光标指定部分被修剪
选择要修剪的对象，或按住 Shift 键选择要延伸的对象，或
[栏选(F)/窗交(C)/投影(P)/边(E)/删除(R)/放弃(U)]：
//选择第二个要修剪的对象，光标指定部分被修剪
选择要修剪的对象，或按住 Shift 键选择要延伸的对象，或
[栏选(F)/窗交(C)/投影(P)/边(E)/删除(R)/放弃(U)]：
//按 Enter 键，完成修剪

效果如图 5-6 所示。

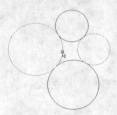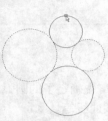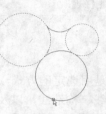

　指定左右圆为剪切边　　　修剪上圆上部　　　　修剪下圆下部　　　　修剪效果

图 5-6　修剪示意图

提示 用宽多段线作为边界时，其中心线为实际剪切的边界。带有宽度的多段线作为被剪切对象时，剪切交点按中心线计算，并保留宽度信息，切口边界与多段线的中心线垂直。

5.2.5　打断图形

　　打断命令用于打断所选的对象，即将所选的对象分成两部分，或删除对象上的某一部分。该命令作用于直线、射线、圆弧、椭圆弧、二维或三维多段线和构造线等。

　　打断命令将会删除对象上位于第一点和第二点之间的部分。第一点是选取该对象时的拾取点，第二点即为选定的点。如果选定的第二点不在对象上，系统将选择对象上离该点最近的一个点。

　　用户可以通过选择【修改】/【打断】命令，或单击【打断】按钮，或在命令行中输入 break 来执行该命令。单击【打断】按钮，命令行提示如下。

命令：_break 选择对象： //选择需要打断的图形
指定第二个打断点 或 [第一点(F)]: f //输入 f，表示重新指定第一个打断点。否则选择对象的点
即作为第一个打断点
指定第一个打断点： //拾取第一个打断点
指定第二个打断点： //拾取第二个打断点

如图 5-7 所示是使用打断命令实现修剪效果的示意图。

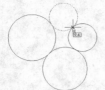 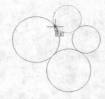  

拾取右上交点　　　　　拾取左上交点　　　　上面的圆打断效果　　　　下面的圆打断效果
为第一个打断点　　　　　　　　　　　　　　　　　　　为第二个打断点

图 5-7　打断图形示例

在对最下方的圆进行打断时，必须先选择左下的交点为第一个打断点，然后选择右下的交点为第二个打断点。因为对于圆弧、圆的打断是按照逆时针方向进行的。

5.2.6　圆角和倒角

圆角命令和倒角命令是用选定的方式，通过事先确定了的圆弧或直线段来连接两条直线、圆、圆弧、椭圆弧、多段线、构造线，以及样条曲线等。

用户可以通过选择【修改】/【圆角】命令，或单击【圆角】按钮□，或在命令行中输入 fillet 来执行该命令。激活圆角命令后，设定半径参数和指定角的两条边，就可完成对这个角的圆角操作。

用户可以通过选择【修改】/【倒角】命令，或单击【倒角】按钮□，或在命令行中输入 chamfer 来执行该命令。执行倒角命令后，需要依次指定角的两边、设定倒角在两条边上的距离。倒角的尺寸就由这两个距离来决定。

※ 例 5-1　利用圆角和倒角功能绘制垫片

在图 5-8 所示的基础上，通过圆角和倒角功能，绘制如图 5-9 所示的图形。

具体操作步骤如下。

（1）单击【圆角】按钮□，命令行提示如下。

```
命令: _fillet                                           //单击按钮执行命令
当前设置: 模式 = 修剪，半径 = 6.0000                    //系统提示信息
选择第一个对象或 [放弃(U)/多段线(P)/半径(R)/修剪(T)/多个(M)]: r //输入 r，设置圆角半径
指定圆角半径 <6.0000>: 8                                //输入圆角半径值
选择第一个对象或 [放弃(U)/多段线(P)/半径(R)/修剪(T)/多个(M)]://选择如图 5-10 所示的直线
选择第二个对象，或按住 Shift 键选择要应用角点的对象：　//选择如图 5-11 所示的直线
```

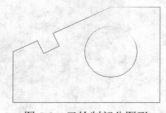 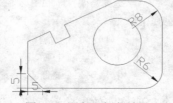 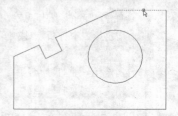

图 5-8　已绘制部分图形　　　　图 5-9　圆角和倒角效果　　　　图 5-10　选择圆角第一个对象

（2）选中两条直线后，效果如图 5-12 所示。再次执行【圆角】命令，选择右侧和下方的直线，设置圆角半径为 6，绘制的圆角效果如图 5-13 所示。

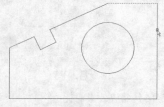

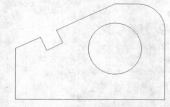

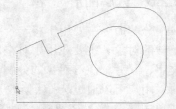

图 5-11　选择圆角第二个对象　　　　图 5-12　圆角效果　　　　图 5-13　圆角效果

（3）单击【倒角】按钮，命令行提示如下。

```
命令: _chamfer                                          //单击按钮执行命令
("修剪"模式) 当前倒角距离 1 = 0.0000，距离 2 = 0.0000    //系统提示信息
选择第一条直线或 [放弃(U)/多段线(P)/距离(D)/角度(A)/修剪(T)/方式(E)/多个(M)]: d//设置距离
指定第一个倒角距离 <0.0000>: 5                           //输入第一个倒角距离
指定第二个倒角距离 <5.0000>: 5                           //输入第二个倒角距离
选择第一条直线或 [放弃(U)/多段线(P)/距离(D)/角度(A)/修剪(T)/方式(E)/多个(M)]:
                                                        //选择如图 5-13 所示的直线
选择第二条直线，或按住 Shift 键选择要应用角点的直线:   //选择如图 5-14 所示的直线
```

（4）选中两条直线，倒角效果如图 5-15 所示。

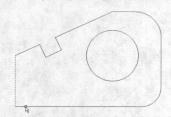

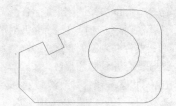

图 5-14　选择倒角第二个对象　　　　　　　　图 5-15　倒角效果

5.2.7　缩放图形

缩放命令是指将选择的图形对象按比例均匀地放大或缩小。可以通过指定基点和长度（被用做基于当前图形单位的比例因子）或输入比例因子来缩放对象。也可以为对象指定当前长度和新长度。大于 1 的比例因子使对象放大，介于 0～1 之间的比例因子使对象缩小。

用户可以通过选择【修改】/【缩放】命令，或单击【缩放】按钮，或在命令行中输入 scale 来执行该命令。单击【缩放】按钮，命令行提示如下。

```
命令: _scale                         //单击按钮执行命令
选择对象: 指定对角点: 找到 26 个   //选择要缩放的对象
选择对象:                            //按 Enter 键，完成选择
指定基点:                            //拾取点作为缩放对象的基点，如图 5-16 所示
指定比例因子或 [复制(C)/参照(R)] <1.3000>: 0.5 //输入比例因子为 0.5
```

按 Enter 键，对比效果如图 5-16 所示。

5.2.8　分解图形

分解命令主要用于将一个对象分解为多个
单一的对象。主要应用于对整体图形、图块、
文字、尺寸标注等对象的分解。

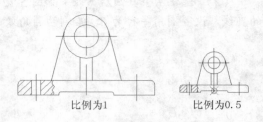

比例为1　　　　比例为0.5

图 5-16　缩放效果对比

用户可以通过选择【修改】/【分解】命令，
或单击【分解】按钮 ，或在命令行中输入
explode 来执行该命令。单击【分解】按钮 ，命令行提示如下。

> 命令: _explode　//单击按钮执行命令
> 选择对象://选择需要分解的图形

在绘图区选择需要分解的对象，按 Enter 键，即可将选择的图形对象分解。

5.2.9　合并图形

合并命令是使打断的对象，或者相似的对象合并为一个对象。用户可以使用圆弧和椭圆
弧创建完整的圆和椭圆。合并的对象包括：圆弧、椭圆弧、直线、多段线和样条曲线。

用户可以通过选择菜单栏中的【修改】|【合并】命令，或单击【合并】按钮 ，或者
在命令行输入 joint 来执行该命令。单击【合并】按钮 ，命令行提示如下：

> 命令: _joint //单击按钮执行命令
> 选择源对象://选择第一个合并对象
> 选择要合并到源的直线:　找到 1 个//选择第二个合并对象
> 选择要合并到源的直线://按回车键，完成选择，合并完成
> 已将 1 条直线合并到源//系统提示信息

合并命令在命令行的提示信息因为选择合并的源对象的不同显示的提示也不同，要求也
不一样，这点用户在使用的时候要注意。

5.3　动手实践

按照图 5-17 所示的尺寸，使用本章以及前面章节学过的知识绘制一个机械端盖平面图。
具体操作步骤如下。

（1）单击【构造线】按钮 ，绘制一条平行和竖直的构造线。单击【圆】按钮 ，命
令行提示如下。

> 命令: _circle 指定圆的圆心或 [三点(3P)/两点(2P)/相切、相切、半径(T)]:　//拾取构造线交点
> 指定圆的半径或 [直径(D)]:25　　　　　　　　　　　　　　　　　//输入圆半径

（2）按 Enter 键，完成圆绘制。继续绘制圆，圆心为构造线交点，半径为 70，效果如
图 5-18 所示。

（3）继续执行圆命令，以大圆与竖直构造线的上交点为圆心，分别绘制半径为 9 和 15

的圆，效果如图 5-19 所示。为了区分方便，分别命名为圆 1、圆 2、圆 3 和圆 4。

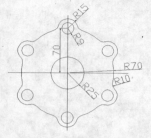

图 5-17　端盖平面图

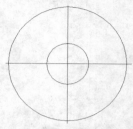

图 5-18　绘制两个圆

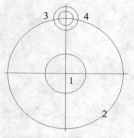

图 5-19　绘制的 4 个圆

（4）仅打开对象捕捉的切点捕捉模式。单击【圆】按钮⊙，命令行提示如下。

```
命令: _circle 指定圆的圆心或 [三点(3P)/两点(2P)/相切、相切、半径(T)]: t//采用相切方式
指定对象与圆的第一个切点：　//拾取圆 2 左上四分之一弧上一点
指定对象与圆的第二个切点：　//拾取圆 4 左上四分之一弧上一点
指定圆的半径 <9.0000>: 10　//输入圆半径为 10
```

（5）按 Enter 键，绘制出切线圆 5。用同样的方法，绘制出切线圆 6，效果如图 5-20 所示。

（6）单击【修剪】按钮，命令行提示如下。

```
命令: _trim　　　　　　　　　//单击按钮执行命令
当前设置:投影=UCS，边=无　　//系统提示信息
选择剪切边...　　　　　　　　//系统提示选择剪切边
选择对象或 <全部选择>:找到 1 个　//选择圆 2
选择对象: 找到 1 个，总计 2 个　//选择圆 4
选择对象：　　　　　　　　　//按 Enter 键，完成选择
选择要修剪的对象，或按住 Shift 键选择要延伸的对象，或
[栏选(F)/窗交(C)/投影(P)/边(E)/删除(R)/放弃(U)]://选择圆 5 左上部分
选择要修剪的对象，或按住 Shift 键选择要延伸的对象，或
[栏选(F)/窗交(C)/投影(P)/边(E)/删除(R)/放弃(U)]:
　　　　　　　　　　//选择圆 6 右上部分，效果如图 5-21 所示
选择要修剪的对象，或按住 Shift 键选择要延伸的对象，或
[栏选(F)/窗交(C)/投影(P)/边(E)/删除(R)/放弃(U)]:
　　　　　　　　　　//按 Enter 键，完成修剪，修剪的效果如图 5-22 所示
```

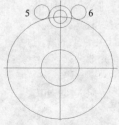

图 5-20　绘制切线圆

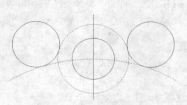

图 5-21　选择剪切边

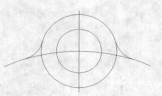

图 5-22　修剪效果

（7）继续执行【修剪】命令，选择圆 5 和圆 6 剩下的弧线为剪切边，如图 5-23 所示。

选择图 5-23 中圆 4 和圆 2 位于两条弧线之间的部分为修剪对象，修剪的效果如图 5-24 所示。

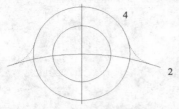

图 5-23　再次选择剪切边　　　　　　　　图 5-24　第 2 次修剪结果

（8）单击【构造线】按钮 ，命令行提示如下。

命令: _xline 指定点或 [水平(H)/垂直(V)/角度(A)/二等分(B)/偏移(O)]: a　//采用角度方式
输入构造线的角度 (0) 或 [参照(R)]:　30　　　　//输入角度
指定通过点:　　　　　　　　　　　　　　　　　//拾取水平竖直构造线交点

（9）按照同样的方法，再绘制一条与 X 轴成-30° 角的构造线，效果如图 5-25 所示。

（10）选择如图 5-26 所示的图形对象，包括一个小圆和 3 段圆弧，右击鼠标，在弹出的快捷菜单中选择【带基点复制】命令，命令行提示【指定基点:】，指定小圆圆心为基点。

（11）右击鼠标，在弹出的快捷菜单中选择【粘贴】命令，分别在如图 5-27 所示的插入点插入复制图形。

（12）单击【旋转】按钮 ，命令行提示如下。

图 5-25　绘制其他构造线　　　　图 5-26　复制图形　　　　图 5-27　粘贴复制图形

命令: _rotate　　　　　　　　　　　　　　　　//单击按钮执行命令
UCS 当前的正角方向:　ANGDIR=逆时针　ANGBASE=0　//系统提示信息
选择对象: 指定对角点: 找到 4 个　　　　　　//选择图 5-27 中右上角粘贴的复制对象
选择对象:　　　　　　　　　　　　　　　　　//按 Enter 键，完成选择
指定基点:　　　　　　　　　　　　　　　　//指定小圆圆心为基点
指定旋转角度，或 [复制(C)/参照(R)] <0>: -60　　　　//输入旋转角度

（13）按 Enter 键，旋转效果如图 5-28 所示。

（14）单击【修剪】按钮 ，对圆弧进行修剪，效果如图 5-29 所示。使用【旋转】命令，分别对其他 4 个粘贴对象进行旋转，将右下方粘贴对象旋转-120° ，将正下方粘贴对象旋转-180°，将左下方粘贴对象旋转-240°，将左上方粘贴对象旋转-300°，基点均为各自的小圆圆心。然后再利用【修剪】命令对圆弧进行修剪，效果如图 5-30 所示。

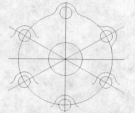
图 5-28　旋转右上角复制图形

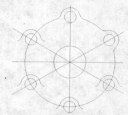
图 5-29　圆弧修剪效果

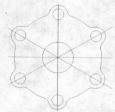
图 5-30　完成效果图

5.4　习题练习

5.4.1　填空题

（1）要移动对象，可以使用_____命令；要旋转对象，可以使用_____命令；要删除对象，可以使用_____命令。

（2）在 AutoCAD 中，有_____和_____两种倒角方式。

（3）拉伸图形时，必须采用_____选择方式。

（4）执行拉伸图形命令时，_____会随图形选择窗口的移动而移动，但不会有形状的改变，_____会被拉伸。

5.4.2　选择题

（1）下面_____图形或对象不能分解。

A. 多线　　　　　　　　　　　B. 块

C. 矩形　　　　　　　　　　　D. 圆

（2）下面_____图形对象不能延伸。

A. 矩形　　　　　　　　　　　B. 直线

C. 圆弧　　　　　　　　　　　D. 多线

（3）在 AutoCAD 中，有时候 trim 命令也可以作为 extend 命令使用，此时需要按____键选择要延伸的线段。

A. Ctrl　　　　　　　　　　　B. Alt

C. Shift　　　　　　　　　　　D. Tab

（4）圆角和倒角命令对_____不适用。

A. 直线　　　　　　　　　　　B. 样条曲线

C. 多线　　　　　　　　　　　D. 构造线

5.4.3　上机操作题

（1）按照尺寸绘制如图 5-31 所示的机械零件图。

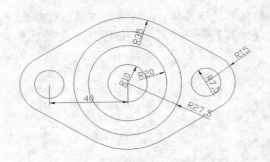

图 5-31　上机操作题 1

（2）　按照尺寸绘制如图 5-32 所示的机械零件图。

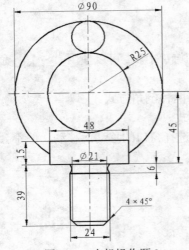

图 5-32　上机操作题 2

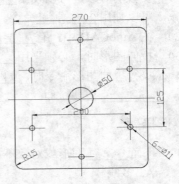

图 5-33　上机操作题 3

（3）　按照尺寸绘制如图 5-33 所示的机械零件图。

（4）　按照尺寸绘制如图 5-34 所示的门示意图。

（5）　按照尺寸绘制如图 5-35 所示的传动盖轮廓图。

（6）　按照尺寸绘制如图 5-36 所示的液压缸原理图。

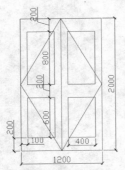

图 5-34　上机操作题 4

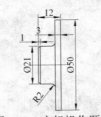

图 5-35　上机操作题 5

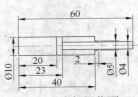

图 5-36　上机操作题 6

第6章 二维图形的快速绘制

本章要点：

- 图形复制
- 图形镜像
- 图形偏移
- 图形阵列

本章导读：

- **基础内容：** 各种快速绘制重复图形的原理和操作方法，以及各参数的含义。
- **重点掌握：** 如何在实际绘图中灵活地使用绘制重复图形的方法，能够针对不同情况使用不同的方法。
- **一般了解：** 本章内容对于二维图形的绘制相当重要，读者需认真掌握。

课 堂 讲 解

在使用 AutoCAD 2009 绘图过程中，用户经常会遇到在绘制的图形对象中需要重复绘制某一图形的情况。为了提高绘图效率，AutoCAD 提供了多种编辑命令使用户能够快速地绘制重复的图形对象。AutoCAD 中常用的快速绘制重复图形的命令包括【复制对象】（COPY）、【镜像】（MIRROR）、【偏移】（OFFSET）和【阵列】（ARRAY）4 个命令。下面将详细讲解这 4 个命令的具体运用。

6.1 复制图形

复制命令用于对图中已有的对象进行复制。使用复制对象命令可以在保持原有对象不变的基础上，将选择好的对象复制到图中的其他位置，这样，可以减少重复绘制同样图形的工作量。用户可以通过在命令行中执行命令或者在右键快捷菜单中选择相应选项来执行该操作，下面分别进行讲解。

6.1.1 执行命令

用户可以通过选择【修改】/【复制】命令，或在【修改】工具栏中单击【复制】按钮，或在命令行中输入 copy 来执行该命令。

※ 例 6-1　复制螺母

将图 6-1 所示的螺母复制到小圆的其他 3 个象限点，效果如图 6-2 所示。

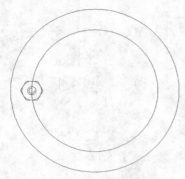

图 6-1　需要复制的螺母

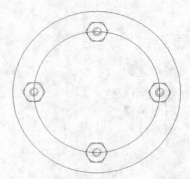

图 6-2　复制完成的效果

具体操作步骤如下。

（1）打开对象捕捉功能的象限点捕捉模式。单击【复制】按钮，命令行提示如下。

```
命令: _copy                    //单击按钮执行复制对象命令
选择对象: 指定对角点: 找到 4 个   //用窗口选择方式选择图 6-3 所示的螺母
选择对象:                       //按 Enter 键，完成选择
当前设置: 复制模式 = 多个
指定基点或 [位移(D)/模式(O)] <位移>: //拾取内侧小圆左象限点为基点
指定第二个点或 <使用第一个点作为位移>: //拾取内侧小圆上象限点为位移点，如图 6-4 所示
指定第二个点或 [退出(E)/放弃(U)] <退出>: //拾取内侧小圆右象限点为位移点
指定第二个点或 [退出(E)/放弃(U)] <退出>: //拾取内侧小圆下象限点为位移点
指定第二个点或 [退出(E)/放弃(U)] <退出>:
```

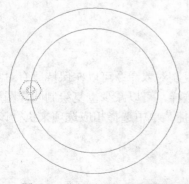

图 6-3　选择需要复制的螺母

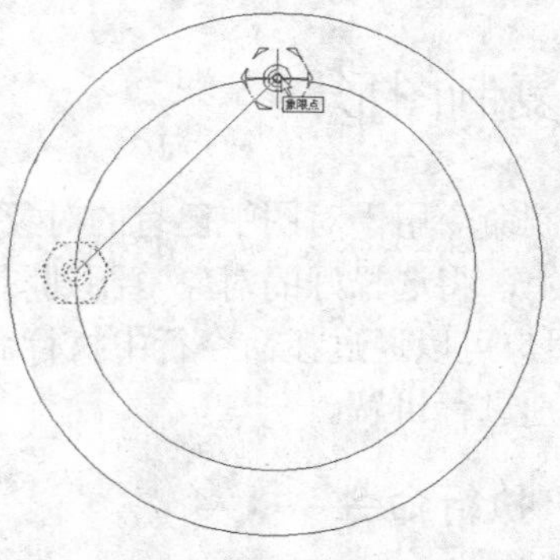

图 6-4　指定位移第二点

（2）按 Enter 键，复制的效果如图 6-2 所示。

6.1.2　快捷菜单复制

在实际绘图时，用户还可以使用右键快捷菜单来执行复制命令。

在绘图区选中需要复制的对象后，右击鼠标，在弹出的快捷菜单中选择【带基点复制】命令，命令行提示【指定基点:】，选择圆心为基点。右击鼠标，在弹出的快捷菜单中选择【粘贴】命令，命令行提示【指定插入点:】，捕捉如图 6-7 所示的 16 个点，则可依次插入圆。

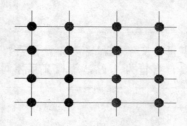

图 6-7　复制完成效果

6.2　镜像图形

在使用 AutoCAD 2009 绘图中，当绘制的图形对象相对于某一对称轴对称时，就可以使用 mirror 命令来绘制图形。镜像命令是将选定的对象沿一条指定的直线对称复制，复制完成后可以删除源对象，也可以不删除源对象。

用户可以通过选择【修改】/【镜像】命令，或在【修改】工具栏中单击【镜像】按钮◭，或在命令行中输入 mirror 来执行该命令。

※ 例6-2　复制机械零件

将图 6-8 所示的机械零件进行镜像，镜像效果如图 6-9 所示。

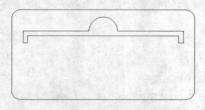

图 6-8　需要镜像的零件图

图 6-9　镜像完成效果

具体操作步骤如下。

打开对象捕捉功能的中点捕捉模式。单击【镜像】按钮◭，命令行提示如下。

```
命令: _mirror                        //单击按钮执行命令
选择对象: 指定对角点: 找到 10 个     //选择如图 6-10 所示的镜像对象
选择对象:                            //按 Enter 键完成选择
指定镜像线的第一点:                  //拾取圆角矩形左边直线中点
指定镜像线的第二点:                  //拾取圆角矩形右边直线中点，如图 6-11 所示
要删除源对象吗？[是(Y)/否(N)] <N>: //按 Enter 键，采取默认值，不删除源对象
```

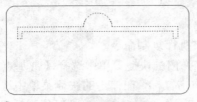

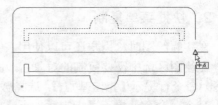

图 6-10　选择镜像对象　　　　　　　　　　　图 6-11　指定镜像轴线

当镜像对象中包含文字时，需要先设置系统变量 mirrtext，当值为 0 时，镜像文字可读；当值为 1 时，镜像文字不可读。

6.3　偏移图形

偏移图形命令可以根据指定距离或通过点，创建一个与原有图形对象平行或具有同心结构的形体。偏移的对象可以是直线、样条曲线、圆、圆弧和正多边形等。

用户可以通过选择【修改】/【偏移】命令，或在【修改】工具栏中单击【偏移】按钮 ，或在命令行中输入 offset 来执行该命令。

6.3.1　平行偏移

对于未封闭的对象，如直线、样条曲线和圆弧等，可以偏移出与源对象平行的图形。

※ 例 6-3　绘制柱网辅助线

给如图 6-12 所示的柱网绘制辅助线，效果如图 6-13 所示。

具体操作步骤如下。

（1）单击【构造线】按钮 ，绘制如图 6-13 所示的竖直构造线 1 和水平构造线 2。

（2）单击【偏移】按钮 ，命令行提示如下。

```
命令: _offset                          //单击按钮执行命令
当前设置: 删除源=否   图层=源   OFFSETGAPTYPE=0//系统提示信息
指定偏移距离或 [通过(T)/删除(E)/图层(L)] <1.0000>:7200 //指定偏移的对象与源对象的距离
选择要偏移的对象，或 [退出(E)/放弃(U)] <退出>: //选择水平构造线 2
指定要偏移的那一侧上的点，或 [退出(E)/多个(M)/放弃(U)] <退出>:
                             //在水平构造线上方拾取任意一点
选择要偏移的对象，或 [退出(E)/放弃(U)] <退出>://按 Enter 键，完成偏移
```

（3）连续执行【偏移】命令，分别将水平构造线 2，向上偏移 7200、9200、14 600，将竖直构造线 1 向右偏移 3600、7200、12 000、15 600 和 19 200，效果如图 6-13 所示。

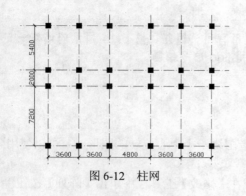

图 6-12　柱网

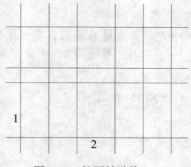

图 6-13　柱网辅助线

6.3.2　同心偏移

对于封闭的单一对象，如圆、正多边形、多段线形成的封闭图形等，可以偏移出与源对象具有同心结构的图形。

※ 例6-4　用多段线绘制外墙墙线

利用多段线绘制如图 6-14 所示的墙体单线，再利用偏移命令绘制 480 厚的墙体，效果如图 6-15 所示。

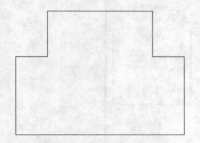

图 6-14　绘制墙体单线

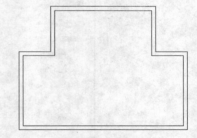

图 6-15　偏移出另外一条墙线

具体操作步骤如下。

（1）单击【偏移】按钮，命令行提示如下。

```
命令: _offset                         //单击按钮执行命令
当前设置: 删除源=否   图层=源   OFFSETGAPTYPE=0//系统提示信息
指定偏移距离或 [通过(T)/删除(E)/图层(L)] <1.0000>:480  //指定偏移对象与源对象的距离
选择要偏移的对象，或 [退出(E)/放弃(U)] <退出>://选择如图 6-14 所示的墙体单线
指定要偏移的那一侧上的点，或 [退出(E)/多个(M)/放弃(U)] <退出>:
                                //拾取墙体单线内侧任意一点
选择要偏移的对象，或 [退出(E)/放弃(U)] <退出>://按 Enter 键，完成偏移
```

（2）偏移效果如图 6-15 所示。

6.4 阵列图形

绘制多个在 X 轴或在 Y 轴上等间距分布，或者围绕一个中心旋转的图形时，可以使用阵列命令。

用户可以通过选择【修改】/【阵列】命令，或在【修改】工具栏中单击【阵列】按钮品，或在命令行中输入 array 来执行该命令。

6.4.1 矩形阵列

矩形阵列是指将选中的对象进行多重复制后沿 X 轴和 Y 轴（即所说的行和列）方向排列的阵列方式，创建的对象将按用户定义的行数和列数排列。

执行 array 命令后，弹出【阵列】对话框，选中【矩形阵列】单选按钮，出现如图 6-16所示的对话框。

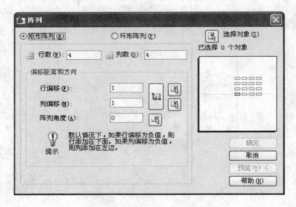

图 6-16 【阵列】对话框

在该对话框中，单击【选择对象】按钮，在绘图区选择要阵列的对象。【行】文本框用于设置阵列的行数；【列】文本框用于设置阵列的列数。【行偏移】文本框用于设置行距，【列偏移】文本框用于设置列间距；两者均可通过单击后面的拾取按钮，在绘图区拾取两点作为间距。【阵列角度】文本框用于设置阵列逆时针旋转的角度。

例如，将如图 6-17 所示的图形阵列为如图 6-18 所示的图形，应在【阵列】对话框设

置行数为 19，列数为 2，行偏移为 53.35，列偏移为 20.35。

图 6-17 待矩形阵列对象

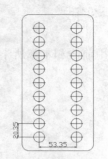

图 6-18 矩形阵列效果

6.4.2 环形阵列

环形阵列是围绕用户指定的圆心或一个基点在其周围作圆形或成一定角度的扇形排列。

执行 array 命令后，弹出【阵列】对话框，选中【环形阵列】单选按钮，出现如图 6-19 所示的对话框。

在【陈列】对话框中，单击【选择对象】按钮，在绘图区选择要阵列的对象。【中心点】文本框用于输入阵列中心点的坐标。用户可以通过单击【拾取中心点】按钮来拾取中心点。

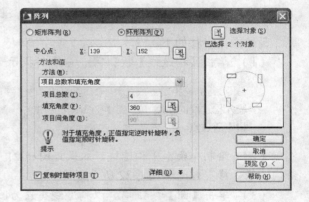

图 6-19 【阵列】对话框

【方法】下拉列表框中有 3 个选项，分别为【项目总数和填充角度】、【项目总数和项目间的角度】、【填充角度和项目间的角度】选项。选择【项目总数和填充角度】选项，则【项目间角度】文本框不激活。

【项目总数】文本框用于输入对象的数目，与矩形阵列一样，其中包括了复制的对象本身。【填充角度】文本框用于输入填充角度，在填充角度内才能复制对象。填充角度用于确定对象如何沿圆周进行分布，默认时，对象沿整个圆周分布，即 360°，也可以使用小于 360°的角。【项目间角度】文本框用于输入两个对象之间相隔的角度。只有在不指定复制数目时，或是指定的复制角度为 0°时，才需要指定对象之间的角度间隔。

【复制时旋转项目】复选框用于设置复制对象时，会旋转相应的角度。若不选中此复选框，复制对象时，不会旋转。

用户如果在【项目间角度】文本框中输入的角度为负值，则对象沿顺时针复制；如果输入的角度为正值，则对象沿逆时针复制。

例 6-1 用户也可以通过环形阵列来完成。

6.5　动手实践

综合利用前面和本章所学的知识绘制如图 6-20 所示的图形。

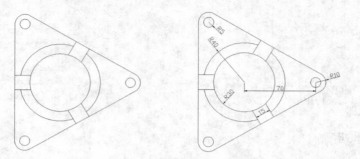

图 6-20　机械零件效果图

具体操作步骤如下。

（1）单击【构造线】按钮，命令行提示如下。

命令: _xline 指定点或 [水平(H)/垂直(V)/角度(A)/二等分(B)/偏移(O)]: a　//使用角度法绘制
输入构造线的角度 (0) 或 [参照(R)]: 120　　　　　　　　　　　　　　//输入角度
指定通过点:　　　　　　　　　　　　　　　　　　　　//拾取绘图区任意一点

（2）绘制一条水平构造线，效果如图 6-21 所示。单击【修剪】按钮，分别修剪两条构造线，修剪效果如图 6-22 所示。

（3）单击【圆】按钮，以构造线交点为圆心，分别绘制半径为 30 和 40 的圆，效果如图 6-23 所示。单击【修剪】按钮，以修剪过的构造线为剪切线，修剪刚绘制的圆，效果如图 6-24 所示。

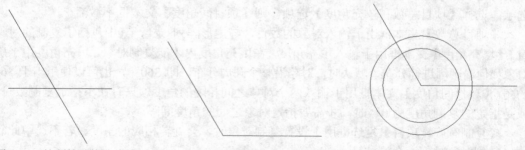

图 6-21　绘制辅助构造线　　　　图 6-22　修剪辅助线　　　　图 6-23　绘制两个圆

（4）单击【圆】按钮，以构造线交点为圆心，绘制半径为 5 的圆，效果如图 6-25 所示。

（5）单击【移动】按钮，命令行提示如下。

命令: _move　　　　　　　　　　//单击按钮执行命令
选择对象: 指定对角点: 找到 1 个　　//选择步骤 4 绘制的小圆
选择对象:　　　　　　　　　　　//按 Enter 键，完成选择

指定基点或 [位移(D)] <位移>:   //拾取构造线交点为基点
指定第二个点或 <使用第一个点作为位移>: @70,0   //使用位移法移动，输入相对坐标

（6）按 Enter 键，效果如图 6-26 所示。单击【圆】按钮⊙，以小圆圆心为圆心，绘制半径为 10 的圆。

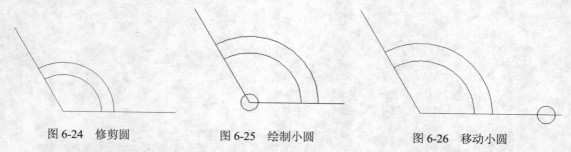

图 6-24　修剪圆　　　　　　图 6-25　绘制小圆　　　　　　图 6-26　移动小圆

（7）单击【镜像】按钮⚎，选择步骤 5 和步骤 6 中创建的两个圆为源对象，以构造线交点和半径为 30 的圆弧中点连线为镜像线，镜像效果如图 6-27 所示。

（8）仅打开对象捕捉的切点捕捉模式。单击【直线】按钮╱，分别捕捉半径为 10 的两个圆上的切点，绘制切线，效果如图 6-28 所示。

（9）利用修剪功能，修剪半径为 5 和 10 的 4 个圆，修剪效果如图 6-29 所示。

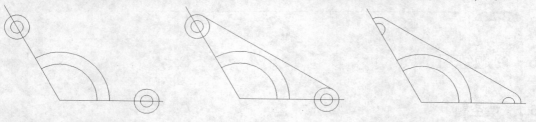

图 6-27　镜像效果　　　　　　图 6-28　绘制切线　　　　　　图 6-29　修剪半径为 5 和 10 的圆

（10）仅打开交点捕捉和垂足捕捉模式，绘制如图 6-30 所示的直线 1，单击【偏移】按钮⚏，命令行提示如下。

命令: _offset   //单击按钮执行命令
当前设置: 删除源=否　图层=源　OFFSETGAPTYPE=0//系统提示信息
指定偏移距离或 [通过(T)/删除(E)/图层(L)] <1.0000>:7.5　//指定偏移距离为 7.5
选择要偏移的对象，或 [退出(E)/放弃(U)] <退出>://选择直线 1
指定要偏移的那一侧上的点，或 [退出(E)/多个(M)/放弃(U)] <退出>:
　　　　　　　　　　　　　　　　　//在直线左上方拾取任意一点
选择要偏移的对象，或 [退出(E)/放弃(U)] <退出>://选择直线 1
指定要偏移的那一侧上的点，或 [退出(E)/多个(M)/放弃(U)] <退出>:
　　　　　　　　　　　　　　　　　//在直线右下方拾取任意一点
选择要偏移的对象，或 [退出(E)/放弃(U)] <退出>://按 Enter 键，偏移效果如图 6-30 所示

（11）将绘制完成的直线进行修剪，效果如图 6-31 所示。单击【阵列】按钮▦，弹出【阵列】对话框，选中【环形阵列】单选按钮，拾取构造线交点为中心点，选择图 6-31 中除

构造线以外的图形为源对象，设置【项目总数】为3，其他为默认设置，单击【确定】按钮，效果如图6-32所示。

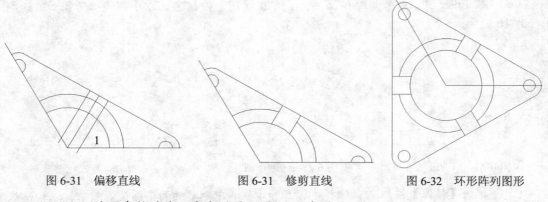

图6-31　偏移直线　　　　　图6-31　修剪直线　　　　　图6-32　环形阵列图形

（12）　删除两条构造线，完成效果如图6-20左图所示。

在整个图形的绘制过程中，一般都会将对象捕捉的所有功能模式都打开，只有像构造切线、垂线等比较特殊的图形时，仅单独打开某项功能。

6.6　习题练习

6.6.1　填空题

（1）　在 AutoCAD 中，阵列有＿＿＿＿和＿＿＿＿两种，偏移有＿＿＿＿和＿＿＿＿两种。

（2）　使用＿＿＿＿命令可以绘制与源对象完全对称的图形对象。

（3）　使用环形阵列时，如果在【项目间角度】文本框中输入的角度为负值，则对象沿＿＿＿＿复制；如果输入的角度为正值，则对象沿＿＿＿＿复制。

（4）　＿＿＿＿命令是实际绘图时最常用的快速绘图命令，用户可以通过在绘图区右击鼠标，在弹出的快捷菜单中选择＿＿＿＿或＿＿＿＿命令执行它。

6.6.2　选择题

（1）　当遇到镜像对象中包含文字时，需要先设置系统变量 MIRRTEXT，当值为＿＿＿＿时，镜像文字可读。

　　　A. 0　　　　　　　　　　　　　B. 1

（2）　用户需要将源对象向右下阵列，则在【行偏移】文本框中输入＿＿＿＿，在【列偏移】文本框中输入＿＿＿。

　　　A. 负数，正数　　　　　　　　　B. 负数，负数
　　　C. 正数，正数　　　　　　　　　D. 正数，负数

（3）　下面的＿＿＿＿图形对象不能使用同心偏移。

A. 圆   B. 正六边形

C. 修订云线   D. 多线

（4）绘制如图 6-33 所示的圆图形，不可能用到的命令是_____。

A. COPY   B. CIRCLE

C. OFFSET   D. MIRROR

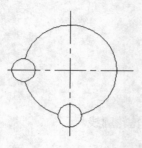

图 6-33　圆图形

6.6.3　上机操作题

（1）绘制如图 6-34 所示的机械零件图，零件图中螺母的尺寸标注如图 6-35 所示。

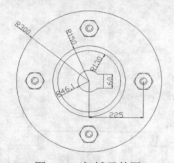

图 6-34　机械零件图

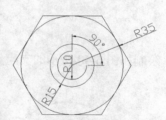

图 6-35　螺母图

（2）绘制如图 6-36 所示的开关，其中铆钉孔图的尺寸如图 6-37 所示，插口图的尺寸如图 6-38 所示。

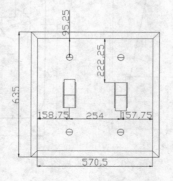

图 6-36　开关效果图

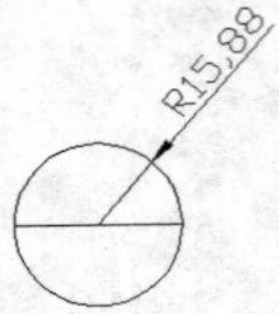

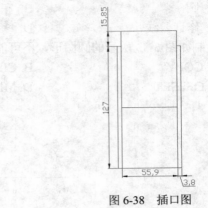

图 6-37 铆钉孔图

图 6-38 插口图

（3）绘制如图 6-39 所示的齿轮轮廓线。

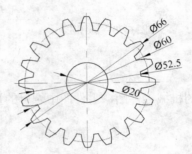

图 6-39 齿轮轮廓线

（4）绘制如图 6-40 所示的支座俯视图。

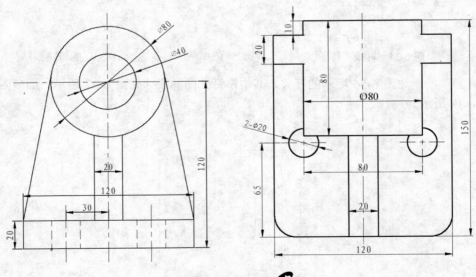

图 6-40 支座俯视图

第7章　填充图案

本章要点：

- 使用 HATCH 命令填充图案
- 使用【工具选项板】填充图案
- 填充图案的编辑

本章导读：

- **基础内容：**了解【图案填充和渐变色】对话框中各参数的意义。
- **重点掌握：**本章的重点在于掌握如何使用对话框方式填充封闭图形与不封闭图形，以及编辑填充图案的方法。
- **一般了解：**本章介绍的【工具】选项板填充图案方式，属于 AutoCAD 2004 版本以后新增的内容，适合于快速填充，但由于填充图案较少，所以使用较少，用户了解即可。

课堂讲解

在建筑、机械等行业中，常常需要绘制物体的剖面图。在机械制图中，剖面填充被用来显示零件的剖面结构关系；在建筑制图中，剖面填充用来表达建筑中各种建筑材料的类型、地基轮廓面、房屋顶的结构特征，以及墙体的剖面等。如图 7-1 和图 7-2 所示，分别是进行了图案填充的建筑立面图和轴承盖零件剖面图。

图 7-1　建筑平面图

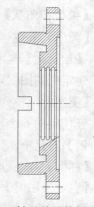

图 7-2　轴承盖零件剖面图

在 AutoCAD 2009 中，用户可以通过【图案填充和渐变色】对话框和【工具选项板】两种方式对图形进行图案填充。

7.1　通过【图案填充和渐变色】对话框填充

在命令行中输入 hatch 命令，或者单击【绘图】工具栏中的【填充图案】按钮，或者选择【绘图】/【图案填充】命令，都可打开如图 7-3 所示的【图案填充和渐变色】对话框。用户可在对话框中的各选项卡中设置相应的参数，给相应的图形创建图案填充。

图 7-3　【图案填充和渐变色】对话框

其中【图案填充】选项卡包括 10 个选项组：类型和图案、角度和比例、图案填充原点、边界、选项、孤岛、边界保留、边界集、允许的间隙和继承选项性。下面介绍几个常用选项的参数。

（1）类型和图案。

在【类型和图案】选项组中可以设置填充图案的类型，其中：

- 【类型】下拉列表框包括【预定义】、【用户定义】和【自定义】3 种图案类型。其中【预定义】类型是指 AutoCAD 存储在产品附带的 acad.pat 或 acadiso.pat 文件中的预先定义的图案，是制图中的常用类型。
- 【图案】下拉列表框控制对填充图案的选择，下拉列表显示填充图案的名称，并且最近使用的 6 个用户预定义图案出现在列表顶部。单击按钮，弹出【填充图案选项板】对话框，通过该对话框选择合适的填充图案类型。
- 【样例】列表框显示选定图案的预览。
- 【自定义图案】下拉列表框在选择【自定义】图案类型时可用，其中列出可用的自定义图案，6 个最近使用的自定义图案将出现在列表顶部。

（2）角度和比例

【角度和比例】选项组包含【角度】、【比例】、【间距】和【ISO 笔宽】四部分内容。主要控制填充的疏密程度和倾斜程度。

- 【角度】下拉列表框可以设置填充图案的角度，【双向】复选框设置当填充图案选择【用户定义】时采用的当前线型的线条布置是单向还是双向。
- 【比例】下拉列表框用于设置填充图案的比例值。图 7-4 为选择 AR-BRSTD 填充图案进行不同角度和比例值填充的效果。

角度 0°，比例 1

角度 45°，比例 1

角度 0°，比例 0.5

图 7-4　角度和比例的控制效果

- 【ISO 笔宽】下拉列表框主要针对用户选择【预定义】填充图案类型，同时选择了 ISO 预定义图案时，可以同过改变笔宽值来改变填充效果。

（3）边界

【边界】选项组主要用于用户指定图案填充的边界，用户可以通过指定对象封闭的区域中的点或者封闭区域的对象的方法确定填充边界，通常使用的是【添加：拾取点】按钮 ▦ 和【添加：选择对象】按钮 ▧。

【添加：拾取点】按钮 ▦ 根据围绕指定点构成封闭区域的现有对象确定边界。单击该按钮，此时对话框将暂时关闭，系统将会提示用户拾取一个点。命令行提示如下：

```
命令: _bhatch
拾取内部点或 [选择对象(S)/删除边界(B)]:　正在选择所有对象...
```

【添加：选择对象】按钮 ▧ 根据构成封闭区域的选定对象确定边界。单击该按钮，对话框将暂时关闭，系统将会提示用户选择对象，命令行提示如下：

```
命令: _bhatch
选择对象或 [拾取内部点(K)/删除边界(B)]:　//选择对象边界
```

※ 例 7-1　填充如图 7-8 所示的图形

原图如图 7-5 所示，使用【填充图案选项板】对话框中的 ANSI 选项卡中的 ANSI31 图案填充图 7-6 所示的 A、B 两个灰度区域，其中填充比例为 5，效果如图 7-7 所示。具体的操作步骤如下。

（1）选择【绘图】/【图案填充】命令，弹出【图案填充和渐变色】对话框。

（2）单击【图案填充】选项卡中【图案】下拉列表框后的按钮 ⌷⌷⌷，弹出【填充图案选项板】对话框。在 ANSI 选项卡中单击 ANSI31 填充图案 ▨，然后单击【确定】按钮返回【图案填充和渐变色】对话框。

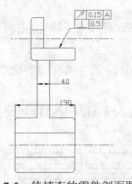
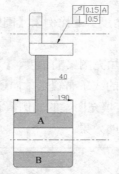
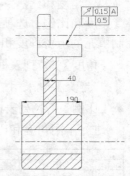

图 7-5　待填充的零件剖面图　　　　图 7-6　填充区域示意　　　　图 7-7　填充后的零件剖面图

（3）　在【比例】下拉列表框中输入数字 5。

（4）　单击【添加：拾取点】按钮 ，切换到绘图区，指定填充区域。分别选择 A、B 两个灰度区域，具体命令行操作如下。

```
命令: _bhatch            //执行 BHATCH 命令
拾取内部点或 [选择对象(S)/删除边界(B)]:　正在选择所有对象... //在如图 7-6 所示的 A 灰度区域拾取任意一点
正在选择所有对象...      //系统提示信息
正在选择所有可见对象... //系统提示信息
正在分析所选数据...      //系统提示信息
正在分析内部孤岛...      //系统提示信息
拾取内部点或 [选择对象(S)/删除边界(B)]: //在如图 7-6 所示的 B 灰度区域拾取任意一点
正在分析内部孤岛...      /系统提示信息
拾取内部点或 [选择对象(S)/删除边界(B)]://按 Enter 键，完成点的拾取
```

（5）　按 Enter 键返回【图案填充和渐变色】对话框，单击【确定】按钮，完成图案填充。

使用【添加：拾取点】方式指定填充区域时，拾取点不能在边界上，只能在边界之内，否则会弹出【边界定义错误】对话框。在点拾取完毕，回到【图案填充和渐变色】对话框之后，【预览】按钮可用，用户可以单击此按钮，预览填充效果。

7.2　通过【工具选项板】方式填充图案

在命令行中执行 toolpalettes 命令，或者单击【标准】工具栏中的【工具选项板】按钮，都会弹出【工具选项板】浮动窗口，如图 7-8 所示。

用户可以从【工具选项板】浮动窗口的【图案填充】选项卡中选择合适的填充图案填充到绘图区的图形中。

选择要填充的图案，将鼠标移到需要填充图形的封闭区域内，再次单击鼠标即可填充图案。

7.3 编辑填充图案

在 AutoCAD 中，填充图案的编辑主要包括变换填充图案，调整填充角度和调整填充比例等，在【图案填充编辑】对话框和【特性】浮动窗口中都可以对填充图案进行编辑。

在绘图区双击需要编辑的填充图案，或者在需要编辑的填充图案上右击鼠标，在弹出的快捷菜单中选择【编辑图案填充】命令，都会弹出如图 7-9 所示的【图案填充编辑】对话框。在需要编辑的填充图案上右击鼠标，在弹出的快捷菜单中选择【特性】命令，弹出如图 7-10 所示的【特性】浮动窗口。【图案填充编辑】对话框的设置方法与【边界图案填充】对话框类似，不再赘述。

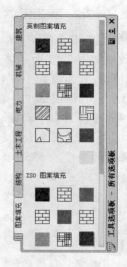

图 7-8 【工具选项板】浮动窗口

图 7-9 【图案填充编辑】对话框

图 7-10 【特性】浮动窗口

用户可以使用 explode 命令将一个填充对象分解成组成它的线，不过分解一个填充对象会删除填充对象的所有关联，系统会使用组成该图案的线对象组集代替整个填充对象。

※ 例7-2　编辑图7-13中的填充图案

利用【特性】浮动窗口对图7-11所示的填充图案进行编辑，修改比例为20，角度为135，修改效果如图7-12所示。

具体操作步骤如下。

（1）在绘图区中，右击图7-11所示的填充图案，在弹出的快捷菜单中选择【特性】命令，弹出【特性】浮动窗口。

（2）在【图案】卷展栏中的【比例】文本框中设置新的比例为20，在【角度】文本框中设置新的角度为135，如图7-13所示。

（3）单击【特性】浮动窗口中的关闭按钮 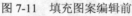，编辑后的填充图案效果如图7-12所示。

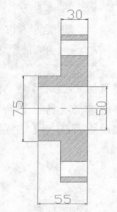

图7-11　填充图案编辑前

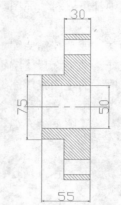

图7-12　填充图案编辑后

图7-13　【特性】浮动窗口

提示：在 AutoCAD 2009 中，系统变量 FILEMODE 用来控制一个图形中所有填充对象的可见性。0 表示关闭，所有填充对象将不可见；1 表示开启，所有填充对象可见。在改变 FILEMODE 的参数值后，必须执行 REGEN 或者 REGENALL 命令才能使该可见性发挥作用。

7.4　动手实践

本例将对如图7-14所示的二层楼梯平面图进行图案填充，填充图案为 LINE，填充角度为45°，填充比例为15，填充效果如图7-15所示。

具体操作步骤如下。

（1）选择【绘图】/【图案填充】命令，弹出【图案填充和渐变色】对话框。

（2）单击【图案填充】选项卡中【图案】下拉列表框后的按钮 …… ，弹出【填充图案选项板】对话框。在【填充图案选项板】对话框

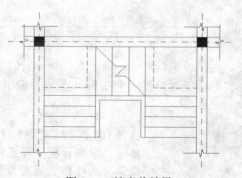

图7-14　填充前效果

中打开【其他预定义】选项卡，单击 LINE 填充图案 ，单击【确定】按钮返回【图案填充

和渐变色】对话框。

（3） 在【角度】下拉列表框中输入 45，在【比例】下拉列表框中输入 15，如图 7-16 所示。

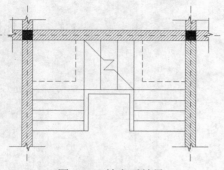

图 7-15　填充后效果

图 7-16　【边界图案填充】对话框

（4） 单击【拾取点】按钮，切换到绘图区，指定填充区域。在图 7-14 中，分别在 7 段墙中任意拾取一点，按 Enter 键，返回【图案填充和渐变色】对话框。

（5） 单击【确定】按钮，完成图案填充，效果如图 7-15 所示。

7.5　习题练习

7.5.1　填空题

（1） 在 AutoCAD 2009 中，_____命令适用于对各种封闭图形进行图案填充。

（2） 在 AutoCAD 2009 中，用户可以在【图案填充和渐变色】对话框的_____选项组中重新设置图案的填充原点。

（3） 使用_____命令可以将填充对象进行分解。

（4） 使用【添加：拾取点】按钮方式选择需要创建图案填充的对象时，点必须落在填充对象构成的封闭区域_____。

7.5.2　选择题

（1） 下图所示的_____图形不可以使用【添加：拾取点】按钮方式填充。

A. □　　　　　B. ☁　　　C. ☁　　　　　D. □

（2） 在【特性】浮动窗口中，用户可以在_____卷展栏中修改填充图案的角度和比例。

A. 基本　　　　　B. 图案　　　　　C. 其他

7.5.3　问答题

（1） 如果需要对图案填充进行编辑，用户可以采取哪几种方法？

（2） 请读者列举 3 种在填充图案过程中不能进行图案填充的情况。

7.5.4　上机操作题

（1）为图 7-17 所示的断面填充图案。其中，填充图案为 AR-BRSTD，填充比例为 1，填充角度为 45º，填充效果如图 7-18 所示。

（2）为图 7-19 所示的零件剖面图填充图案。其中，填充图案为 ANSI31，填充比例为 5，填充角度为 45º，填充效果如图 7-20 所示。

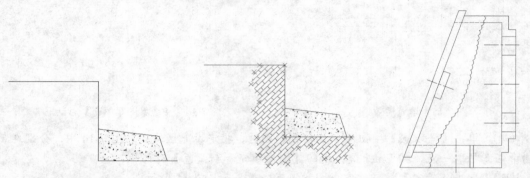

图 7-17　需要填充图案的图形　　图 7-18　填充图案后的效果　　图 7-19　需要填充图案的零件剖面图

（3）为图 7-21 所示的房屋的立面图填充图案，其中中间墙体填充图案为 break，填充比例为 500，屋顶和墙角部分填充图案为 AR-SAND，填充比例为 100，填充效果如图 7-22 所示。

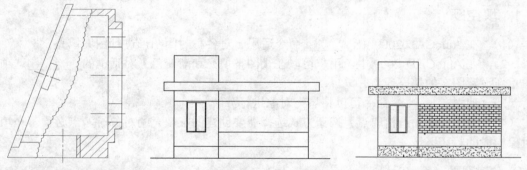

图 7-20　填充图案后的
零件剖面图　　　图 7-21　需要填充图案的房屋立面图　　图 7-22　填充图案后的房屋立面图

（4）为图 7-23 所示的钢筋混凝土梁填充图案，填充图案为 ANSI31 和 AR-CONC，比例分别为 20 和 0.75，填充效果如图 7-24 所示。

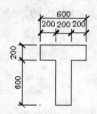

图 7-23　需要填充图案的钢筋混凝土梁　　　　图 7-24　填充完毕的钢筋混凝土梁

第 8 章　复杂二维图形绘制

本章要点：

- 直线组成图形的绘制
- 圆弧组成图形的绘制
- 多重复模块图形的绘制

本章导读：

- **基础内容**：直线组成图形和圆弧组成图形的各种基本绘制方法和编辑方法。
- **重点掌握**：灵活地将各种绘制和编辑命令用于复杂图形的绘制中去。在绘图之前，一定要理清绘图的基本思路，这样能够事半功倍。
- **一般了解**：本章介绍的多重复模块图形的绘制，与使用图块绘制此类图形的效果是一样的，用户了解即可。

课 堂 讲 解

在前面几章中介绍了二维图形绘制的基本方法，以及编辑二维图形的基本方法。读者已经掌握了简单图形的绘制。在使用 AutoCAD 绘制的图形中，绝大部分图形都是由圆弧和直线组成的，因此掌握由圆弧和直线组成的复杂图形的绘制方法是掌握 AutoCAD 二维绘图的一个关键。下面将详细介绍由直线、圆弧，以及多重模块组成的二维图形的绘制方法。

8.1　直线组成图形的绘制

对于使用直线绘制的图形来讲，常见的关系有垂直、平行和相交 3 种。绘制这 3 种关系的直线的命令是 XLINE、LINE、TRIM 和 EXTEND。其中 XLINE 命令通常用于绘制辅助线；LINE 命令通常用于使用绝对坐标或者相对坐标，或者应用对象捕捉功能绘制二维图形的各个部分；TRIM 命令用于修剪直线多余的部分；EXTEND 命令用于将直线延伸到指定的位置。

对于由垂直和平行关系直线组成的图形，经常使用 XLINE 命令绘制第一条水平线和第一条竖直线，然后使用 OFFSET 或者 COPY 命令绘制其他水平线和竖直线，最后通过 TRIM 命令和 EXTEND 命令将直线编辑到合适位置。

对于相交关系的图形，通常使用 XLINE 命令或者 POINT 命令绘制相应的辅助线或者辅助点，然后使用 LINE 命令，结合对象捕捉功能绘制相交直线。还有一种方法就是使用 ROTATE 命令，将平行或者垂直直线旋转，然后移动到合适位置。

在直线图形绘制的过程中，通常会结合 CHAMFER 命令和 FILLET 命令对直线进行倒角和圆角操作，以绘制出符合要求的直线组成的图形。

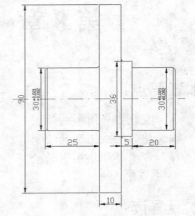

图 8-1 零件图

※ 例 8-1 绘制如图 8-1 所示的图形

绘制如图 8-1 所示的零件图，尺寸如图中所示。

具体操作步骤如下。

（1）单击【构造线】按钮 ∕，绘制一条水平轴线。在【对象特性】工具栏中选择线型为【其他】选项，弹出【线型管理器】对话框，单击【加载】按钮，弹出【加载或重载线型】对话框。在【可用线型】列表框中，选择 DASHDOT2 线型，单击【确定】按钮，返回【线型管理器】对话框。在【线型】列表框中选择 DASHDOT2 线型，单击【当前】按钮，将线型置为当前，然后单击【确定】按钮。在颜色下拉列表框中选择红色。

（2）水平轴线效果如图 8-2 所示。单击【构造线】按钮 ∕，绘制如图 8-2 所示的竖直辅助线。

（3）单击【偏移】按钮 ⊿，命令行提示如下。

```
命令: _offset                              //单击按钮执行偏移命令
当前设置: 删除源=否  图层=源  OFFSETGAPTYPE=0
指定偏移距离或 [通过(T)/删除(E)/图层(L)] <通过>: 1//设定偏移距离
选择要偏移的对象，或 [退出(E)/放弃(U)] <退出>:   //选择图 8-2 所示的竖直线
指定要偏移的那一侧上的点，或 [退出(E)/多个(M)/放弃(U)] <退出>:
                                        //在图 8-2 所示的竖直线右侧单击鼠标
选择要偏移的对象，或 [退出(E)/放弃(U)] <退出>:   //按回车键，完成偏移
```

（4）完成以上操作，偏移出的直线的效果如图 8-3 所示，为从左至右的第 2 条竖直线。连续执行【偏移】命令，分别将图 8-3 所示的第 1 条直线向右偏移 25、35、40、59、60。

图 8-2 绘制水平轴线和竖直辅助线

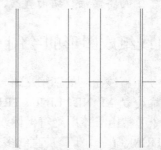

图 8-3 偏移出其他竖直线

（5）单击【构造线】按钮 ∕，绘制一条水平构造线，与水平轴线重合。连续执行【偏移】命令，分别将水平构造线偏移 15、18、45，偏移方向为水平构造线下方，效果如图 8-4 所示。选择第 1 条水平构造线，按 Delete 键将其删除，效果如图 8-5 所示。

（6）为了便于说明，将竖直线和水平线编号，如图 8-6 所示。

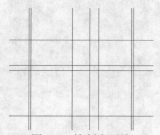

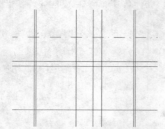

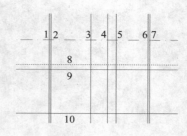

图 8-4　绘制水平线　　　图 8-5　删除与水平轴线重合的水平线　　　图 8-6　将竖直线和水平线编号

（7）单击【修剪】按钮 ，命令行提示如下。

```
命令:_trim                          //单击按钮执行修剪命令
当前设置:投影=UCS，边=无              //系统提示信息
选择剪切边…                         //系统提示信息
选择对象或 <全部选择>:  找到 1 个     //选择水平线 8
选择对象:                           //按 Enter 键，完成选择
选择要修剪的对象，或按住 Shift 键选择要延伸的对象，或
[栏选(F)/窗交(C)/投影(P)/边(E)/删除(R)/放弃(U)]:
选择要修剪的对象，或按住 Shift 键选择要延伸的对象，或
[栏选(F)/窗交(C)/投影(P)/边(E)/删除(R)/放弃(U)]:
选择要修剪的对象，或按住 Shift 键选择要延伸的对象，或
[栏选(F)/窗交(C)/投影(P)/边(E)/删除(R)/放弃(U)]:
选择要修剪的对象，或按住 Shift 键选择要延伸的对象，或
[栏选(F)/窗交(C)/投影(P)/边(E)/删除(R)/放弃(U)]:选择竖直线 1，2，6，7
选择要修剪的对象，或按住 Shift 键选择要延伸的对象，或
[栏选(F)/窗交(C)/投影(P)/边(E)/删除(R)/放弃(U)]: //按 Enter 键，完成选择
```

（8）上一步的修剪效果如图 8-7 所示。单击【修剪】按钮 ，根据命令行提示，选择水平线 10 为剪切边，修剪竖直线 3 和 4，效果如图 8-8 所示。继续执行【修剪】命令，根据命令行提示，选择水平线 9 为剪切线，修剪竖直线 5，效果如图 8-9 所示。

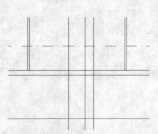

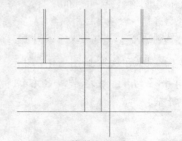

图 8-7　剪切竖直线 1、2、6、7　　　　　　　图 8-8　修剪竖直线 3 和 4

（9）按照同样的方法，对水平线进行修剪，修剪效果如图 8-10 所示。

（10）单击【倒角】按钮 ，命令行提示如下。

```
命令:_chamfer                                    //单击按钮执行倒角命令
("修剪"模式) 当前倒角距离 1 = 0.0000，距离 2 = 0.0000   //系统提示信息
```

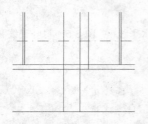
图 8-9   修剪竖直线 5

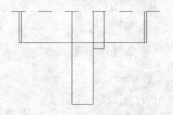
图 8-10   修剪水平线

（11） 倒角效果如图 8-11 所示。单击【修剪】按钮 ，选择竖直线 3 和竖直线 5 为剪切边，效果如图 8-12 所示，对水平线 8 进行修剪，效果如图 8-13 所示。

图 8-11   竖直线 1，水平线 8 倒角   图 8-12   选择剪切边 3，5   图 8-13   剪切水平线 8

（12） 单击【圆角】按钮 ，命令行提示如下。

（13） 圆角效果如图 8-14 所示，按照同样的方法，对水平线 9 和竖直线 4 进行圆角操作，圆角半径为 1；对水平线 8 右侧和竖直线 7 进行倒角操作，两个倒角距离都为 1，效果如图 8-15 所示。

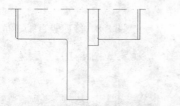
图 8-14   水平线 9，竖直线 4 圆角效果

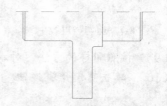
图 8-15   其余两个圆角和倒角效果

（14） 单击【延伸】按钮-/，命令行提示如下。

```
命令: _extend                        //单击按钮执行延伸命令
当前设置:投影=UCS，边=无            //系统提示信息
选择边界的边...                      //系统提示信息
选择对象或 <全部选择>: 找到 1 个//选择水平轴线
选择对象:                            //按 Enter 键，完成选择
选择要延伸的对象，或按住 Shift 键选择要修剪的对象，或
[栏选(F)/窗交(C)/投影(P)/边(E)/放弃(U)]:
选择要延伸的对象，或按住 Shift 键选择要修剪的对象，或
[栏选(F)/窗交(C)/投影(P)/边(E)/放弃(U)]: //以上分别选择竖直线 3 和 4
选择要延伸的对象，或按住 Shift 键选择要修剪的对象，或
[栏选(F)/窗交(C)/投影(P)/边(E)/放弃(U)]: //按 Enter 键，完成选择
```

（15） 延伸效果如图 8-16 所示。单击【镜像】按钮⚠，命令行提示如下。

```
命令: _mirror                        //单击按钮执行镜像命令
选择对象: 指定对角点: 找到 15 个     //选择如图 8-17 所示的所有图形
选择对象:                            //按 Enter 键，完成选择
指定镜像线的第一点: 指定镜像线的第二点: //指定水平轴线上任意两点
是否删除源对象? [是(Y)/否(N)] <N>:   //按 Enter 键，采用默认设置
```

（16） 镜像效果如图 8-17 所示。

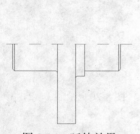

图 8-16　延伸效果

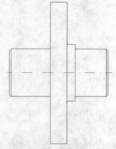

图 8-17　镜像效果

8.2　圆弧组成图形的绘制

　　圆弧组成图形是指由较多的圆弧、圆、椭圆弧和椭圆配合一定的直线绘制而成的图形。对于这类图形，通常会用到圆弧之间，以及圆弧与直线的相切效果进行绘图。在这类绘图中，经常会用到 circle、ellipse 和 arc 命令的各种方式。

　　圆弧组成图形通常采用的辅助绘制命令是 xline 和 point，它们共同的目的都是形成定位点，这些点将作为圆弧的圆心、端点或者切点。

　　圆弧组成图形通常采用的编辑命令与直线类似，也会用到 trim、extend、offset 和 copy 等命令。

※ 例 8-2　绘制如图 8-18 所示的图形

按照图 8-18 所示的尺寸，绘制如图 8-19 所示的效果图。

具体操作步骤如下。

（1）选择【格式】/【点样式】命令，弹出【点样式】对话框，单击【确定】按钮。

（2）单击【点】按钮 ，在绘图区任意位置绘制如图 8-20 所示的点 1。单击【复制对象】按钮 ，命令行提示如下。

命令: _copy	//单击按钮执行复制命令
选择对象: 指定对角点: 找到 1 个	//选择如图 8-20 所示的点 1
选择对象:	//按 Enter 键，完成选择
当前设置: 复制模式 = 多个	
指定基点或 [位移(D)/模式(O)] <位移>:	//指定点 1 为基点
指定第二个点或 <使用第一个点作为位移>:@10,30	//通过相对坐标确定位移第二点，生成点 2
指定第二个点或 [退出(E)/放弃(U)] <退出>: @0,60	//通过相对坐标确定位移第二点，生成点 3
指定第二个点或 [退出(E)/放弃(U)] <退出>:@50,30	//通过相对坐标确定位移第二点，生成点 4
指定第二个点或 [退出(E)/放弃(U)] <退出>:	//按 Enter 键，完成复制

效果如图 8-20 所示。

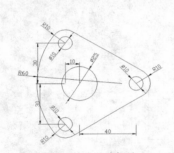

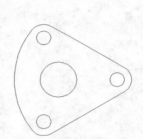

图 8-18　尺寸标注　　　　图 8-19　完成效果　　　　图 8-20　绘制 1、2、3，4 四个点

（3）单击【圆】按钮 ，命令行提示如下。

命令: _circle	//单击按钮执行命令
指定圆的圆心或 [三点(3P)/两点(2P)/相切、相切、半径(T)]:	//指定点 1 为圆心
指定圆的半径或 [直径(D)]: 5	//输入半径为 5

（4）重复【圆】命令，分别以点 2、点 3 和点 4 为圆心，绘制半径为 12.5、5 和 5 的圆，效果如图 8-21 所示。

（5）单击【构造线】按钮 ，分别绘制过点 1、点 4 和点 3、点 4 的两条构造线 5 和 6，效果如图 8-22 所示。

（6）单击【偏移】按钮 ，命令行提示如下。

命令: _offset	//单击按钮执行命令
当前设置: 删除源=否　图层=源　OFFSETGAPTYPE=0//系统提示信息	
指定偏移距离或 [通过(T)/删除(E)/图层(L)]<5.0000>: 10	//设定偏移距离为 10

图 8-21　绘制圆　　　　　　　　　　　　　图 8-22　绘制构造线

（7）　偏移出的构造线 7 和 8 的效果如图 8-23 所示。选择构造线 5 和 6，按 Delete 键删除，将构造线 5 和 6 删除。

（8）　打开对象捕捉功能的圆心捕捉和垂足捕捉功能。单击【直线】按钮 ，命令行提示如下。

命令: _line 指定第一点: //单击按钮执行命令，选择点 4
指定下一点或 [放弃(U)]: //捕捉构造线 7 上的垂足
指定下一点或 [放弃(U)]: //按 Enter 键，完成直线绘制

效果如图 8-24 所示。

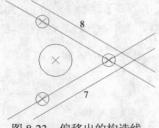

图 8-23　偏移出的构造线

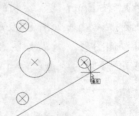

图 8-24　指定垂足

（9）　按照同样的方法，绘制另外一条直线，效果如图 8-25 所示。

（10）　单击【圆弧】按钮 ，命令行提示如下。

命令: _arc 指定圆弧的起点或 [圆心(C)]: c //单击按钮执行命令，采用圆心方式绘制，输入 c
指定圆弧的圆心: //指定点 4 为圆心
指定圆弧的起点: //指定图 8-25 所示点 9 为圆弧起点
指定圆弧的端点或 [角度(A)/弦长(L)]: //指定图 8-25 所示点 10 为圆弧另外一个端点

（11）　生成的圆弧如图 8-25 所示。单击【修剪】按钮 ，选择刚绘制的圆弧为剪切边，修剪构造线 7 和 8，同时删除两个垂线，效果如图 8-26 所示。

（12）　单击【直线】按钮 ，打开对象捕捉的圆心捕捉和垂足捕捉功能，绘制如图 8-27 所示的垂线。单击【圆弧】按钮 ，命令行提示如下。

命令:_arc 指定圆弧的起点或 [圆心(C)]:	//单击按钮执行命令，指定图 8-27 所示的点 11
指定圆弧的第二个点或 [圆心(C)/端点(E)]: c	//采用圆心方式绘制，输入 c
指定圆弧的圆心:	//指定点 3 为圆心
指定圆弧的端点或 [角度(A)/弦长(L)]:	//指定点 1 和 3 连线上一点

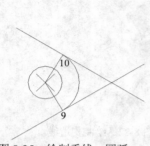

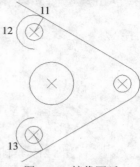

图 8-25　绘制垂线、圆弧　　　　　图 8-26　修剪构造线　　　　　图 8-27　镜像圆弧

（13）　单击【镜像】按钮，将绘制的圆弧绕点 2、点 4 连成的直线镜像，效果如图 8-27 所示。单击【圆】按钮，命令行提示如下。

命令:_circle	//单击按钮执行圆命令
指定圆的圆心或 [三点(3P)/两点(2P)/相切、相切、半径(T)]: t	//采用相切、相切、半径方式
指定对象与圆的第一个切点:	//选择圆弧 12 上一点
指定对象与圆的第二个切点:	//选择圆弧 13 上一点
指定圆的半径 <12.5000>: 60	//指定圆的半径为 60

（14）　按 Enter 键，绘制的圆如图 8-28 所示。单击【修剪】按钮，以大圆为剪切边，修剪两个圆弧，效果如图 8-29 所示。单击【修剪】按钮，以修剪后的两个圆弧为剪切边，修剪大圆右侧图形，效果如图 8-30 所示。

（15）　修剪两个垂线和 4 个点，最终效果如图 8-19 所示。

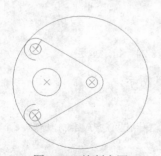

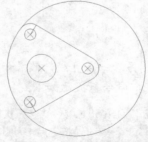

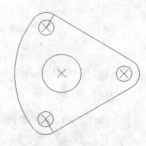

图 8-28　绘制大圆　　　　　图 8-29　修剪两个圆弧　　　　　图 8-30　修剪大圆

8.3　多重复模块图形的绘制

多重复模块图形是指整个二维图形由很多重复的相同的二维对象组成。这些重复的二维图形可以称为图元。用户可以根据前面章节所学过的基本二维图形的绘制和编辑命令创建这些图元。创建完成之后，构造辅助线，然后定位图元到需要粘贴的位置，使用 copy 命令将图

元进行复制并粘贴。在本书的第 12 章，会讲到 AutoCAD 图块的使用，用户也可以将这些图元定义为图块，然后再插入到图形中，复制命令的使用与图块的运用大同小异。

8.4 动手实践

根据图 8-31 所示的尺寸标注，绘制如图 8-32 所示的效果图。

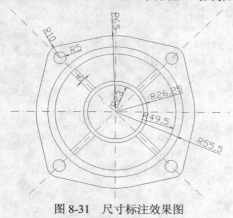

图 8-31 尺寸标注效果图

图 8-32 最终的效果图

具体操作步骤如下。

（1）在【对象特性】工具栏中选择线型为【其他】选项，弹出【线型管理器】对话框，单击【加载】按钮，弹出【加载或重载线型】对话框。在【可用线型】列表框中，选择 DASHDOT2 线型，单击【确定】按钮，返回【线型管理器】对话框。在【线型】列表框中选择 DASHDOT2 线型，单击【当前】按钮，将线型置为当前，然后单击【确定】按钮。

（2）单击【构造线】按钮 ✐，绘制水平和垂直的构造线，选择两条构造线，在【对象特性】工具栏中的线型下拉列表框中选择 DASHDOT2 线型，效果如图 8-33 所示。

（3）单击【构造线】按钮 ✐，命令行提示如下。

> 命令: _xline 指定点或 [水平(H)/垂直(V)/角度(A)/二等分(B)/偏移(O)]: a //采用角度方式
> 输入构造线的角度 (0) 或 [参照(R)]:45 //输入构造线角度 45°
> 指定通过点: //选择水平构造线和垂直构造线的交点

（4）同样，将线型设置为 DASHDOT2 线型。为了绘图讲解方便，将 4 条构造线分别命名为 1、2、3、4，如图 8-34 所示。单击【圆】按钮，命令行提示如下。

图 8-33 绘制垂直辅助线

图 8-34 绘制斜向辅助线

命令: _circle 指定圆的圆心或 [三点(3P)/两点(2P)/相切、相切、半径(T)]://选择 4 条构造线的交点
指定圆的半径或 [直径(D)] <55.5000>: 23   //设定圆半径

（5） 按 Enter 键，绘制的圆如图 8-35 所示。单击【修剪】按钮 ，以构造线 1、2 为剪切线，修剪圆，效果如图 8-36 所示。单击【偏移】按钮 ，命令行提示如下。

命令: _offset   //单击按钮执行命令
当前设置: 删除源=否   图层=源   OFFSETGAPTYPE=0//系统提示信息
指定偏移距离或 [通过(T)/删除(E)/图层(L)] <10.0000>: 3.25//指定偏移距离
选择要偏移的对象，或 [退出(E)/放弃(U)] <退出>: //选择图 8-36 所示的圆弧
指定要偏移的那一侧上的点，或 [退出(E)/多个(M)/放弃(U)] <退出>:
                                  //向圆弧外侧偏移，效果如图 8-37 所示
选择要偏移的对象，或 [退出(E)/放弃(U)] <退出>://按 Enter 键，完成偏移

图 8-35　绘制圆　　　　　　　图 8-36　修剪圆　　　　　　　图 8-37　偏移圆弧

（6） 按照同样方法，将图 8-36 所示的圆弧，分别向外侧偏移 3.25、26.5、32.5 和 42，效果如图 8-38 所示。

（7） 单击【圆】按钮 ，以构造线 3 和最外侧圆弧的交点为圆心，分别绘制半径为 5 和 10 的圆，效果如图 8-39 所示。

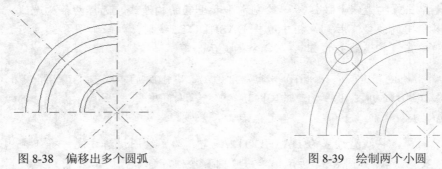

图 8-38　偏移出多个圆弧　　　　　　　　图 8-39　绘制两个小圆

（8） 打开对象捕捉，仅将【切点】捕捉功能打开，单击【直线】按钮 ，命令行提示如下。

命令: _line 指定第一点: //选择外侧小圆上构造线 3 下一点
指定下一点或 [放弃(U)]: //选择外侧大圆弧上构造线 3 下一点
指定下一点或 [放弃(U)]: //按 Enter 键，形成一个切线

（9） 单击【镜像】按钮 ，以构造线 3 为对称轴，镜像切线，效果如图 8-40 所示。

（10） 单击【直线】按钮 ，以构造线 3 与圆弧 5 的交点为起点，构造线 3 与圆弧 6 的交点为终点，绘制一条直线。单击【偏移】按钮，设置偏移距离为 2.5，将刚才绘制的直线

向两侧分别偏移，删除直线，效果如图 8-40 所示。

（11）单击【修剪】按钮，以两条切线为剪切边，修剪外侧小圆的右下半部分，以及最外侧圆弧的中间部分，效果如图 8-41 所示。

图 8-40　偏移直线

图 8-41　修剪圆弧

（12）单击【阵列】按钮 ，弹出【阵列】对话框。在绘图区选择对象和中心点，选择如图 8-40 所示的所有对象，以构造线的交点为中心点，单击【确定】按钮，效果如图 8-32 所示。

8.5　习题练习

8.5.1　填空题

（1）常见的由直线组成的图形有_____、_____、_____ 3 种位置关系。

（2）要绘制与两个圆弧相切的直线，需要打开对象捕捉的_____捕捉功能，要过一点绘制垂直于某直线的直线，需要打开对象捕捉的_____捕捉功能。

（3）直线组成的图形经常用_____命令结合_____命令绘制辅助线。

（4）圆弧组成图形的绘制，需要经常使用_____对象捕捉功能。

8.5.2　上机操作题

（1）绘制如图 8-43 所示的机械零件效果图。

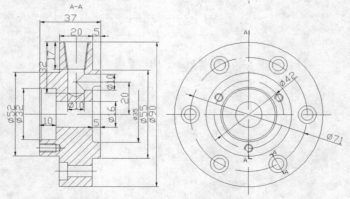

图 8-43　机械零件效果图 1

（2）　绘制如图 8-44 所示的机械零件效果图。

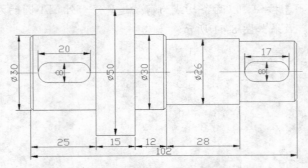

图 8-44　机械零件效果图 2

（3）　绘制如图 8-45 所示的机械零件效果图。

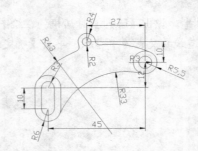

图 8-45　机械零件效果图 3

（4）　绘制如图 8-46 所示的机械零件效果图。

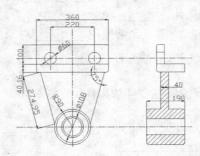

图 8-46　某机械零件图效果图

第9章 文字标注和编辑

本章要点：

- 设置文字样式
- 创建单行文字
- 创建多行文字
- 编辑文字
- 创建表格

本章导读：

- **基础内容：** 了解创建文字样式的方法，理解【文字样式】对话框中各参数的含义，学会创建单行文字和多行文字的基本方法。
- **重点掌握：** 根据实际绘图需要创建合适的文字样式和表格样式，在制图过程中将文字样式添加到单行文字和多行文字中，合理使用单行文字、多行文字和表格。
- **一般了解：** 本章所有讲解的内容都需要读者掌握。

课 堂 讲 解

在 AutoCAD 中，除了图形对象，文字和表格也是非常重要的一部分。文字和表格为图形对象提供了必要的说明和注释。AutoCAD 中的文字可以是单个词，一行文字，也可以是多行文字。

AutoCAD 2009 提供了多种创建文字的方法，根据不同的情况使用不同的文字类型。简短的文字输入一般使用单行文字；带有内部格式或者较长的文字使用多行文字；带有指示作用的文字使用带有引线的文字。同时，表格也可以作为一种有格式的文字在机械和建筑制图中广泛使用。

本章将详细介绍文字标注命令、标注方法，以及文字字体设置的相关内容。另外，还将介绍文字编辑的方法和表格的使用。

9.1 设置文字样式

在 AutoCAD 中，用户可以先设置文字的样式，然后将创建的文字内容套用到当前的文字样式中。当前的文字样式决定了输入文字的字体、字号、角度、方向和其他文字特征。输入文字时，用户可以在如图 9-1 所示的【样式】工具栏的文字样式下拉列表框中选择合适的已定义的文字样式，AutoCAD 使用当前的文字样式。

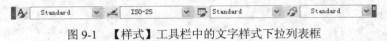

图 9-1　【样式】工具栏中的文字样式下拉列表框

9.1.1　新建文字样式

字体的样式包括所用的字体文件、字体大小、宽度系数等参数。选择【格式】/【文字样式】命令，或单击【文字】工具栏中的【文字样式】按钮 ，或在命令行中输入 style，都会弹出【文字样式】对话框，如图 9-2 所示。用户在该对话框中可以定义需要的文字样式。

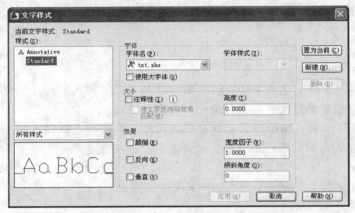

图 9-2　【文字样式】对话框

【文字样式】对话框由【样式】、【字体】、【大小】、【效果】和【预览】5 个选项组组成。

在【样式】选项组中的列表框中列出了当前图形文件中已定义的字体样式，选中所需的样式，单击【置为当前】按钮该文字样式将成为当前的文字样式。单击【新建】按钮，弹出【新建文字样式】对话框，在该对话框的【样式名】文本框中输入相应的样式名称，单击【确定】按钮，就可以创建一种新的文字样式。双击选中的列表框中的文字样式，则样式名处于可编辑状态，可以更改已经存在的除 Standard 以外的文字样式名称。单击【取消】按钮，可以取消所选择的文字样式。

【字体】选项组用于设置字体文件。字体文件分为两种：一种是普通字体文件，即 Windows 系列应用软件所提供的字体文件，为 TrueType 类型的字体；另一种是 AutoCAD 特有的字体文件，被称为大字体文件。AutoCAD 2009 这两种字体都可选用。【字体名】下拉列表框包含了用户 Windows 系统中的所有字体文件。选中【使用大字体】复选框，则【字体样式】下拉列表框可用，包含大字体文件所有字体。

【大小】选项组中的【高度】文本框用于设置标注文字的高度，默认值为 0，若取默认值，则在使用 DTEXT 或其他标注命令进行标注时，需重新进行设置。【注释性】复选框用于设置文字是否为注释性的。

【效果】选项组用于设置字体的具体特征。【颠倒】复选框用于确定是否将文字旋转 180°；【反向】复选框用于确定是否将文字以镜像方式标注；【垂直】复选框用于确定文字是水平标注还是垂直标注；【宽度因子】文本框用于设定文字的宽度系数；【倾斜角度】文本框用于设置文字倾斜的角度。

【预览】区域用来预演用户所设置的字体样式，用户可通过预演窗口观察所设置的字体样式是否满足自己的需要。

> 用户可根据自己的绘图习惯和需要，设置最常用的几种字体样式，需要时从这些字体样式中进行选择即可，而不需要每次都重新设置，这样可大大提高作图效率。另外，只有定义了有中文字库的字体，如宋体、楷体或Bigfont 字体中的 Hztxt.shx 等字体文件，才能进行中文标注，否则将会出现乱码或问号。

9.1.2 应用文字样式

在定义了各种文字样式之后，从【文字样式】对话框的下拉列表框中选择某种文字样式，单击【应用】按钮，然后单击【关闭】按钮，则所选择的文字样式就是当前的文字样式。

单行文字创建时，在【指定文字的起点或 [对正（J）/样式（S）]:】提示下，可以键入 S设置文字样式，在【输入样式名或 [?]:】提示下可以输入单行文字使用的文字样式，否则将使用目前系统置为当前的文字样式。

在创建多行文字时，可以使用【文字格式】工具栏设置文字的样式。这些内容将在具体创建单行，多行文字的时候讲解。

9.2　创建单行文字

当输入的文字较短，并且输入的文字只采用一种字体和文字样式时，可以使用单行文字命令来标注文字。在 AutoCAD 中，使用 text 和 dtext 命令都可以在图形中添加单行文字对象。在 AutoCAD 2009 中，text 和 dtext 命令是完全统一的。用 text 命令从键盘上输入文字时，能同时在屏幕上见到所输入的文字（即所谓的动态），并且可以键入多个单行文字（每一行文字是一个单独的对象）。

选择【绘图】/【文字】/【单行文字】命令，或单击【文字】工具栏中的【单行文字】按钮AI，或在命令行中输入 text 或 dtext，都可以输入单行文字。

单击【单行文字】按钮AI，命令行提示如下。

```
命令：_dtext                          //单击按钮执行命令
当前文字样式： 样式 1  当前文字高度： 96.5041  //系统提示信息
指定文字的起点或 [对正(J)/样式(S)]:         //系统给出 3 个选项
```

命令行提示包括【指定文字的起点】、【对正】和【样式】3 个选项。

【指定文字的起点】为默认项，用来确定文字行基线的起点位置。指定起点位置后，命令行提示如下。

```
指定高度 <96.5041>:     //只有当前文字样式设定文字高度为零时，才有这一项
```

> 指定文字的旋转角度 <50>:   //这里用于设定的文字按照逆时针旋转的角度，设置完成后按 Enter
> 键，在绘图区文字起点处出现动态文字输入区，用户可在动态输入区输入单行文字

【对正】选项用来确定标注文字的排列方式及排列方向。在命令行中输入 J 之后，命令行继续提示如下。

> 指定文字的起点或 [对正(J)/样式(S)]: J　　　　//输入 J，设置对正方式
> 输入选项　　　　　　　　　　　　　　　//系统提示信息
> [对齐(A)/调整(F)/中心(C)/中间(M)/右(R)/左上(TL)/中上(TC)/右上(TR)/左中(ML)/正中(
> MC)/右中(MR)/左下(BL)/中下(BC)/右下(BR)]:　//系统提供了 14 种对正的方式，用户可以从中
> 　　　　　　　　　　　　　　　　任意选择一种

【样式】选项的作用是用来选择文字样式。在命令行中输入 S，命令行继续提示如下。

> 指定文字的起点或 [对正(J)/样式(S)]: S　//输入 S，设置文字样式
> 输入样式名或 [?] <样式 1>:　　　　//输入需要使用的已定义的文字样式名称

在一些特殊的文字中，用户常常需要输入下画线、百分号等特殊符号。在 AutoCAD 中，这些特殊符号有专门的代码，标注文字时，输入代码即可。常见的特殊符号的代码如表 9-1 所示，如果遇到比较复杂的特殊符号，请读者使用多行文字输入，具体使用方法将在 9.3 节讲解。

表 9-1　特殊符号的代码及含义

代 码 输 入	字　符	说　　明
%%%	%	百分号
%%c	Φ	直径符号
%%p	±	正负公差符号
%%d	°	度
%%o	‾	上画线
%%u	_	下画线

提示　用户在动态文字输入区输入完成单行文字之后，按一次 Enter 键，光标会另起一行，用户可以输入第二行单行文字，如果按两次 Enter 键，则完成单行文字命令的执行，完成单行文字的输入。

9.3　创建多行文字

较长、较复杂的文字内容可以使用多行文字标注。多行文字不像单行文字那样可以在水平方向上延伸，多行文字会根据用户设置的宽度自动换行，并且在垂直方向上延伸。

选择【绘图】/【文字】/【多行文字】命令，或单击【绘图】工具栏中的【多行文字】按钮 **A**，或单击【文字】工具栏中的【多行文字】按钮 **A**，或在命令行中输入 mtext，都可执行多行文字命令。

单击【多行文字】按钮 **A**，命令行提示如下。

命令: _mtext 当前文字样式:"Standard"　文字高度:2.5　注释性:　否//系统提示信息
指定第一角点:　　　　　　　　　　　　　　　　　　　//指定文字输入区的第一个角点
指定对角点或 [高度(H)/对正(J)/行距(L)/旋转(R)/样式(S)/宽度(W)]:　//系统给出 6 个选项

命令行提示中共有 6 个选项，分别为【高度】、【对正】、【行距】、【旋转】、【样式】和【宽度】。

【高度】选项用于确定标注文字框的高度，用户可以在屏幕上拾取一点，该点与第一角点的距离即为文字的高度，或者在命令行中输入高度值；【对正】选项用来确定文字的排列方式，与单行文字类似；【行距】选项为多行文字对象设置行与行之间的间距；【旋转】选项确定文字倾斜角度；【样式】选项确定文字字体样式；【宽度】选项用来确定标注文字框的宽度。

设置好以上选项后，系统都要提示【指定对角点】，此选项用来确定标注文字框的另一个对角点，AutoCAD 将在这两个对角点形成的矩形区域中进行文字标注，矩形区域的宽度就是所标注文字的宽度。

当指定了对角点之后，弹出如图 9-3 所示的多行文字编辑框，用户可以在编辑框中输入需要插入的文字，在文字编辑框的上方还有一个【文字格式】工具栏。在多行文字编辑框中，可以选择文字，修改大小、字体、颜色等格式，可以完成在一般文字编辑中常用的一些操作。

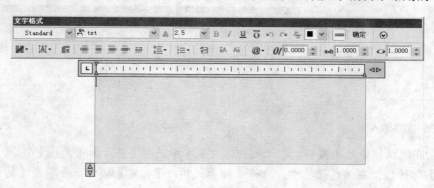

图 9-3　多行文字编辑框

多行文字编辑框中包含制表位和缩进，可以轻松地创建段落，并可以相对于文字元素边框进行文字缩进，制表位、缩进的运用和 Microsoft Word 中的使用相似。

在【文字格式】对话框中，【文字样式】下拉列表框用来设置文字样式；【字体】下拉列表框用于设置字体类型；【字高】下拉列表框用于设置字符高度；B 按钮可以将被选择的文字设成黑体；I 按钮可以将被选择的文字设成黑体和斜体；U 按钮为下画线钮，可以为被选择的文字添加下画线；【颜色】下拉列表框用于设置当前颜色。用户设置完成后，单击【确定】按钮，多行文字即可创建完毕。

提示　多行文字和单行文字需要在 AutoCAD 的绘图区中选中后才能区别开来：多行文字选中后出现分布于矩形 4 个顶点的蓝色方块；而单行文字选中后只出现分布于中心和左下角的两个蓝色方块。

※ 例9-1　创建多行文字

创建如图9-4所示的多行文字。要求设置：第一行文字字高为7.5，字体为宋体；下面3行字高为5，中文使用宋体；其他文字使用Arail。

2　单侧或双侧有接入管

1）管径≤400mm时，采用Ø1000mm砖砌检查井。
2）管径≤600mm时，采用Ø1250mm砖砌检查井。
3）管径≤800mm时，采用Ø1500mm砖砌检查井。

图9-4　完成的多行文字

具体操作步骤如下。

（1）单击【绘图】工具栏中的【多行文字】按钮 **A**，命令行提示如下。

命令:_mtext 当前文字样式:"Standard" 当前文字高度:2.5	//系统提示信息
指定第一角点:	//拾取第一个角点
指定对角点或 [高度(H)/对正(J)/行距(L)/旋转(R)/样式(S)/宽度(W)]:	//拾取对角点，如图9-5所示

（2）指定对角点后，弹出多行文字编辑器，在编辑框中输入如图9-6所示的文字。

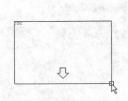

图9-5　指定文字输入区

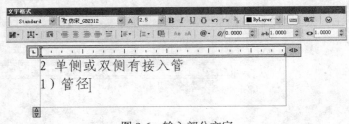

图9-6　输入部分文字

（3）在编辑框中右击鼠标，在弹出的快捷菜单中选择【符号】/【其他】命令，弹出【字符映射表】对话框。在该对话框中，选择≤符号，单击【选定】按钮，再单击【复制】按钮，然后在编辑框中右击鼠标，在弹出的快捷菜单中选择【粘贴】命令，即可输入小于等于符号。

（4）继续输入文字，选择【符号】/【直径】命令，输入直径符号 ϕ。

（5）输入完第二行文字后复制该行文字，另起一行，将该行文字粘贴2次。

（6）对一些文字进行修改，如图9-7所示。选择第一行文字，在字体下拉列表框中选择【宋体】选项，在字高下拉列表中设置字高为7.5。

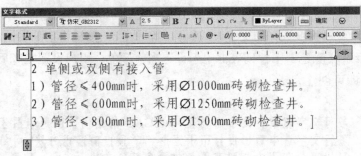

图9-7　修改部分文字

（7）选择下面 3 行文字，在字体下拉列表框中分别设置字体为【宋体】和 Arail，在字高下拉列表框中设置字高为 5，效果如图 9-18 示。

（8）单击【确定】按钮，未调整的文字效果如图 9-9 所示。选择多行文字，选择右上角夹点，使之处于热态（红色），移动鼠标至图 9-10 所示的位置，单击鼠标，调整后的效果如图 9-9 所示。

图 9-8　设置下 3 行文字

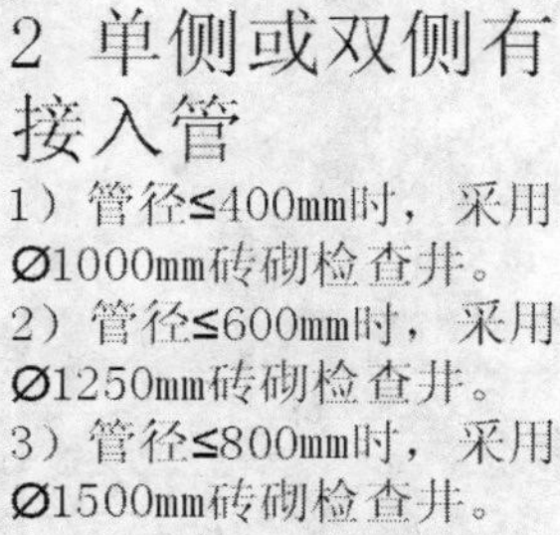

2　单侧或双侧有
接入管

1）管径≤400mm时，采用
Ø1000mm砖砌检查井。
2）管径≤600mm时，采用
Ø1250mm砖砌检查井。
3）管径≤800mm时，采用
Ø1500mm砖砌检查井。

图 9-9　未调整的多行文字

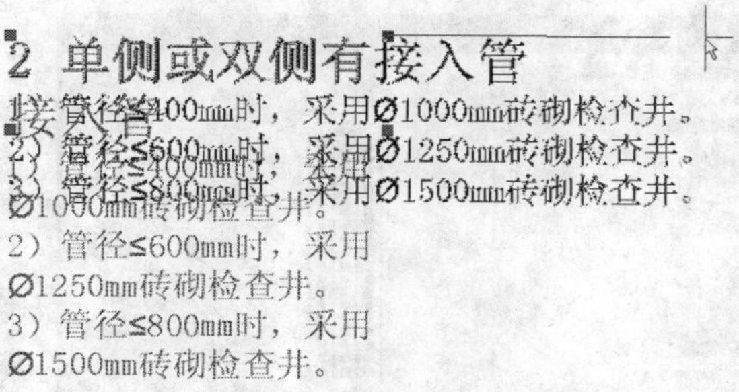

2　单侧或双侧有接入管
1）管径≤400mm时，采用Ø1000mm砖砌检查井。
2）管径≤600mm时，采用Ø1250mm砖砌检查井。
3）管径≤800mm时，采用Ø1500mm砖砌检查井。

1）管径≤400mm时，采用
Ø1000mm砖砌检查井。
2）管径≤600mm时，采用
Ø1250mm砖砌检查井。
3）管径≤800mm时，采用
Ø1500mm砖砌检查井。

图 9-10　调整多行文字输入区域

9.4　编辑文字

文字标注完成后，有时需要对已经标注的文字或其属性进行修改，AutoCAD 2009 提供了可以用来编辑当行文本的命令 ddedit。

选择【修改】/【对象】/【文字】/【编辑】命令，或单击【文字】工具栏中的【编辑文字】按钮，或在命令行中输入 ddedit，都可执行该命令。

用户可以使用光标在图形中选择需要修改的文字对象，按照用户选择文字对象的不同，系统会出现两种不同的响应。

（1）如果选择的是单行文字，则单行文字会变成可编辑状态，用户可以在动态的单行文字输入区对单行文字进行修改，添加或者删除文字。

（2）　如果选择的是多行文字，系统会显示如图 9-5 所示的多行文字编辑框，用户可以直接在其中对文字的内容和格式进行修改。

 在 AutoCAD 2009 中，直接双击图形中的文字对象，系统就会自动弹出相应的对话框，在其中可以修改文字对象。这种操作与使用 ddedit 命令完全一样，调用起来很方便。

9.5　创建表格

在各种制图中，都会出现以表格形式存在的各种文字，在 2005 版本以前，用户可以使用直线等命令来构造表格，2005 版本后，AutoCAD 为用户提供了表格功能，用户可以非常方便地利用表格功能创建各种零件表、门窗表以及其他各种表格。

9.5.1　创建表格样式

与文字样式一样，表格的样式控制表格的外观形状。选择【格式】/【表格样式】命令，弹出如图 9-11 所示的【表格样式】对话框，【样式】列表中显示了已创建的表格样式。

在默认状态下，表格样式中仅有 Standard 一种样式，第一行是标题行，由文字居中的合并单元行组成。第二行是列标题行，其他行都是数据行。用户设置表格样式时，可以指定标题、列标题和数据行的格式。

用户单击【新建】按钮，弹出【创建新的表格样式】对话框，如图 9-12 所示。

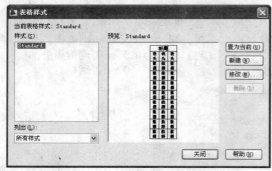

图 9-11　【表格样式】对话框

图 9-12　【创建新的表格样式】对话框

在【新样式名】中可以输入新的样式名称，在【基础样式】中选择一个表格样式为新的表格样式提供默认设置，单击【继续】按钮，弹出【新建表格样式】对话框，如图 9-13 所示。

（1）　【起始表格】选项组。

该选项组用于在绘图区指定一个表格用做样例来设置新表格样式的格式。单击选择表格按钮，回到绘图区选择表格后，可以指定要从该表格复制到表格样式的结构和内容。

（2）　【常规】选项组。

该选项组用于更改表格方向，系统提供了【向下】和【向上】两个选项，【向下】表示标题栏在上方，【向上】表示标题栏在下方。

（3）　【单元样式】选项组

该选项组用于创建新的单元样式，并对单元样式的参数进行设置，系统默认有数据、标题和表头 3 种单元样式，不可重命名，不可删除，在单元样式下拉列表中选择一种单元样式作为当前单元样式，即可在下方的【常规】、【文字】和【边框】选项卡中对参数进行设置。用户要创建新的单元样式，可以单击【创建新单元样式】按钮 和【管理单元样式】按钮 进行相应的操作。

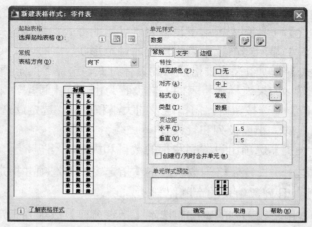

图 9-13 　【新建表格样式】对话框

9.5.2 绘制表格

单击【表格】按钮 或者选择【绘图】/【表格】命令，弹出如图 9-14 所示的【插入表格】对话框。

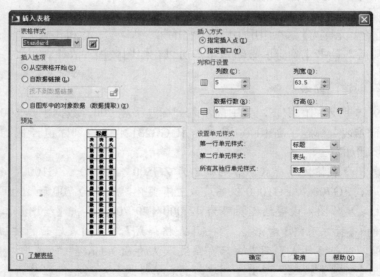

图 9-14 　【插入表格】对话框

系统提供了如下 3 种创建表格的方法：

- 【从空表格开始】单选按钮表示创建可以手动填充数据的空表格。
- 【自数据链接】单选按钮表示从外部电子表格中获得数据创建表格。

● 【自图形中的对象数据】单选按钮表示启动【数据提取】向导来创建表格。

系统默认设置【从空表格开始】方式创建表格，当选择【自数据链接】方式时，右侧参数均不可设置，变成灰色。

当使用【从空表格开始】方式创建表格时，选择【指定插入点】单选按钮时，需指定表左上角的位置，其他参数含义如下：

（1）【表格样式】下拉列表框用于设置表格采用的样式，默认样式为 Standard。

（2）【预览窗口】显示当前选中表格样式的预览形状。

（3）【插入方式】选项组设置表格插入的具体方式，选择【指定插入点】单选按钮时，需指定表左上角的位置。如果表样式将表的方向设置为由下而上读取，则插入点位于表的左下角。选择【指定窗口】单选按钮时，需指定表的大小和位置。选定此选项时，行数、列数、列宽和行高取决于窗口的大小以及列和行设置。

（4）【列和行设置】选项组设置列和行的数目和大小。

● 【列数】文本框用于设置表格列数。选定【指定窗口】选项并指定列宽时，则选定了【自动】选项，且列数由表的宽度控制。

● 【列宽】文本框用于设置列的宽度。选定【指定窗口】选项并指定列数时，则选定了【自动】选项，且列宽由表的宽度控制，最小列宽为一个字符。

● 【数据行数】文本框用于设定表格行数。选定【指定窗口】选项并指定行高时，则选定了【自动】选项，且行数由表的高度控制。

● 【行高】文本框按照文字行高指定表的行高。文字行高基于文字高度和单元边距，这两项均在表样式中设置。选定【指定窗口】选项并指定行数时，则选定了【自动】选项，且行高由表的高度控制。

（5）【设置单元样式】选项组用于设定表格的第一行、第二行和其他行所采用的单元样式。

设置完参数后，单击【确定】按钮，用户可以在绘图区插入表格。

※ 例 9-2 创建门窗表

创建如图 9-15 所示的门窗表，其中门窗表列标题字高 700，数据字高 500，字体采用仿宋_GB2312，【门窗表】标题字高 1000，字体仿宋_GB2312，表格列标题居中，数据左中对齐。

具体操作步骤如下。

（1）创建 3 个表格文字样式，分别命名为 ZG500，ZG700，ZG1000，其中 ZG500 设置如图 9-16 所示，ZG700 和 ZG1000 仅高度设置有变化，分别为 700 和 1000。

（2）采用足尺作图，设置绘图界限为 42 000×29 700。单击【绘图】工具栏中的【表格】按钮▦，弹出【插入表格】对话框。单击【表格样式】下拉列表后面的按钮▨，弹出【表格样式】对话框，目前【样式】列表中只有系统默认的 Standard 样式。

（3）单击【新建】按钮，弹出【创建新的表格样式】对话框，在【新样式名】文本框中输入【门窗表】，【基础样式】下拉列表默认为 Standard。

（4）单击【继续】按钮，弹出【新建表格样式】对话框，在【单元样式】下拉列表中选择【数据】，设置表格中数据的格式参数，在【文字】选项卡的【文字样式】下拉列表中选择 ZG500，在【常规】选项卡的【对齐】下拉列表中选择【左中】，设置【页边距】，在【水平】文本框中输入 50，在【垂直】文本框中输入 10，其他采用默认设置。

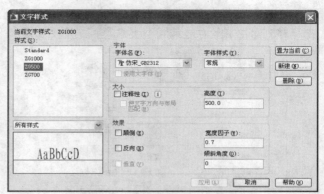

门　窗　表

序号	洞口尺寸 (B×L)	量数	选用图集	备注
C-1	1800×1500	26	详立面大样	银白色铝合金窗
C-1'	1800×6600	6	详立面大样	银白色铝合金窗
C-2	6100×7400	2	立面图	银白色铝合金窗
C-3	4100×7400	2	立面图	银白色铝合金窗
C-4	2000×3200	2	仅为窗洞尺寸，见立面图	银白色铝合金窗
C-5	1500×7250	2	仅为窗洞尺寸，见立面图	银白色铝合金窗
C-6	6800×2900	2	详立面大样	银白色铝合金窗
M-1	800×2100	26	详立面大样	夹板门
M-2	700×2100	2	详立面大样	夹板门
M-2'	700×2100	2	详立面大样	银白色铝合金门
M-3	1400×2100	4	详立面大样	夹板门
M-4	2800×3000	2	详立面大样	银白色铝合金门

图 9-15　门窗表最终效果　　　　　　　　图 9-16　创建表格文字样式

（5）选择【表头】单元样式，设置表格表头的格式参数。在【文字】选项卡的【文字样式】下拉列表框中选中 ZG700，在【常规】选项卡的【对齐】下拉列表中选择【正中】，设置【页边距】，在【水平】文本框中输入 50，在【垂直】文本框中输入 10，其他采用默认设置。

（6）单击【确定】按钮，回到【表格样式】对话框，在【样式】列表中出现了新创建的【门窗表】样式。

（7）单击【关闭】按钮，回到【插入表格】对话框，在【表格样式】下拉列表框中选择【门窗表】，在【列和行设置】选项组中对列和行基本参数进行设置，在【列数】文本框中输入 5，【列宽】文本框中输入 3000，【数据行数】文本框中输入 12，【行高】文本框中输入 1，设置第一行单元样式为【表头】，设置第二行单元样式为【数据】，其他采用默认设置。

（8）单击【确定】按钮，则回到绘图区，命令行提示【指定插入点:】，在绘图区单击鼠标任意指定一点为插入点，指定完插入点后，效果如图 9-17 所示，要求用户输入表格标题行和数据行的数据。

（9）在图 9-17 中，表格显示为 A、B、C、D、E 五列，1~13 共 13 行，单元格 A1 动态显示，可以输入文字，在单元格 A1 中输入文字【序号】，按回车键，则单元格 A2 可以输入文字，如图 9-18 所示。

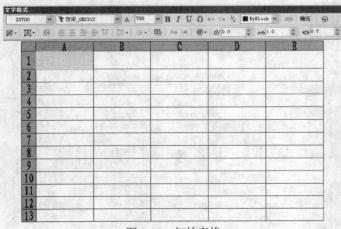

图 9-17　初始表格

图 9-18　单元格 A2 可输入状态

（10）给单元格 A1~E13 依次输入文字，输入完所有的文字效果如图 9-18 所示。

（11）选择表格，表格出现 10 个夹点，将采用夹点编辑功能对表格的宽度进行调整。将光标移到第 2 排，右起第 4 个夹点，单击并按住沿水平方向拖动到合适位置，如图 9-19 所示。

序号	洞口尺寸（B×L）	量数	选用图集	备注
C-1	1800×1500	26	详立面大样	银白色铝合金窗
C-1′	1800×6600	6	详立面大样	银白色铝合金窗
C-2	6100×7400	2	立面图	银白色铝合金窗
C-3	4100×7400	2	立面图	银白色铝合金窗
C-4	2000×3200		仅为窗洞尺寸，见立面图	银白色铝合金窗
C-5	1500×7250		仅为窗洞尺寸，见立面图	银白色铝合金窗
C-6	6800×2900		详立面大样	银白色铝合金窗
M-1	800×2100	26	详立面大样	夹板门
M-2	700×2100	1	详立面大样	夹板门
M-2′	700×2100	1	详立面大样	银白色铝合金门
M-3	1400×2100	4	详立面大样	夹板门
M-4	2800×3000		详立面大样	银白色铝合金门

图 9-18　给表格输入完所有文字

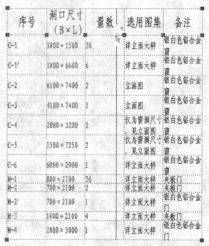

图 9-19　调整 C 列宽度

（12）按照同样的方法，调整 D 列和 E 列的宽度，使文字不跨行，如图 9-20 所示。

（13）选择单元格 A2，单击鼠标右键，在弹出的快捷菜单中选择【特性】命令，弹出特性管理器，在【单元】卷展栏的【单元高度】文本框中输入 800。关闭特性管理器，则单元格 A2 所在的行 2 的高度均变为 800。

（14）选择单元格 A3，按住 Shift 键，以此选择 A4～A13 单元格，单击鼠标右键，在弹出的快捷菜单中选择【特性】命令，弹出特性管理器，在【单元】卷展栏的【单元高度】文本框中输入 800，关闭特性管理器，效果如图 9-21 所示。

（15）在【格式】工具栏中的【文字样式】下拉列表中选择 ZG1000。

序号	洞口尺寸（B×L）	量数	选用图集	备注
C-1	1800×1500	26	详立面大样	银白色铝合金窗
C-1′	1800×6600	6	详立面大样	银白色铝合金窗
C-2	6100×7400	2	立面图	银白色铝合金窗
C-3	4100×7400	2	立面图	银白色铝合金窗
C-4	2000×3200	2	仅为窗洞尺寸，见立面图	银白色铝合金窗
C-5	1500×7250	2	仅为窗洞尺寸，见立面图	银白色铝合金窗
C-6	6800×2900	1	详立面大样	银白色铝合金窗
M-1	800×2100	26	详立面大样	夹板门
M-2	700×2100	2	详立面大样	夹板门
M-2′	700×2100	2	详立面大样	银白色铝合金门
M-3	1400×2100	4	详立面大样	夹板门
M-4	2800×3000	2	详立面大样	银白色铝合金门

图 9-20　调整 D、E 列宽度

序号	洞口尺寸（B×L）	量数	选用图集	备注
C-1	1800×1500	26	详立面大样	银白色铝合金窗
C-1′	1800×6600	6	详立面大样	银白色铝合金窗
C-2	6100×7400	2	立面图	银白色铝合金窗
C-3	4100×7400	2	立面图	银白色铝合金窗
C-4	2000×3200		仅为窗洞尺寸，见立面图	银白色铝合金窗
C-5	1500×7250		仅为窗洞尺寸，见立面图	银白色铝合金窗
C-6	6800×2900		详立面大样	银白色铝合金窗
M-1	800×2100	26	详立面大样	夹板门
M-2	700×2100		详立面大样	夹板门
M-2′	700×2100	1	详立面大样	银白色铝合金门
M-3	1400×2100	4	详立面大样	夹板门
M-4	2800×3000		详立面大样	银白色铝合金门

图 9-21　行高调整后效果

（16）　选择【绘图】/【文字】/【单行文字】命令，命令行提示如下：

```
命令：_dtext                            //通过菜单命令执行
当前文字样式：ZG1000  当前文字高度：1000.0//系统提示信息
指定文字的起点或 [对正(J)/样式(S)]：     //在绘图区任意拾取一点为起点
指定文字的旋转角度 <0>：               //按回车键，采用默认旋转角度
```

（17）　按回车键后，绘图区出现动态输入框，在动态输入框中输入"门　窗　表"，按两次回车键完成输入。

（18）　选择单行文字，光标移到文字上，单击并按住鼠标左键，此时可移动文字，将文字移动到图 9-22 所示的位置。

门　窗　表

序号	洞口尺寸 （B×L）	量数	选用图集	备注
C-1	1800×1500	26	详立面大样	银白色铝合金窗
C-1′	1800×6600	6	详立面大样	银白色铝合金窗
C-2	6100×7400	2	立面图	银白色铝合金窗
C-3	4100×7400	2	立面图	银白色铝合金窗
C-4	2000×3200	2	仅为窗洞尺寸，见立面图	银白色铝合金窗
C-5	1500×7250	2	仅为窗洞尺寸，见立面图	银白色铝合金窗
C-6	6800×2900	1	详立面大样	银白色铝合金窗
M-1	800×2100	26	详立面大样	夹板门
M-2	700×2100	2	详立面大样	夹板门
M-2′	700×2100	2	详立面大样	银白色铝合金门
M-3	1400×2100	4	详立面大样	夹板门
M-4	2800×3000	1	详立面大样	银白色铝合金门

图 9-22　放置单行文字

（19）　选择表格，单击【绘图】工具栏中的【分解】按钮，将表格分解。

（20）　右选最左边的边，按 Delete 键删除。按照同样的方法，将最右边删除，效果如图 9-15 所示。

9.6　动手实践

新建一个文字样式，样式名为 text，字体名为【仿宋_GB2312】，字体样式为【常规】，高度为 4.5，宽度比例为 0.7500。然后利用文字样式 text 创建如图 9-23 所示的单行文字。

技术要求
1 本设备的制造、检验与验收按GB150-1998《钢制压力容器》执行。
2 制造容器的材料为0Cr18Ni9，须附材质证明，其化学成分及力学性能应符
　合GB4237/T-92《不锈钢热轧钢板》的规定。

图 9-23　标注样式为 text 的单行文字

具体操作步骤如下。

（1）选择【格式】/【文字样式】命令，弹出【文字样式】对话框。单击【新建】按钮，弹出【新建文字样式】对话框。在【样式名】文本框中输入 test，单击【确定】按钮，返回【文字样式】对话框。

（2）在【文字样式】对话框中的【字体名】下拉列表框中选择【仿宋_GB2312】选项，【字体样式】下拉列表框自动变为【常规】。在【高度】文本框中输入 4.5，在【宽度因子】文本框中输入 0.7500，单击【应用】按钮，然后单击【关闭】按钮。

（3）单击【单行文字】按钮 A，命令行提示如下。

```
命令：_dtext                              //单击按钮执行命令
当前文字样式：  text  当前文字高度：  4.5000   ///系统提示信息
指定文字的起点或 [对正(J)/样式(S)]:        //在绘图区中任意拾取一点
指定文字的旋转角度 <0>:                   //按 Enter 键，采用默认旋转角度 0
```

（4）按 Enter 键后，绘图区出现单行文字动态输入区，在输入区输入文字"技术要求"，按回车键另起一行，输入文字"1 本设备的制造、检验与验收按 GB150-1998《钢制压力容器》执行。"，依次输入"2 制造容器的材料为 OCr18Ni9，须附材质证明，其化学成分及力学性能应符"和"合 GB4237/T-92《不锈钢热轧钢板》的规定。"，按两次 Enter 键，完成输入。输入单行文字后的效果如图 9-24 所示。

（5）单击【构造线】按钮 ，绘制一条水平和竖直的构造线。单击【偏移】按钮 ，将水平线向下偏移出 4 条构造线，偏移距离分别为 8、16、24 和 32，将竖直线向右分别偏移2.5、5 两条构造线，效果如图 9-25 所示。

技术要求
1 本设备的制造、检验与验收按GB150-1998《钢制压力容器》执行.
2 制造容器的材料为OCr18Ni9, 须附材质证明, 其化学成分及力学性能应符
合GB4237/T-92《不锈钢热轧钢板》的规定.

图 9-24　单行文字输入情况　　　　　　　　　　　图 9-25　绘制辅助线

（6）选择如图 9-26 所示的单行文字，右击鼠标，在弹出的快捷菜单中选择【带基点复制】命令。选择如图 9-26 所示的插入点，右击鼠标，在弹出的快捷菜单中选择【粘贴】命令，捕捉如图 9-27 所示的交点。

图 9-26　选择第一行单行文字　　　　　　　　　　图 9-27　粘贴到辅助线中

（7）按照同样的方法，复制粘贴第 2 行单行文字和第 3 行单行文字，效果如图 9-28 所示。

（8）按照同样的方法，复制粘贴第 4 行单行文字。

（9）完成粘贴的单行文字效果如图 9-29 所示。删除原单行文字，删除构造线，最终效果如图 9-23 所示。

技术要求
1 本设备的制造、检验与验收按GB150-1998《钢制压力容器》执行。
2 制造容器的材料为0Cr18Ni9，须附材质证明，其化学成分及力学性能应符

图 9-28　粘贴第 2 行单行文字和第 3 行单行文字

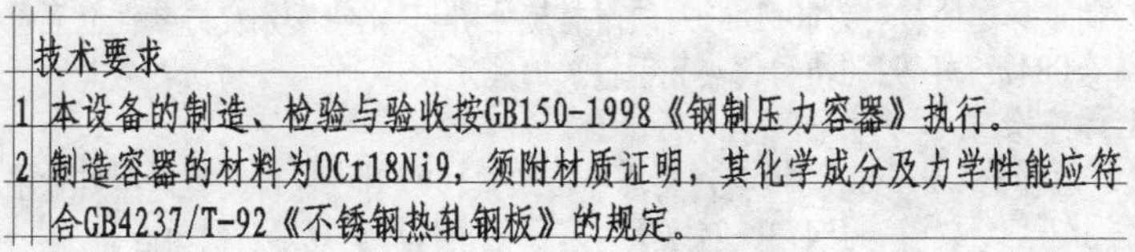

技术要求
1 本设备的制造、检验与验收按GB150-1998《钢制压力容器》执行。
2 制造容器的材料为0Cr18Ni9，须附材质证明，其化学成分及力学性能应符
合GB4237/T-92《不锈钢热轧钢板》的规定。

图 9-29　完成的单行文字

以上介绍的单行文字标注方法是实际绘图中常用的方法，机械制图以及建筑制图中的很多技术说明，以及目录说明都是采用这种方法进行创建的，希望读者熟练掌握。

9.7　习题练习

9.7.1　填空题

（1）常见的文字标注包括_____和_____。

（2）用户除了可以在【文字样式】对话框中将需要运用的文字样式置为当前外，还可以在_____工具栏中的_____下拉列表框中选择当前需要使用的文字样式。

（3）在 AutoCAD 中，字体文件有_____字体和_____字体。

（4）对单行文字使用 ddedit 命令时，单行文字_____，对多行文字使用 ddedit 命令时，弹出_____。

（5）一个完整的表格由_____、_____和_____组成。

9.7.2　选择题

（1）单行文字_____采用的是正中对正方式。

A. 技术要求　　　B. 技术要求　　　C. 技术要求　　　D. 技术要求

（2）代码_____表示正负号。

A. %%%　　　　B. %%c　　　　C. %%b　　　　D. %%p

（3）文字样式不可以设置文字的_____。

A. 字体　　　　B. 对齐方式　　　C. 字高　　　D. 倾斜角度

（4）下列选项中，_____选项的单行文字不可以设置，但是多行文字可以设置。

A. 字体　　　　B. 颜色　　　　C. 字高　　　D. 对正

9.7.3 上机操作题

（1）仿照动手实践，建立 test 样式，并建立如图 9-30 所示的单行文字。

技术要求

1 本设备的制造、检验与验收按GB150-1998《钢制压力容器》执行。
2 制造容器的材料为0Cr18Ni9，须附材质证明，其化学成分及力学性能应符合GB4237/T-92《不锈钢热轧钢板》的规定。
3 焊缝检查：
  a 容器的A,B(B$_{10}$除外)类对接焊缝均须做100%射线探伤，其透照质量不低于AB级，符合JB4730-94《压力容器无损检测》规定II级为合格。
  b B$_{10}$、C、D类焊缝着色检查，符合JB4730第12.7条I级为合格。
4 容器内部清洁度符合JB/T6896-93《空气分离设备表面清洁度》的要求。
5 当容器抽空至1.0Pa时，进行氦检漏，其平均漏率不得大于10^{-8}mbar1/s。
6 内表面抛光。
7 检漏完成后，去掉工艺闷板，包扎管口。
8 顶部套管长度根据实际需要现场截取。

图 9-30　标注单行文字

（2）创建多行文字，其中要求文字【说明：】采用黑体，字高为 1000，其余文字采用【仿宋_GB2312】字体，字高为 750，效果如图 9-31 所示。

说明：

1.砖墙厚度外墙、楼梯间墙为180mm，电梯间墙为240mm，其余隔墙为120mm。
2.门窗垛口除注明外，均贴柱边安装或距墙边为120mm。
3.卫生间，厨房，室外平台地面比相邻地面低30mm。

图 9-31　标注多行文字

（3）创建文字样式 STYLE1，字体为仿宋_GB2312，字高 5，创建表格样式【明细表】，没有标题，只有数据单元和列标题，文字样式均采用 STYLE1，对齐方式为【正中】，创建如图 9-32 所示的明细表。

6	HQ-03	球头接杆	1	38CrMoA1A	
5	GB70-85	内六角螺钉	6		M8
4	GB93-87	φ8弹簧垫片	6		
3	HQ-02	球套垫	1	38CrMoA1A	
2		油嘴	1		
1	HQ-01	球套座	1	38CrMoA1A	
序号	型号	名称	数量	材料	备注

图 9-32　明细表

第 10 章　尺寸标注与编辑

本章要点：

- 创建尺寸标注样式
- 创建长度型尺寸标注
- 创建径向尺寸标注
- 创建角度尺寸标注
- 创建引线、公差及形位公差标注
- 编辑尺寸标注

本章导读：

- **基础内容**：各种标注方法的适用范围以及操作方式，理解【新建标注样式】对话框中各参数的含义。
- **重点掌握**：创建、修改标注样式的方法，以及利用已经创建的标注样式结合各种尺寸标注方式给图形进行标注。
- **一般了解**：本章所讲解的公差标注和形位公差标注可能会涉及到一部分专业知识，这两个标注对于机械专业很重要，一般读者了解即可。

课 堂 讲 解

尺寸标注是工程制图中重要的表达方式，利用 AutoCAD 的尺寸标注命令，可以方便快速地标注图纸中各种方向、形式的尺寸。在建筑工程图中，尺寸标注反映了规范的符合情况；而在机械制图中，尺寸标注反映了有关零件、部件的公差配合以及连接状况。

标注显示了对象的测量值、对象之间的距离、角度或特征距指定原点的距离。AutoCAD 提供了 3 种基本的标注：长度、半径和角度。标注可以是水平、垂直、对齐、旋转、坐标、基线、连续、角度或者弧长。

标注具有以下独特的元素：标注文字、尺寸线、箭头和延伸线，对于圆标注还有圆心标记和中心线，如图 10-1 所示。

（1）标注文字是用于指示测量值的字符串。文字可以包含前缀、后缀和公差。

（2）尺寸线用于指示标注的方向和范围。对于角度标注，尺寸线是一段圆弧。

（3）箭头，也称为终止符号，显示在尺寸线的两端。可以为箭头或标记指定不同的尺寸和形状。

（4） 延伸线，也称为投影线或证示线，从部件延伸到尺寸线。

（5） 圆心标记是标记圆或圆弧中心的小十字。

（6） 中心线是标记圆或圆弧中心的点画线。

AutoCAD 将标注置于当前图层。每一个标注都采用当前标注样式，用于控制诸如箭头样式、文字位置和尺寸公差等的特性。

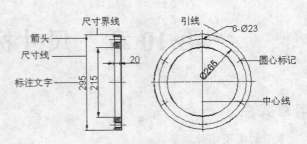

图 10-1　尺寸标注元素组成示意图

用户可以通过在【标注】菜单中选择合适的命令，或单击如图 10-2 所示的【标注】工具栏中的相应按钮来进行相应的尺寸标注。

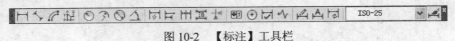

图 10-2　【标注】工具栏

10.1　创建尺寸标注样式

在进行尺寸标注时，使用当前尺寸样式进行标注，尺寸的外观及功能取决于当前尺寸样式的设定。尺寸标注样式控制的尺寸变量有：尺寸线、标注文字、尺寸文本相对于尺寸线的位置、延伸线、箭头的外观及方式、尺寸公差和替换单位等。

选择【格式】/【标注样式】命令，或者单击【标注】工具栏中的【标注样式】按钮，都会弹出如图 10-3 所示的【标注样式管理器】对话框，用户可以在该对话框中创建新的尺寸标注样式和管理已有的尺寸标注样式。

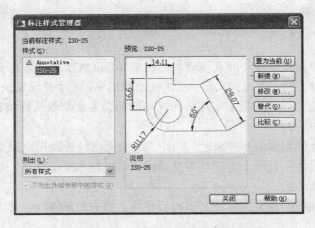

图 10-3　【标注样式管理器】对话框

【标注样式管理器】对话框的主要功能包括：预览尺寸标注样式、创建新的尺寸标注样式、修改已有的尺寸标注样式、设置一个尺寸标注样式的替代、设置当前的尺寸标注样式、比较尺寸标注样式、重命名尺寸标注样式和删除尺寸标注样式等。

在【标注样式管理器】对话框中，【当前标注样式】区域用于显示当前的尺寸标注样式。【样式】列表框中显示了图形中所有的尺寸标注样式。用户在【样式】列表框中选择了合适的标注样式后，单击【置为当前】按钮，则可将选择的样式置为当前。

单击【新建】按钮，弹出【创建新标注样式】对话框；单击【修改】按钮，弹出【修改标注样式】对话框，此对话框用于修改当前尺寸标注样式的设置；单击【替代】按钮，弹出【替代当前样式】对话框，在该对话框中，用户可以设置临时的尺寸标注样式，用来替代当前尺寸标注样式的相应设置。

> **提示**
>
> 在【样式】列表中，选择一个样式名，右击鼠标，在弹出的快捷菜单中选择【重命名】命令，就可以对该标注样式重新命名。

10.1.1　创建新的尺寸标注样式

单击【标注样式管理器】对话框中的【新建】按钮，弹出如图 10-4 所示的【创建新标注样式】对话框。

在【新样式名】文本框中可以设置新创建的尺寸标注样式的名称；在【基础样式】下拉列表框中可以选择新创建的尺寸标注样式将以哪个已有的样式为模板；在【用于】下拉列表框中可以指定新创建的尺寸标注样式将用于哪些类型的尺寸标注。

单击【继续】按钮将关闭【创建新标注样式】对话框，并弹出如图 10-5 所示的【新建标注样式】对话框，用户可以在该对话框的各选项卡中设置相应的参数，设置完成后单击【确定】按钮，返回【标注样式管理器】对话框，在【样式】列表框中可以看到新建的标注样式。下面将详细讲解【新建标注样式】对话框中各常用选项卡的设置，其中【公差】选项卡将在 10.10 节介绍。

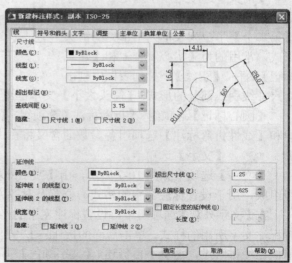

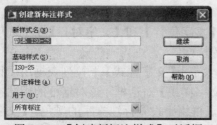

图 10-4　【创建新标注样式】对话框　　　　图 10-5　【新建标注样式】对话框

（1）【线】选项卡。

【线】选项卡如图 10-5 所示，由【尺寸线】和【延伸线】两个选项组组成。该选项卡用于设置尺寸线和延伸线的特性等，以控制尺寸标注的几何外观。

在【尺寸线】选项组中，【颜色】下拉列表框用于设置尺寸线的颜色；【线宽】下拉列表框用于设定尺寸线的宽度；【超出标记】微调框用于设定使用倾斜延伸线时，尺寸线超过延伸线的距离；【基线间距】微调框用于设定使用基线标注时各尺寸线间的距离；【隐藏】及其复选框用于控制尺寸线的显示，【尺寸线 1】复选框用于控制第 1 条尺寸线的显示，【尺寸线 2】复选框用于控制第 2 条尺寸线的显示。

在【延伸线】选项组中，【颜色】下拉列表框用于设置延伸线的颜色；【线宽】下拉列表框用于设定延伸线的宽度；【超出尺寸线】微调框用于设定延伸线超过尺寸线的距离；【起点偏移量】微调框用于设置延伸线相对于延伸线起点的偏移距离；【隐藏】及其复选框用于设置延伸线的显示，【延伸线 1】复选框用于控制第 1 条延伸线的显示，【延伸线 2】复选框用于控制第 2 条延伸线的显示。【固定长度的尺寸界线】复选框用于是否将尺寸界线的长度设置为一个固定值，【长度】文本框用于设置尺寸界线的总长度，起始于尺寸线，直到标注原点的长度。

（2）【符号和箭头】选项卡。

【符号和箭头】选项卡如图 10-6 所示，由【箭头】、【圆心标记】、【弧长符号】和【半径标注弯折】四个选项组组成，用于设置箭头、中心标记、弧长符号以及半径弯折角度的特性，以控制尺寸标注的几何外观。

【箭头】选项组用于选定表示尺寸线端点的箭头的外观形式。【第一个】、【第二个】下拉列表框列出常见的箭头形式，常用的为【实心闭合】和【建筑标记】两种。【引线】下拉列表框中列出

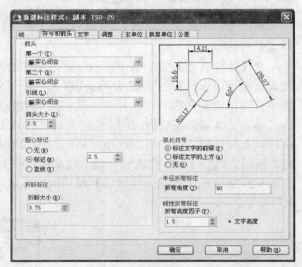

图 10-6 【符号和箭头】选项卡

对尺寸线引线部分的形式。【箭头大小】文本框用于设定箭头相对其他尺寸标注元素的大小。

【圆心标记】选项组、【折断标注】选项组、【弧长符号】选项组、【半径标注弯折】选项组和【线性折弯标注】选项组各参数的含义将在讲解相应的标注方式时讲解。

（3）【文字】选项卡。

【文字】选项卡如图 10-7 所示，由【文字外观】、【文字位置】和【文字对齐】3 个选项组组成，用于设置标注文字的格式、位置及对齐方式等特性。

在【文字外观】选项组中可设置标注文字的格式和大小。【文字样式】下拉列表框用于设置标注文字所用的样式，单击后面的按钮 □ ，弹出【文字样式】对话框，该对话框的用法在前面已经讲解过，这里不再赘述。【文字颜色】下拉列表框用于设置标注文字的颜色。【文字高度】微调框用于设置当前标注文字样式的高度。【分数高度比例】微调框用于设置分数尺寸文本的相对字高度系数。【绘制文字边框】复选框用于控制是否在标注文字四周画一个框。

在【文字位置】选项组中可设置标注文字的位置。【垂直】下拉列表框用于设置标注文

字沿尺寸线在垂直方向上的对齐方式；【水平】下拉列表框用于设置标注文字沿尺寸线和延伸线在水平方向上的对齐方式；【从尺寸线偏移】微调框用于设置文字与尺寸线的间距。

在【文字对齐】选项组中可设置标注文字的方向。【水平】单选按钮表示标注文字沿水平线放置；【与尺寸线对齐】单选按钮表示标注文字沿尺寸线方向放置；【ISO 标准】单选按钮表示当标注文字在延伸线之间时，沿尺寸线的方向放置，当标注文字在延伸线外侧时，则水平放置标注文字。

（4）【主单位】选项卡。

【主单位】选项卡如图 10-8 所示，用于设置主单位的格式及精度，同时还可以设置标注文字的前缀和后缀。

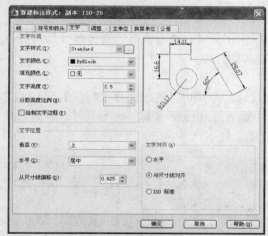 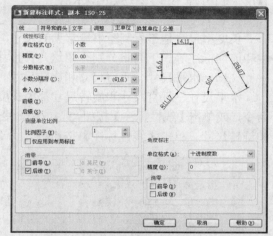

图 10-7　【文字】选项卡　　　　　　　图 10-8　【主单位】选项卡

在【线性标注】选项组中可设置线性标注单位的格式及精度。【单位格式】下拉列表框用于设置所有尺寸标注类型（除了角度标注）的当前单位格式；【精度】下拉列表框用于设置在十进制单位下用多少小数位来显示标注文字；【分数格式】下拉列表框用于设置分数的格式；【小数分隔符】下拉列表框用于设置小数格式的分隔符号；【舍入】微调框用于设置所有尺寸标注类型（除角度标注外）的测量值的取整的规则；【前缀】微调框用于对标注文字加上一个前缀；【后缀】微调框用于对标注文字加上一个后缀。【测量单位比例】选项组用于确定测量时的缩放系数。【清零】选项组控制是否显示前导 0 或尾数 0。

【角度标注】选项组用于设置角度标注的角度格式。

在本书的第 17 章，例 17-3 中将会给读者讲解如何具体地创建一个新的标注样式，这里就不再另行举例说明。

10.1.2　修改和替代标注样式

在【标注样式管理器】对话框的【样式】列表框中选择需要修改的标注样式，然后单击【修改】按钮，弹出【修改标注样式】对话框，可以在该对话框中对该样式的参数进行修改。

在【标注样式管理器】对话框的【样式】列表框中选择需要替代的标注样式，单击【替代】按钮，弹出【替代当前样式】对话框，用户可以在该对话框中设置临时的尺寸标注样式，以替代当前尺寸标注样式的相应设置。

从本质上来讲，【新建标注样式】和【修改标注样式】，以及【替代当前样式】是一致的，用户学会了【新建标注样式】对话框的设置，其他两个对话框的设置也就会了，这里不再赘述。

10.2　创建长度型尺寸标注

长度型尺寸是工程制图中最常见的尺寸，包括水平尺寸、垂直尺寸、对齐尺寸、基线标注和连续标注等。下面将分别介绍这几种尺寸的标注方法。

（1）　水平尺寸、垂直尺寸和旋转尺寸。

水平尺寸、垂直尺寸和旋转尺寸都为长度型尺寸。用户可以通过选择【标注】/【线性】命令，或单击【线性标注】按钮，或在命令行中输入 dimlinear 来标注水平尺寸、垂直尺寸和旋转尺寸。单击【线性标注】按钮，命令行提示如下。

```
命令: _dimlinear                        //单击按钮执行命令
指定第一条延伸线原点或 <选择对象>:      //拾取第一条尺寸界限的原点
指定第二条延伸线原点:                   //拾取第二条尺寸界限的原点
指定尺寸线位置或                        //系统提示信息，可以指定尺寸线位置，也可设置其他选项
[多行文字(M)/文字(T)/角度(A)/水平(H)/垂直(V)/旋转(R)]:   //移动光标指定尺寸线位置
标注文字 = 96.06                        //系统提示信息
```

（2）　对齐尺寸。

对齐尺寸标注，可以标注某一条倾斜线段的实际长度。用户可以通过选择【标注】/【对齐】命令，或单击【对齐标注】按钮，或在命令行中输入 dimligned 来完成对齐标注。单击【对齐标注】按钮，命令行提示与【线性标注】类似，不再赘述。

（3）　基线标注。

在工程制图中，往往以某一面（或线）作为基准，其他尺寸都以该基准进行定位或画线，这就是基线标注。基线标注需要以事先完成的线性标注为基础。用户可以通过选择【标注】/【基线】命令，或单击【基线标注】按钮，或在命令行中执行 dimbaseline 命令来完成基线标注。单击【基线标注】按钮，命令行提示如下。

```
命令: _dimbaseline                                    //单击按钮执行命令
指定第二条延伸线原点或 [放弃(U)/选择(S)] <选择>:     //拾取第二条延伸线原点
标注文字 = 82.57                                     //系统提示信息
…                                                   //继续提示拾取第二条延伸线原点
```

（4）　连续标注。

连续标注是首尾相连的多个标注，前一尺寸的第二延伸线就是后一尺寸的第一延伸线。用户可以通过选择【标注】/【连续】命令，或单击【连续标注】按钮，或在命令行中执行

dimcontinue 命令来完成连续标注。单击【连续标注】按钮 ，命令行提示与【基线标注】类似，不再赘述。

> **提示**
>
> 执行【基线标注】命令后，系统默认以前一个完成的线性标注为基础进行标注，如果用户需要更改，在命令行提示【指定第二条延伸线原点或 [放弃(U)/选择(S)] <选择>:】后输入 s，重新选择基线标注基础。

※ 例 10-1　创建长度型尺寸标注

为图 10-9 所示的图形创建长度型尺寸标注，效果如图 10-10 所示。

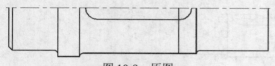

图 10-9　原图

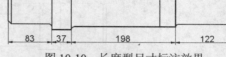

图 10-10　长度型尺寸标注效果

具体操作步骤如下。

（1）单击【线性标注】按钮 ，命令行提示如下。

```
命令: _dimlinear                                    //单击按钮执行命令
指定第一条延伸线原点或 <选择对象>:                   //拾取如图 10-11 所示的点
指定第二条延伸线原点:                                //拾取如图 10-12 所示的点
指定尺寸线位置或                                     //系统提示信息
[多行文字(M)/文字(T)/角度(A)/水平(H)/垂直(V)/旋转(R)]:  //移动光标到图 10-13 所示位置，
                                                              单击鼠标
标注文字 = 83                                        //系统提示信息
```

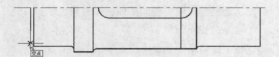

图 10-11　指定第一条延伸线原点

图 10-12　指定第二条延伸线原点

（2）水平尺寸的标注效果如图 10-14 所示。单击【连续标注】按钮 ，命令行提示如下。

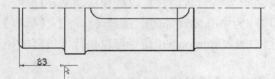

图 10-13　指定尺寸线位置

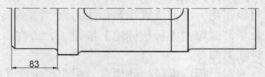

图 10-14　标注完成的水平尺寸

```
命令: _dimcontinue                                  //单击按钮执行命令
指定第二条延伸线原点或 [放弃(U)/选择(S)] <选择>:     //拾取如图 10-15 所示的点
标注文字 = 37                                        //系统提示信息
```

指定第二条延伸线原点或 [放弃(U)/选择(S)] <选择>:	//拾取如图 10-16 所示的点
标注文字 = 198	//系统提示信息
指定第二条延伸线原点或 [放弃(U)/选择(S)] <选择>:	//拾取如图 10-17 所示的点
标注文字 = 122	//系统提示信息
指定第二条延伸线原点或 [放弃(U)/选择(S)] <选择>:	

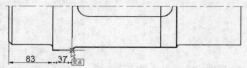

图 10-15　指定连续标注第二条延伸线原点

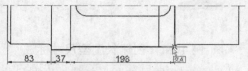

图 10-16　指定连续标注第二条延伸线原点

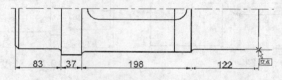

图 10-17　指定连续标注第二条延伸线原点

连续按两次 Enter 键，效果如图 10-10 所示。

10.3　创建径向尺寸标注

径向尺寸是工程制图中另一种比较常见的尺寸，常用于轴类、盘类零件尺寸的标注，包括标注半径尺寸和标注直径尺寸。下面将分别介绍这两种尺寸的标注方法。

用户可以通过选择【标注】/【半径】命令，或单击【半径标注】按钮◎，或在命令行中执行 dimradius 命令来完成半径标注。单击【半径标注】按钮◎，命令行提示如下。

命令: _dimradius	//单击按钮执行命令
选择圆弧或圆:	//选择要标注半径的圆或圆弧对象
标注文字 = 25	//系统提示信息
指定尺寸线位置或 [多行文字(M)/文字(T)/角度(A)]:	//移动光标至合适位置单击鼠标

用户可以通过选择【标注】/【直径】命令，或单击【直径标注】按钮◎，或在命令行中执行 dimdiameter 命令来完成直径标注。命令行提示与半径标注类似，不再赘述。

当圆弧或圆的中心位于布局外并且无法显示在其实际位置时，可以创建折弯半径标注，可以在更方便的位置指定标注的原点(在命令行中称为中心位置替代)。选择【标注】/【折弯】命令，或单击【折弯标注】按钮 ，或在命令行中输入 dimjogged 命令可以执行【折弯半径标注】命令。

对于折弯半径标注而言，用户可以在【符号和箭头】选项卡中设定折弯角度，不同的折弯角度效果如图 10-18 所示。

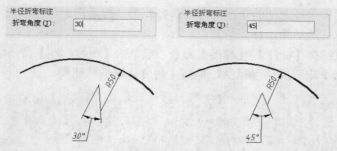

图 10-18　不同折弯角度对比效果

※ 例 10-2　标注径向尺寸

为机械零件标注径向尺寸，效果如图 10-19 所示。
具体操作步骤如下。

（1）单击【半径标注】按钮🔘，命令行提示如下。

```
命令: _dimradius                        //单击按钮执行命令
选择圆弧或圆:                            //选择中间的一个圆
标注文字 ＝25                           //系统提示信息
指定尺寸线位置或 [多行文字(M)/文字(T)/角度(A)]:   //指定尺寸线位置，如图 10-20 所示
```

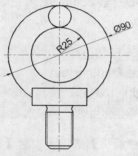

图 10-19　标注径向尺寸效果

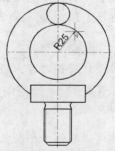

图 10-20　指定半径标注尺寸线位置

（2）单击【直径标注】按钮🔘，命令行提示如下。

```
命令: _dimdiameter                      //单击按钮执行命令
选择圆弧或圆:                            //选择大圆弧
标注文字 ＝90                           //系统提示信息
指定尺寸线位置或 [多行文字(M)/文字(T)/角度(A)]:   //指
定尺寸线位置，如图 10-21 所示
```

（3）直径标注效果如图 10-19 所示。

10.4　创建角度尺寸标注

角度尺寸标注用于标注两条直线或 3 个点之间的角

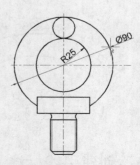

图 10-21　指定直径标注尺寸线位置

度。要测量圆的两条半径之间的角度，可以选择此圆，然后指定角度端点。对于其他对象，则需要先选择对象，然后指定标注位置。

用户可以通过选择【标注】/【角度】命令，或单击【角度标注】按钮△，或在命令行中执行 dimangular 命令来完成角度标注。单击【角度标注】按钮△，命令行提示如下。

```
命令: _dimangular                                  //单击按钮执行命令
选择圆弧、圆、直线或 <指定顶点>:                    //选择标注角度尺寸对象，选择小圆弧
指定标注弧线位置或 [多行文字(M)/文字(T)/角度(A)]:   //移动光标至合适位置单击
标注文字 = 120                                      //系统提示信息，标注如图 10-22 所示
```

 可以相对于现有角度标注创建基线和连续角度标注。基线和连续角度标注小于或等于180°。要获得大于180°的基线和连续角度标注，则要使用夹点编辑拉伸现有基线或连续标注的延伸线的位置。

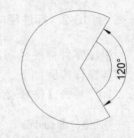

10.5　创建弧长标注

图 10-22　角度尺寸标注

弧长标注用于测量圆弧或多段线弧线段上的距离。用户选择【标注】/【弧长】命令，或单击【标注】工具栏中的【弧长标注】按钮，或在命令行输入 dimarc 来完成弧长标注。单击【弧长标注】按钮△，命令行提示如下：

```
命令: _dimarc                                       //单击按钮执行命令
选择弧线段或多段线弧线段:                            //选择要标注的弧
指定弧长标注位置或 [多行文字(M)/文字(T)/角度(A)/部分(P)/引线(L)]://制定尺寸线的位置
标注文字 = 4826                                     //系统提示信息，效果如图 10-23 所示
```

弧长标注可以显示一个圆弧符号，用户可以在【符号和箭头】选项卡中对【弧长符号】选项组进行设置，其设置的对比效果如图 10-24 所示。

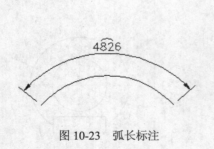

图 10-23　弧长标注

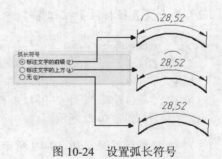

图 10-24　设置弧长符号

10.6　创建引线标注

快速引线标注在工程制图中也是一种常用的标注类型，引线标注由引线和文字两部分标

注对象组成：引线是连接、注释图形对象的直线或曲线，文字是最普通的文本注释。引线标注使用起来非常方便，可以从图形的任意点或任意对象上创建引线，引线可以由直线段或平滑的样条曲线构成。

在 AutoCAD 2009 中，在命令行中执行 qleader 命令来完成快速引线标注，命令行提示如下。

```
命令: _qleader                      //单击按钮执行命令
指定第一个引线点或 [设置(S)] <设置>: //拾取引线第一个点，输入 S 可以对引线标注进行设置
指定下一点：                        //指定下一个点，这里利用极轴追踪捕捉下一个点
指定下一点：                        //指定下一个点，继续利用极轴追踪捕捉
指定文字宽度 <0>: 4                 //设置文字宽度为 4
输入注释文字的第一行 <多行文字(M)>: 10×120%%d//输入注释文字
输入注释文字的下一行：              //按 Enter 键，完成输入，标注效果如图 10-25 所示
```

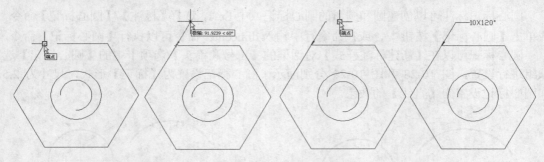

图 10-25　引线标注过程

快速创建或编辑一系列标注，创建一系列基线或连线标注，或者为一系列圆或圆弧创建标注时，快速引线标注命令特别有用。

10.7　线性折弯标注

线性折弯标注是指在线性标注或对齐标注中添加或删除折弯线。折弯线一般用于表示不显示实际测量值的标注值。选择【标注】/【折弯线性】命令，或单击【折弯线性】按钮，或在命令行中输入 dimjogline 命令可以执行【线性折弯标注】命令，命令行提示如下：

```
命令: _dimjogline
选择要添加折弯的标注或 [删除(R)]://拾取点图 10-26 所示的点 1
指定折弯位置 (或按 Enter 键)://拾取图 10-26 所示的点 2，确定折弯位置
```

图 10-26　创建线性折弯标注

命令行中的【删除(R)】选项表示已经创建的折弯标注删除。用户在【新建标注样式】对话框的【符号和箭头】选项卡中可以设置折弯高度因子，折弯高度因子×文字高度，就是形成折弯角度的两个顶点之间的距离，也就是折弯高度，图 10-27 演示了不同折弯因子的效果。

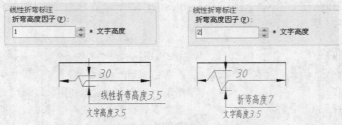

图 10-27　不同折弯高度因子对比效果

10.8　创建圆心标记

圆心标记标注可以创建圆和圆弧的圆心标记或中心线，选择【标注】/【圆心标记】命令，或单击【圆心标记】按钮 ⊕，或在命令行中输入 dimcenter 命令可以执行【圆心标记】命令。

圆心标记可以在【新建标注样式】对话框的【符号和箭头】选项卡中的【圆心标记】选项组进行设置，图 10-28 和图 10-29 分别演示了圆心标记设置为【标记】形式，尺寸为 2.5 和圆心标记设置为【直线】的效果。

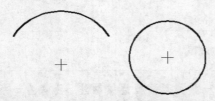

图 10-28　创建圆心标记为十字标记

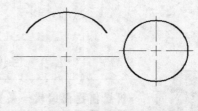

图 10-29　创建圆心标记为直线

10.9　打断标注

标注打断命令可以作用于标注和多重引线(多重引线将在后面章节讲解)，表示选定标注或者多重引线与其他对象相交的交点处被打断。选择【标注】/【标注打断】命令或者单击【打断标注】按钮，或者在命令行中输入 dimbreak 命令可以执行【打断标注】命令。

打断分为自动打断和手动打断两种，自动打断根据【新建标注样式】对话框中【符号和箭头】选项卡的【折断大小】来确定交点处打断的大小，手动打断则需要手动地确定打断的两个点。

创建如图 10-30 所示的尺寸标注，执行【打断标注】命令，命令行提示如下：

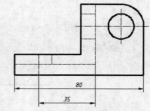

图 10-30　创建两个线性标注

命令: _dimbreak
选择标注或 [多个(M)]: m//输入 m，表示要创建多个标注的打断
选择标注: 找到 1 个//选择图 10-30 中标注值为 80 的标注
选择标注: 找到 1 个，总计 2 个//选择图 10-30 中标注值为 35 的标注
选择标注://按回车键，完成选择
输入选项 [打断(B)/恢复(R)] <打断>: b//输入 b，将会自动打断，打断的效果如图 10-31 所示

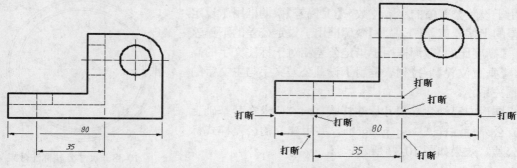

图 10-31　自动打断两个线性标注

10.10　创建尺寸公差尺寸标注

所谓尺寸公差是指实际生产中可以变动的数目。生产中的公差，可以控制部件所需的精度等级。在实际绘图过程中，可以通过为标注文字附加公差的方式，直接将公差应用到标注中。如果标注值在两个方向上变化，所提供的正值和负值将作为极限公差附加到标注值中；如果两个极限公差值相等，AutoCAD 将在它们前面加上"±"符号，也称为对称。否则，正值将位于负值上方。

尺寸公差可以在前面讲过的【新建标注样式】对话框的【公差】选项卡中设置，用户可以为尺寸公差设置专门的标注样式。【公差】选项卡如图 10-32 所示。

图 10-32　【公差】选项卡

【公差】选项卡中的一些选项与【主单位】选项卡中的相应选项相同，不再赘述，这里只介绍【公差格式】选项组中的内容。

【方式】下拉列表框用于设置公差的标注方法，【无】选项表示尺寸标注时，不同时标注公差；【对称】选项表示公差以相等的正负偏差形式给出；【极限偏差】选项表示公差以不相等的正负偏差形式给出；【极限尺寸】选项表示给出尺寸的极限值；【基本尺寸】选项只标注基本尺寸并在基本尺寸四周画一个方框。【精度】下拉列表框用于设置公差值的小数位数。【上偏差】微调框用于设定公差的上偏差值。【下偏差】微调框用于设定公差的下偏差值。【高度比例】微调框用于指定公差相对于标注文字的高度。【垂直位置】下拉列表框用于设置公差文字与主文字的位置关系。

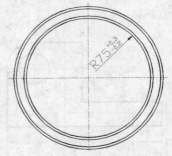

图形中已经建立尺寸标注样式 test，要求在其基础上建立公差标注样式 test_gongcha，并用建立的公差样式标注公差，效果如图 10-33 所示。

图 10-33　尺寸公差标注效果

※ 例 10-3　标注尺寸公差

具体操作步骤如下。

（1）选择【格式】/【标注样式】命令，弹出【标注样式管理器】对话框。单击【新建】按钮，弹出【创建新标注样式】对话框，在【新样式名】文本框中输入 test_gongcha，在【基础样式】下拉列表框中选择 test 选项。

（2）单击【继续】按钮，弹出【新建标注样式】对话框，打开【公差】选项卡，在【公差格式】选项组中进行相应的设置，如图 10-34 所示。

（3）单击【确定】按钮，返回【标注样式管理器】对话框。在【样式】列表框中选择 test_gongcha 选项，单击【置为当前】按钮，将 test_gongcha 置为当前标注样式。

（4）单击【半径标注】按钮，选择最内侧圆为标注对象。如图 10-35 所示，移动光标到合适位置，单击鼠标，公差标注效果如图 10-33 所示。

例 10-3 对半径公差进行了标注。当设置完公差标注样式后，只要此标注样式置为当前，其他的各种标注类型均可设置公差标注。用户可以在【样式】工具栏 Standard｜text_gongcha｜Standard｜Standard 的标注样式下拉列表框中将相应样式置为当前。

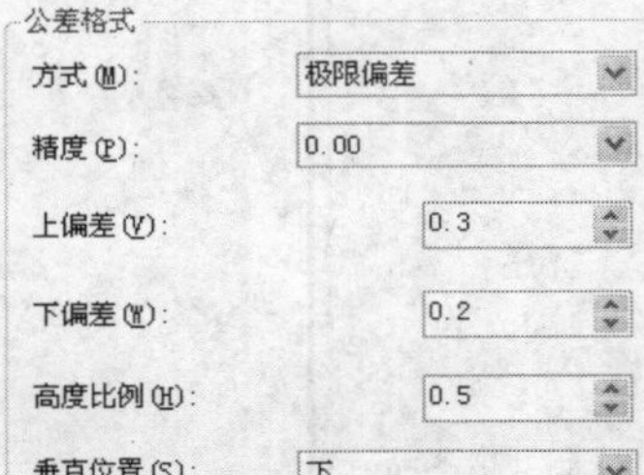

公差格式

方式(M)：　极限偏差
精度(P)：　0.00
上偏差(V)：　0.3
下偏差(W)：　0.2
高度比例(H)：　0.5
垂直位置(S)：　下

图 10-34　设置公差格式

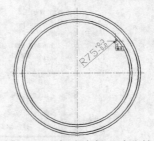

图 10-35　标注半径尺寸公差

10.11　创建形位公差尺寸标注

形位公差用于表示特征的形状、轮廓、方向、位置和跳动的允许偏差等。选择【标注】/【公差】命令或单击【公差】按钮 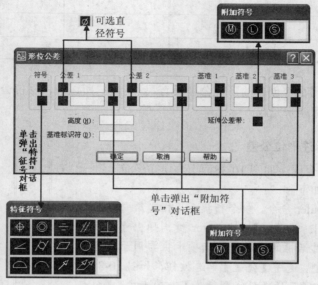，或在命令行中输入 tolerance 命令可以执行【形位公差】命令，执行【形位公差】命令后，弹出如图 10-36 所示的【形位公差】对话框，用于指定特征控制框的符号和值。

图 10-36　【形位公差】对话框

常见的形位公差由引线、几何特征符号、直径符号、形位公差值、材料状况和基准代号等组成，图 10-37 演示了一个相对非常完整的形位公差的效果。公差特性符号按意义分为形状公差和位置公差，按类型又分为定位、定向、形状、轮廓和跳动，系统提供了 14 种符号，各符号的含义如表 10-1 所示。

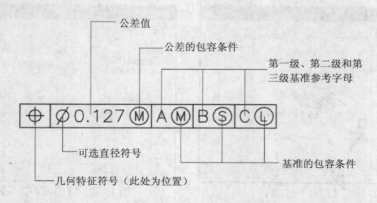

图 10-37　形位公差效果

表 10-1　形位公差符号及其含义

符　号	含　义	符　号	含　义
⌖	直线度（定位）	▱	平面度（形状）
◎	同轴度（定位）	○	圆度（形状）
=	对称度（定位）	—	直线度（形状）
//	平行度（定向）	⌒	面轮廓度（轮廓）
⊥	垂直度（定向）	⌒	线轮廓度（轮廓）
∠	倾斜度（定向）	↗	圆跳动（跳动）
⌀	圆柱度（形状）	↗↗	全跳动（跳动）

使用【形位公差】命令创建的形位公差没有尺寸引线，所以通常形位公差标注通过 qleader 命令，即快速引线标注来完成。

※ 例 10-4　标注形位公差

使用 qleader 命令标注如图 10-38 所示的形位公差。

具体操作步骤如下。

（1）执行 qleader 命令，命令行提示【指定第一个引线点或 [设置（S）] <设置>:】，按 Enter 键，弹出【引线设置】对话框。该对话框的【注释】选项卡主要用于设置引线标注文字的类型，选中【公差】单选按钮，如图 10-39 所示。在如图 10-40 所示的【引线和箭头】选项卡中，【引线】选项组用于设置引线类型，在【箭头】下拉列表框中可以选择标注箭头的类型；【点数】选项组用于设置控制点的个数；【角度约束】选项组用于设置第一条引线与第二条引线的角度，这里不作任何设置。

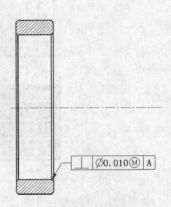

图 10-38　形位公差标注

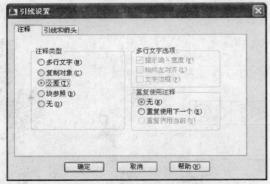

图 10-39　【注释】选项卡

图 10-40　【引线和箭头】选项卡

（2）单击【确定】按钮，回到绘图区。打开极轴追踪功能，绘制出的引线如图 10-41 所示，单击鼠标，弹出【形位公差】对话框。

（3）单击【符号】下方的黑色区域，弹出【特征符号】对话框，选择垂直标记，如图 10-42 所示。在【公差 1】选项组的第一排前面的黑色框中单击，出现直径符号，在文本框中输入 0.010，在后面的黑色框中单击，弹出【附加符号】对话框，选择材料一般情况符号 M，如图 10-43 所示。

（4）在【基准 1】文本框中输入 A，如图 10-44 所示。

（5）单击【确定】按钮，标注效果如图 10-38 所示。

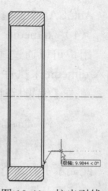

图 10-41　拉出引线

图 10-42　设置符号

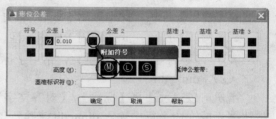

图 10-43　设置公差

在【引线设置】对话框中还有一个【附着】选项卡，如图 10-45 所示。在选择【公差】标注类型时，此选项卡隐藏。【附着】选项卡主要用于设置多行文字与引线之间的位置关系。

图 10-44　设置基准

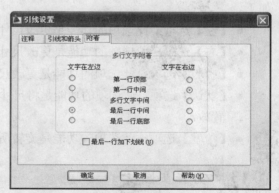

图 10-45　【附着】选项卡

10.12　编辑尺寸标注

创建标注后，可以旋转现有文字或用新文字替换现有文字。可以将文字移动到新位置或返回其初始位置，也可以将标注文字沿尺寸线移动到左、右、中心或延伸线之内或之外的任意位置。

AutoCAD 2009 提供了多种编辑尺寸标注的方法，dimedit 和 dimtedit 是两种最常用的命令。

（1） dimedit。

用户可以通过选择【标注】/【倾斜】命令，或单击【编辑标注】按钮 ，或在命令行中输入 dimedit 来执行该命令。

单击【编辑标注】按钮 ，命令行提示如下。

```
命令: _dimedit  //单击按钮执行命令
输入标注编辑类型 [默认(H)/新建(N)/旋转(R)/倾斜(O)] <默认>:
```

此提示中有 4 个选项，分别为默认（H）、新建（N）、旋转（R）和倾斜（O），各含义如下。

- 【默认】选项：此选项用于将尺寸文本按 DDIM 所定义的默认位置，方向重新置放。
- 【新建】选项：此选项用于更新所选择的尺寸标注的尺寸文本。
- 【旋转】选项：此选项用于旋转所选择的尺寸文本。
- 【倾斜】选项：此选项用于倾斜标注，即编辑线性尺寸标注，使其延伸线倾斜一个角度，不再与尺寸线相垂直，常用于标注锥形图形。

（2） dimtedit。

用户可以通过选择【标注】/【对齐文字】菜单下的相应命令，或单击【编辑标注文字】按钮 ，或在命令行中输入 dimtedit 来执行该命令。

单击【编辑标注文字】按钮 ，命令行提示如下。

```
命令: _dimtedit  //单击按钮执行命令
选择标注:       //选择需要编辑的尺寸标注
指定标注文字的新位置或 [左(L)/右(R)/中心(C)/默认(H)/角度(A)]:
```

此提示有左（L）、右（R）、中心（C）、默认（H）和角度（A）等 5 个选项，各项含义如下。

- 【左】选项：此选项的功能是更改尺寸文本，使其沿尺寸线左对齐。
- 【右】选项：此选项的功能是更改尺寸文本，使其沿尺寸线右对齐。
- 【中心】选项：此选项的功能是更改尺寸文本，使其沿尺寸线中间对齐。
- 【默认】选项：此选项的功能是将尺寸文本按 DDIM 所定义的默认位置、方向、重新置放。
- 【角度】选项：此选项的功能是旋转所选择的尺寸文本。

10.13 动手实践

利用系统自带的 ISO-25 标注样式标注如图 10-46 所示的图形，标注的效果如图 10-47 所示。具体操作步骤如下。

（1） 单击【线性标注】按钮 ，命令行提示如下。

```
命令: _dimlinear                              //单击按钮执行命令
指定第一条延伸线原点或 <选择对象>:            //捕捉小圆圆心
指定第二条延伸线原点:                         //捕捉如图 10-48 所示的端点
```

指定尺寸线位置或	//系统提示信息
[多行文字(M)/文字(T)/角度(A)/水平(H)/垂直(V)/旋转(R)]:	//移动尺寸线至合适位置单击
标注文字 = 8	//标注完成，标注效果如图 10-49 所示

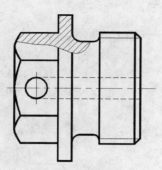

图 10-46　未标注图形

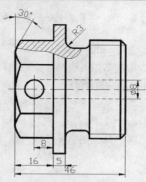

图 10-47　标注完成的图形

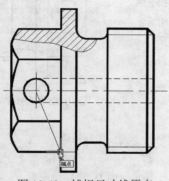

图 10-49　捕捉尺寸线原点

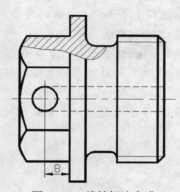

图 10-49　线性标注完成

（2）单击【线性标注】按钮 ⊢，拾取如图 10-50 所示的两个点为延伸线原点，移动尺寸线到合适位置，单击鼠标，完成的标注如图 10-51 所示。

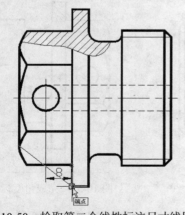

图 10-50　拾取第二个线性标注尺寸线原点

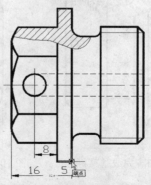

图 10-51　标注连续标注

（3）单击【连续标注】按钮 ⊞，命令行提示如下。

```
命令: _dimcontinue                                          //单击按钮执行命令
指定第二条延伸线原点或 [放弃(U)/选择(S)] <选择>:    //捕捉如图 10-514 所示点
标注文字 = 5                                                //标注完成，效果如图 10-51 所示
```

（4） 单击【基线标注】按钮，命令行提示如下。

```
命令: _dimbaseline                                          //单击按钮执行命令
指定第二条延伸线原点或 [放弃(U)/选择(S)] <选择>: s    //输入 s，重新选择基准标注
选择基准标注:                                               //选择基准标注，如图 10-52 所示
指定第二条延伸线原点或 [放弃(U)/选择(S)] <选择>:    //捕捉图 10-52 最右侧一点为原点
标注文字 = 46                                               //系统提示信息
指定第二条延伸线原点或 [放弃(U)/选择(S)] <选择>:    //按 Enter 键，标注完成
```

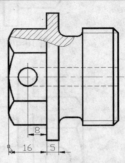

（5） 基线标注效果如图 10-53 所示。单击【角度标注】按钮，选择如图 10-54 所示的两条角度线上的直线为延伸线，移动光标到合适位置，单击鼠标，标注效果如图 10-55 所示。

（6） 单击【半径标注】按钮，选择如图 10-56 所示的圆弧为标注对象，移动光标至合适位置，单击鼠标，半径标注效果如图 10-57 所示。

（7） 单击【线性标注】按钮，命令行提示如下。

图 10-52　选择基准标注

```
命令: _dimlinear                                            //单击按钮执行命令
指定第一条延伸线原点或 <选择对象>:                    //捕捉如图 10-58 示原点
指定第二条延伸线原点:                                    //捕捉如图 10-58 所示原点
指定尺寸线位置或                                          //系统提示信息
[多行文字(M)/文字(T)/角度(A)/水平(H)/垂直(V)/旋转(R)]: m    //输入 m，按 Enter 键
```

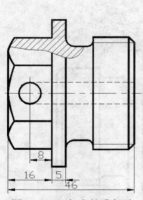

图 10-53　完成基准标注

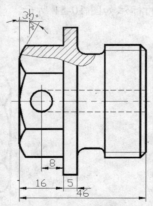

图 10-54　定位角度标注尺寸线

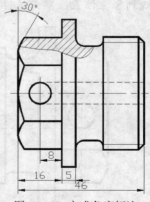

图 10-55　完成角度标注

（8） 按 Enter 键后，弹出【文字格式】对话框，在输入框中右击鼠标，在弹出的快捷菜单中选择【符号】/【直径】命令，输入框出现直径符号，在符号后输入 8。单击【确定】按钮，命令行继续提示如下。

指定尺寸线位置或	//系统提示信息
[多行文字(M)/文字(T)/角度(A)/水平(H)/垂直(V)/旋转(R)]:	//移动光标至合适位置单击
标注文字 = 8	//标注完成

效果如图 10-47 所示。

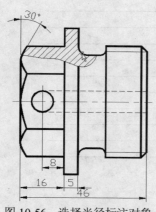
图 10-56 选择半径标注对象

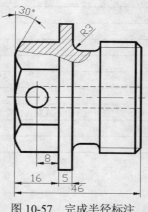
图 10-57 完成半径标注

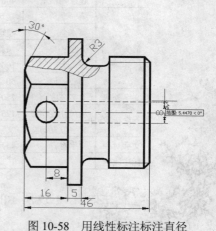
图 10-58 用线性标注标注直径

10.14 习题练习

10.14.1 填空题

（1）完整的线性标注尺寸一般由_____、_____、_____和_____组成。圆标注还有_____和_____。

（2）要标注倾斜直线的实际长度，要使用_____。

（3）使其延伸线倾斜一个角度，要使用_____命令。

（4）形位公差使用_____命令进行标注。

10.14.2 选择题

（1）_____标注不可以作为基线标注和连续标注的基准标注。

    A. 水平尺寸标注　　B. 对齐标注　　C. 角度标注　　D. 半径标注

（2）除直径标注外，还可以使用_____和_____标注圆的直径。

  A. 长度标注　　　　B. 角度标注　　C. 连续标注　　D. 引线标注

（3）_____标注不可以标注尺寸公差。

    A. 半径标注　　　　B. 线性标注　　C. 角度标注　　D. 圆心标记

（4）形位公差符号 ◎，表示_____。

    A. 水平度　　　　　B. 平滑度　　　C. 同轴度　　　D. 平行度

10.14.3 上机操作题

（1）创建表 10-2 所示的尺寸标注样式，并将其命名为【建筑常规】。

表 10-2　【建筑常规】标注样式参数设置表

类　型	项　目	具 体 参 数
延伸线	超出尺寸线	150
	起点偏移量	400
箭头	第一个	建筑标记
	第二个	建筑标记
	引线	倾斜
	箭头大小	100
	圆心标记	50
文字外观	文字高度	250
文字位置	从尺寸线偏移	125
	文字位置调整	文字始终保持在延伸线间，不在默认位置时，置于尺寸线上方，不加引线
文字对齐	文字对齐	与尺寸线对齐
标注比例		1

（2）　标注如图 10-59 所示的图形。

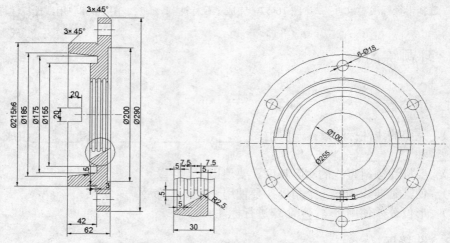

图 10-59　标注零件平面、剖面和细部尺寸

（3）　标注如图 10-60 所示的图形。

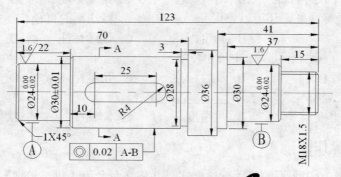

图 10-60　传动轴零件图标注

138

第 11 章 图层的创建与设置

本章要点:

- 图层基本操作
- 设置图层特性
- 控制图层状态

本章导读:

- **基础内容:** 了解【图层特性管理器】对话框中各参数的意义。
- **重点掌握:** 本章的重点在于熟练掌握图层的基本操作,掌握设置图层特性和控制图层状态的步骤和方法。
- **一般了解:** 打印样式设置的控制,了解即可。

课 堂 讲 解

图层相当于多层"透明纸"重叠而成。先在上面绘制图形,然后将纸一层层重叠起来,构成最终的图形。在 AutoCAD 中,图层的功能和用途要比"透明纸"强大得多,用户可以根据需要创建很多图层,然后将相关的图形对象放在同一层上,以此来管理图形对象。

AutoCAD 中的各图层具有相同的坐标系、绘图界限和显示时的缩放倍数。用户可以对位于不同图层上的对象同时进行编辑操作。每个图层都有一定的属性和状态,包括: 图层名、开关状态、冻结状态、锁定状态、颜色、线型、线宽、打印样式和是否打印等。

选择【格式】/【图层】命令,或者在命令行中执行 layer 命令,或者单击如图 11-1 所示的【图层】工具栏中的【图层特性管理器】按钮▨,都会弹出【图层特性管理器】对话框,如图 11-2 所示。用户可以在此对话框中进行图层的基本操作和管理。

图 11-1 【图层】工具栏

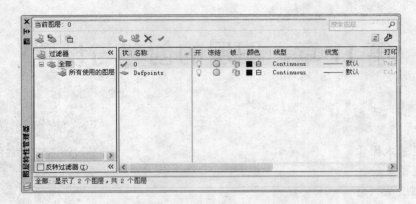

图 11-2　【图层特性管理器】对话框

11.1　图层基本操作

在【图层特性管理器】对话框中，用户可以通过对话框上的一系列按钮对图层进行基本操作。常用按钮的具体含义如表 11-1 所示。

表 11-1　图层基本操作按钮功能说明

按 钮 图 标	按 钮 名 称	功 能 说 明
	新建图层	单击此按钮，图层列表中将显示新创建的图层。第一次新建，列表中将显示名为【图层 1】的图层，随后名称依次为【图层 2】、【图层 3】……。该名称处于选中状态，用户可以直接输入一个新图层名
✕	删除图层	单击此按钮，可以删除用户选定的图层
✓	置为当前	单击此按钮，将选定图层设置为当前图层。用户创建的对象将被放置到当前图层中

只能删除未参照的图层。参照图层包括图层 0 和 DEFPOINTS、包含对象(包括块定义中的对象)的图层、当前图层和依赖外部参照的图层。

11.2　图层管理

在【图层特性管理器】对话框中的【图层】列表框中，用户可以对图层的特性和状态进行管理。

11.2.1　设置图层特性

特性管理包括名称、颜色、线型、线宽、打印样式、打印与否和说明等。

1.　命名图层

单击【新建图层】按钮后，默认名称处于可编辑状态，如图 11-3 所示，用户可以直接输入新的名称。

对于已经创建的图层，如果需要修改图层的名称，用鼠标单击该图层的名称，使图层名处于可编辑状态，直接输入新的名称即可。

图 11-3　新建图层名称输入

2．颜色设置

每个图层都具有一定的颜色。所谓图层的颜色，是指该图层上面的实体颜色。在建立图层的时候，图层的颜色承接上一个图层的颜色，对于图层 0 系统默认的是 7 号颜色，该颜色相对于黑色的背景显示白色，相对于白色的背景显示黑色（仅该色例外，其他色不论背景为何种颜色，颜色不变）。

AutoCAD 2009 将前 7 个颜色号设为标准颜色，从 1~7 号分别对应的颜色为红、黄、绿、青、蓝、紫、白或黑。

在绘图过程中，需要对各个层的对象进行区分，改变该层的颜色，默认状态下该层的所有对象的颜色将随之改变。单击【颜色】列表下的颜色特性图标■白色，弹出如图 11-4 所示的【选择颜色】对话框，用户可以对图层颜色进行设置。

在【索引颜色】选项卡中，用户可以直接单击需要的颜色，也可以在【颜色】文本框中输入颜色号；在【真彩色】选项卡中，用户可以选择 RGB 和 HSL 两种模式选择颜色。使用这两种模式确定颜色都需要 3 个参数，具体参数的含义请参考有关图像设计的书籍；在【配色系统】选项卡中，用户可以从系统提供的颜色表中选择一个标准表，然后从色带滑块中选择所需要的颜色。

3．线型设置

图层的线型是指在图层中绘图时所用的线型，每一层都应有一个相应线型。不同的图层可以设置为不同的线型，也可以设置为相同的线型。AutoCAD 提供了标准的线型库，该库文件为 ACADISO.LIN，可以从中选择线型，也可以定义自己专用的线型。

在 AutoCAD 中，系统默认的线型是 Continuous，线宽也采用默认值 0 单位，该线型是连续的。在绘图过程中，如果用户希望绘制点画线、虚线等其他种类的线，就需要设置图层的线型和线宽。

单击【线型】列表下的线型特性图标 Continuous ，弹出【选择线型】对话框。默认状态下，【选择线型】对话框中只有 Continuous 一种线型。单击【加载】按钮，弹出【加载或重载线型】对话框，用户可以在【可用线型】列表框中选择所需要的线型，单击【确定】按钮返回【选择线型】对话框。具体加载过程将在后面介绍。

4．线宽设置

使用线宽特性可以创建粗细（宽度）不一的线，分别用于不同的地方。这样就可以图形化地表示对象和信息。

单击【线宽】列表下的线宽特性图标——默认，弹出如图 11-5 所示的【线宽】对话框。在【线宽】列表框中选择需要的线宽，单击【确定】按钮完成设置线宽操作。

图 11-4　使用【索引颜色】设置颜色

图 11-5　【线宽】对话框

　用户不能用线宽特性来精确表示对象的宽度。如果想以 0.3 mm 的真实宽度来绘制一个对象，就不能使用线宽特性，而应使用 0.3 mm 宽的多义线来精确地表示对象。

5.　打印设置

图层打印样式是从 AutoCAD 2000 版本以后才引入的一个特性。AutoCAD 2009 可以控制某个图层中的图形输出时的外观。一般情况下，不对【打印样式】进行修改。

图层的可打印性是指某图层上的图形对象是否需要打印输出，系统默认是可以打印的。在【打印】列表下，打印特性图标有可打印 和不可打印 两种状态。当为 时，该层图形可打印；当为 时，该层图形不可打印，通过单击鼠标可进行切换。

11.2.2　控制图层状态

控制图层包括控制图层开关、图层冻结和图层锁定。

当图层打开时，它在屏幕上是可见的，并且可以打印。当图层关闭时，它是不可见的，不能打印，即使【打印】选项是打开的。

在【开】列表下， 图标表示图层处于打开状态， 图标表示图层处于关闭状态。

冻结图层可以加快 ZOOM、PAN 和其他一些操作的运行速度，增强对象选择的性能并减少复杂图形的重生成时间。当图层被冻结以后，该图层上的图形将不能显示在屏幕上，不能被编辑，不能被打印输出。

在【冻结】列表下， 图标表示图层处于解冻状态， 图标表示图层处于冻结状态。锁定图层后，选定图层上的对象将不能被修改。

在【锁定】列表下， 图标表示图层处于解锁状态， 图标表示图层处于锁定状态。

当选定的图层处于打开状态时，单击 图标，图标变为 ，图层处于关闭状态，再单击一次，图标变回 ，图层处于打开状态。冻结/解冻、解锁/锁定的控制与图层打开关闭控制类似，不再赘述。

用户可以冻结长时间不用看到的图层。如果要频繁地切换可见性设置，可以使用"开/关"设置，以避免重生成图形。可以冻结所有视口或当前布局视口中的图层，还可以在创建新的图层视口时冻结其中的图层。

11.3 动手实践

建立建筑图常见图层，共设置有【标题栏】、【尺寸标注】、【辅助线】、【门窗】、【墙线】、【文字标注】和【轴线】几个图层，具体各层的属性设置如图 11-6 所示。

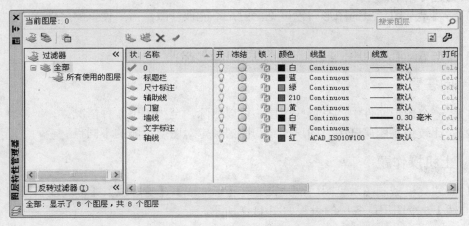

图 11-6 建筑图常见图层设置

具体操作步骤如下。

（1）选择【格式】/【图层】命令，弹出【图层特性管理器】对话框，连续单击【新建图层】按钮 7 次，【图层】列表框中出现从【图层 1】到【图层 7】一共 7 个图层。

（2）单击 图层1 图标，图层名处于可编辑状态，输入图层名【标题栏】，按照同样方法，依次设定图层名为【尺寸标注】、【辅助线】、【门窗】、【墙线】、【文字标注】和【轴线】。

（3）单击【标题栏】层的颜色图标■白，弹出【选择颜色】对话框，在【索引颜色】选项组中选择蓝色色块，单击【确定】按钮完成设置。按同样的方法为其他图层设置相应的颜色。在设置【辅助线】层颜色时，需要在【颜色】文本框中输入颜色号 210。

（4）单击【轴线】图层的线型图标 Continuous，弹出【选择线型】对话框。单击【加载】按钮，弹出【加载或重载线型】对话框，在【可用线型】列表框中选择线型【ACAD_ISO10W100】，单击【确定】按钮回到【选择线型】对话框，线型【ACAD_ISO10W100】将出现在对话框中，选中刚加载的线型，单击【确定】按钮，完成【轴线】层线型的设置。

（5）单击【墙线】图层的线宽图标——默认，弹出【线宽】对话框。在【线宽】列表框中选择 0.30 毫米，单击【确定】按钮，完成【墙线】图层线宽的设置。

（6）单击【辅助线】图层的打印图标，该图标变为，【辅助线】层不可打印。单击【图层特性管理器】对话框的【确定】按钮，完成图层建立。建立的图层如图 11-6 所示。

11.4 习题练习

11.4.1 填空题

（1）如果用户想长时间的不用看到某个图层，可以使该图层处于_____状态；如果需要不断地切换可见性设置，则最好使该图层处于_____状态。

（2）AutoCAD 提供了标准的线型库，该库文件为_____，可以从中选择线型，也可以定义自己专用的线型。

（3）要是某图层上的图形对象可见，但是不能被修改，需要使该图层处于_____状态。

（4）在 AutoCAD 中，_____图层不能被删除。

11.4.2 问答题

（1）一个图形文件中，有哪些图层不可以删除，至少说出 4 种情况。

（2）比较控制图层开关、图层冻结和图层锁定对图层影响的不同点。

11.4.3 上机操作题

（1）建立机械制图常见图层，共设置有【标注线】、【轮廓线】、【剖面线】、【细实线】和【中心线】5 个图层，各层的设置如图 11-7 所示。

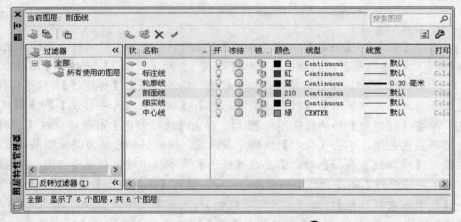

图 11-7 机械制图常见图层

第 12 章　图块的创建与设置

本章要点：

- 创建内部图块
- 创建外部图块
- 插入图块
- 创建带属性的图块
- 插入带属性的图块
- 创建动态块

本章导读：

- **基础内容：**了解创建图块的基本方法，并掌握【块定义】、【写块】、【属性定义】
  和【插入】对话框中各参数的意义。
- **重点掌握：**如何创建内部和外部图块，如何创建带属性的图块，如何插入图块
  以及如何创建动态块的方法。
- **一般了解：**本章介绍的图块属性的编辑，在用户完全掌握图块的创建和插入前，
  一般了解即可。

课 堂 讲 解

　　图块是组成复杂对象的一组实体的总称。在图块中，各图形实体都有各自的图层、线型
及颜色等特性，只是 AutoCAD 将图块作为一个单独、完整的对象来操作。用户可以根据实
际需要将图块按给定的缩放系数和旋转角度插入到指定的位置，也可以对整个图块进行复制、
移动、旋转、缩放、镜像和阵列等操作。

12.1　创建图块

　　在绘制过程中，可以使用下面两种方法创建块：合并对象，在当前图形中创建块；创建
一个图形文件，通过写块操作将它作为块插入到其他图形中。

12.1.1　创建内部图块

　　选择【绘图】/【块】/【创建】命令，或者在命令行中输入 block 命令，或者单击【绘图】
工具栏中的【创建块】按钮 ，都会弹出如图 12-1 所示的【块定义】对话框。用户在各选项

组中可以设置相应的参数，从而创建一个内部图块。

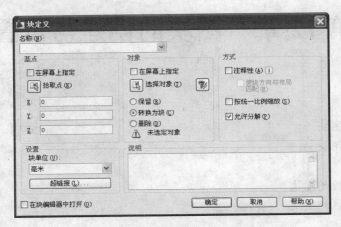

图 12-1 【块定义】对话框

在【块定义】对话框中，用户需要设置【名称】下拉列表框、【基点】选项组、【对象】选项组和【方式】选项组，其他选项采用默认设置即可。

【名称】下拉列表框用于输入当前要创建的内部图块的名称。

【基点】选项组用于确定要插入点的位置。此处定义的插入点是该块将来插入的基准点，也是块在插入过程中旋转或缩放的基点。用户可以通过在【X】文本框、【Y】文本框和【Z】文本框中直接输入坐标值或单击【拾取点】按钮 🔲，切换到绘图区在图形中直接指定。

一般来说，用户可以选择块上的任意一点或图形区中的一点来作为基点。但为了作图方便，应根据图形的结构选择基点。一般将基点选择在块的中心、左下角或其他特征位置。

【对象】选项组用于指定包括在新块中的对象。选中【保留】单选按钮，表示定义图块后，构成图块的图形实体将保留在绘图区，不转换为块。选中【转换为块】单选按钮，表示定义图块后，构成图块的图形实体也转换为块。选中【删除】单选按钮，表示定义图块后，构成图块的图形实体将被删除。用户可以通过单击【选择对象】按钮 🔲，切换到绘图区选择要创建为块的图形实体。

【设置】选项组中的【块单位】下拉列表用于设置创建的块的单位，以块单位选择毫米为例，【块单位】的含义表示一个图形单位代表一个毫米，如果选择厘米，则表示一个图形单位代表一个厘米。

【方式】选项组用于设置创建的块的一些属性，【注释性】复选框设置创建的块是否为为注释性的，【按统一比例缩放】复选框设置块在插入时是否只能按统一比例缩放，【允许分解】复选框设置块在以后的绘图中是否可以分解。

【说明】选项组用于设置对块的说明。

※ 例 12-1　创建【立面窗户】图块

将图 12-2 所示的窗户图形实体创建为一个图块，并命名为【立面窗户】，基准点选择窗户下沿中点。

具体操作步骤如下。

（1）单击【绘图】工具栏中的【创建块】按钮 ，在弹出的【块定义】对话框的【名称】下拉列表框中输入"立面窗户"。

（2）单击【拾取点】按钮 ，切换到绘图区，命令行提示如下。

> 命令：_block   //单击按钮执行【创建块】命令
> 指定插入基点： //指定如图 12-3 所示的中点为插入基点，打开【对象捕捉】功能辅助绘图

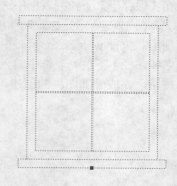

图 12-2　定义完成的图块

（3）指定完基点后，返回【块定义】对话框，单击【选择对象】按钮 ，切换到绘图区，命令行提示如下。

> 选择对象：指定对角点：找到 6 个   //选择如图 12-4 所示的立面窗户为创建图块的图形实体
> 选择对象：   //按 Enter 键，选择对象完毕，返回【块定义】对话框

（4）回到【块定义】对话框后，【预览图标】选项组出现【立面窗户】图块图标，如图 12-3 所示。单击【确定】按钮，完成图块创建，创建完成的图块如图 12-2 所示。

> **提示**
> 用户还可以通过在命令行中输入"-block"命令来完成块的定义，此方法适用于在当前图形中使用的简单块的定义，其优点是创建块快速方便。

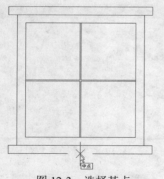

图 12-3　选择基点

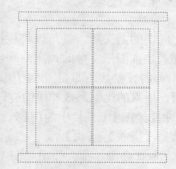

图 12-4　选择对象

12.1.2　创建外部图块文件

在命令行中输入 wblock 命令，弹出【写块】对话框。在各选项组中可以设置相应的参数，从而创建一个外部图块。

【写块】对话框中的对基点拾取和对象的选择与【块定义】对话框是一致的，这里不再赘述。

【目标】选项组用于设置图块保存的位置和名称。用户可以在【文件名和路径】下拉列表框中直接输入图块保存的路径和文件名，或者单击 按钮，打开【浏览图形文件】对话框，

在【保存于】下拉列表框中选择文件保存路径，在【文件名】文本框中设置文件名称。

图 12-5 所示是建筑制图中常用的图例树，通常保存为外部图块，以供在不同的建筑图中使用。执行 wblock 命令，选择如图 12-5 所示的基点，选择如图 12-6 所示的图形，在【文件名和路径】下拉列表框中输入路径和名称为"D:\图例树.dwg"，如图 12-7 所示，单击【确定】按钮，完成外部图块的创建。

图 12-5 选择基点

图 12-6 选择对象

图 12-7 设置【写块】对话框

提示 图块也是可以分解的，单击【修改】工具栏中的【分解】按钮，可以将选择的图块进行分解。图块分解完成后，用户可以对组成图块的各个元素进行单独编辑。

12.2 插入图块

完成块的定义后，就可以将块插入到图形中。插入块或图形文件时，用户一般需要确定块的 4 组特征参数，即要插入的块名、插入点的位置、插入的比例系数和块的旋转角度等。

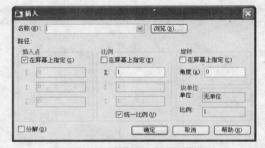
图 12-8 【插入】对话框

单击【绘图】工具栏中的【插入块】按钮，或者选择【插入】/【块】命令，或者在命令行中输入 ibsert 命令，都会弹出如图 12-8 所示的【插入】对话框，设置相应的参数，单击【确定】按钮，就可以插入内部图块或者外部图块。

在【名称】下拉列表框中选择已定义的需要插入到图形中的内部图块，或者单击【浏览】按钮，弹出【选择图形文件】对话框，找到要插入的外部图块所在的位置，单击【打开】按钮，返回【插入】对话框进行其他参数设置。

在【插入】对话框中，【插入点】选项组用于指定图块的插入位置，通常选中【在屏幕上指定】复选框，在绘图区以拾取点方式配合【对象捕捉】功能指定。

【比例】选项组用于设置图块插入后的比例。选中【在屏幕上指定】复选框，则可以在命令行中指定缩放比例，用户也可以直接在【X】文本框、【Y】文本框和【Z】文本框中输入数值，以指定各个方向上的缩放比例。【统一比例】复选框用于设定图块在 X、Y、Z 方向上缩放是否一致。

　　【旋转】选项组用于设定图块插入后的角度。选中【在屏幕上指定】复选框，则可以在命令行中指定旋转角度，用户也可以直接在【角度】文本框中输入数值，以指定旋转角度。

12.3　创建带属性的图块

　　图块的属性是图块的一个组成部分，它是块的非图形信息，包含于块的文字对象中。图块的属性可以增加图块的功能，其中的文字信息又可以说明图块的类型和数目等。当用户插入一个块时，其属性也随之插入到图形中；当用户对块进行操作时，其属性也随之改变。块的属性由属性标签和属性值两部分组成，属性标签就是指一个项目，属性值就是指具体的项目情况。用户可以对块的属性进行定义、修改，以及显示等操作。

12.3.1　定义带属性的图块

　　选择【绘图】/【块】/【定义属性】命令，或者在命令行中输入 attdef 命令，都会弹出如图 12-9 所示的【属性定义】对话框，用户可以为图块属性设置相应的参数。

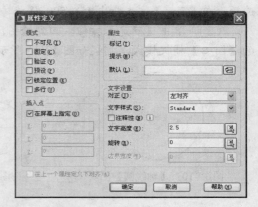

图 12-9　【属性定义】对话框

　　在【属性定义】对话框中，【模式】选项组用于设置属性模式。【不可见】复选框用于控制插入图块，输入属性值后，属性值是否在图中显示；【固定】复选框表示属性值是一个常量；【验证】复选框表示会提示输入两次属性值，以便验证属性值是否正确；【预设】复选框表示插入图块时以默认的属性值插入；【锁定位置】复选框表示属性值固定在一个位置；【多行】复选框表示属性值为多行文字。

　　【属性】选项组用于设置属性的一些参数。【标记】文本框用于输入显示标记；【提示】文本框用于输入提示信息，提醒用户指定属性值；【默认】文本框用于输入默认的属性值。

　　【插入点】选项组用于指定图块属性的显示位置。选中【在屏幕上指定】复选框，则可以在绘图区指定插入点，用户也可以直接在【X】文本框、【Y】文本框和【Z】文本框中输入坐标值，以确定插入点。建议用户采用【在屏幕上指定】方式。

　　【文字设置】选项组用于设定属性值的基本参数。【对正】下拉列表框用于设定属性值的对齐方式；【文字样式】下拉列表框用于设定属性值的文字样式；【文字高度】文本框用于设定属性值的高度；【旋转】文本框用于设定属性值的旋转角度。

　　【在上一个属性定义下对齐】复选框仅在当前文件中已有属性设置时有效，选中则表示此次属性设定继承上一次属性定义的参数。

　　【模式】选项组在平常应用中一般不作设置。在【文字选项】选项组中，单击【文字高度】按钮　和【旋转】按钮　，切换到绘图区，通过拾取两点方式可以分别指定属性值高度和旋转角度。

通过【属性定义】对话框，用户可以定义一个属性，但是并不能指定该属性属于哪个图块，因此用户必须通过【块定义】对话框将图块和定义的属性重新定义为一个新的图块。

※ 例12-2　定义带属性的【轴线编号】图块

图12-10所示是定义好的图块【轴线圆】，给其定义一个属性，标记为【轴线编号】，属性提示为【请输入竖向轴线编号】，默认值为1，设置对齐样式为【中间】，文字高度为500，旋转角度为0。

具体操作步骤如下。

（1）选择【绘图】/【块】/【定义属性】命令，弹出【属性定义】对话框，在【标记】文本框中输入"轴线编号"，在【提示】文本框中输入"请输入竖向轴线编号"，在【值】文本框中输入1。在【对正】下拉列表框中选择【正中】选项，在【文字样式】下拉列表框中选择Standard选项，在【高度】文本框中输入500，【旋转】文本框为默认设置。

（2）单击【确定】按钮，回到绘图区，命令行提示【指定起点:】，打开【对象捕捉】的【圆心】捕捉模式，捕捉如图12-11所示的圆心，单击鼠标，效果如图12-12所示。

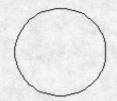
图12-10　【轴线圆】图块

图12-11　捕捉起点

图12-12　原始属性效果

图12-14所示中的属性标记以问号的形式显示，说明AutoCAD的字体库中没有当前所采用的字体，此时AutoCAD便以问号代替。用户可以通过设定字体样式，采用其他字体来解决这个问题。

（3）选择【格式】/【文字样式】命令，弹出【文字样式】对话框，其【字体】选项组如图12-13所示。在【字体名】下拉列表框中选择【仿宋_GB2312】字体。

（4）单击【应用】按钮，然后单击【关闭】按钮，属性效果如图12-14所示。

图12-13　【字体】选项组

轴线编号
图12-14　修改字体后的属性

（5）选择【绘图】/【块】/【创建】命令，弹出【块定义】对话框，在【名称】文本框中输入"轴线编号"。单击【拾取点】按钮，打开【对象捕捉】的【象限点】功能，捕捉如图12-15所示的点，单击【选择对象】按钮，选择如图12-17所示的图形。

（6）单击【确定】按钮，弹出【编辑属性】对话框（此处不作介绍，12.3.3节将给予介绍），单击【确定】按钮，带属性的【轴线编号】图块如图12-20所示。

轴线编号　　　　　　　　　轴线编号

图 12-15　选择基点　　　　　　图 12-16　选择对象　　　　　图 12-17　【轴线编号】图块

12.3.2　插入带属性的图块

定义好属性并与图块一同定义为新图块之后，用户就可以通过执行 insert 命令来插入带属性的图块。在插入过程中，需要根据提示输入相应的属性值。由于这里没有概念性问题，仅包含操作，此部分内容将在 12.4 节动手实践中介绍。

12.3.3　编辑图块属性

在命令行中输入 attedit 命令，命令行提示如下。

命令: attedit　//执行 attedit 命令
选择块参照:　　//要求指定需要编辑属性值的图块

在绘图区选择需要编辑属性值的图块，弹出【编辑属性】对话框。用户可以在定义的提示信息文本框中输入新的属性值，单击【确定】按钮完成修改。

也可以选择【修改】/【对象】/【属性】/【单个】命令，命令行提示【选择块:】，选择相应的图块后，弹出如图 12-18 所示的【增强属性编辑器】对话框。在【属性】选项卡中，用户可以在【值】文本框中修改属性的值。如图 12-19 所示，在【文字选项】选项

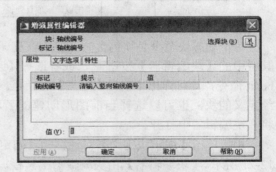

图 12-18　【属性】选项卡

卡中可以修改文字属性，这与【属性定义】对话框类似，不再赘述。如图 12-20 所示，在【特性】选项卡中可以对属性所在的图层、线型、颜色和线宽等进行设置。

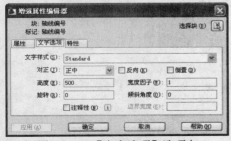

图 12-19　【文字选项】选项卡　　　　　　图 12-20　【特性】选项卡

12.4 创建动态块

动态块是从 AutoCAD 2006 中文版开始提供的一个新功能。动态块具有灵活性和智能性，用户在操作时可以轻松地更改图形中的动态块参照。动态块可以具有自定义夹点和自定义特性，用户有可能能够通过这些自定义夹点和自定义特性来操作块。

默认情况下，动态块的自定义夹点的颜色与标准夹点的颜色和样式不同，表 12-1 显示了可以包含在动态块中的不同类型的自定义夹点。

表 12-1　动态块夹点操作方式表

夹点类型	图样	夹点在图形中的操作方式
标准	■	平面内的任意方向
线性	▶	按规定方向或沿某一条轴往返移动
旋转	●	围绕某一条轴
翻转	◀	单击以翻转动态块参照
对齐	▶	平面内的任意方向；如果在某个对象上移动，则使块参照与该对象对齐
查寻	▼	单击以显示项目列表

每个动态块至少必须包含一个参数以及一个与该参数关联的动作。用户单击【标准】工具栏中的【块编辑器】按钮✍，或者选择【工具】|【块编辑器】命令，或者在命令行输入 bedit 命令，均可弹出【编辑块定义】对话框。在【要创建或编辑的块】文本框中可以选择已经定义的块，也可以选择当前图形创建的新动态块，如果选择【<当前图形>】，当前图形将在块编辑器中打开。

用户单击【编辑块定义】对话框的【确定】按钮，即可进入【块编辑器】选项板，如图 12-21 所示。【块编辑器】由块编辑器工具栏、块编写选项板和编写区域三部分组成。

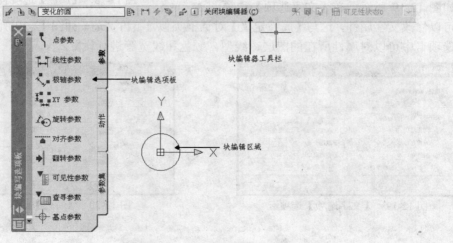

图 12-21　【块编辑器】选项板

（1）块编辑器工具栏。

块编辑器工具栏位于整个编辑区的正上方，提供了在块编辑器中使用、用于创建动态块以及设置可见性状态的工具，包括如下一些选项功能。

- 【编辑或创建块定义】按钮 ✐：单击该按钮，将会弹出【编辑块定义】对话框，用户可以重新选择需要创建的动态块。
- 【保存块定义】按钮 ：单击该按钮，保存当前块定义。
- 【将块另存为】按钮 ：单击该按钮，将弹出【将块另存为】对话框，用户可以重新输入块名称另存。
- 【名称】文本框：该文本框显示当前块的名称。
- 【编写选项板】按钮 ：单击该按钮，可以控制【块编写选项板】的开关。
- 【参数】按钮 ：单击该按钮，将向动态块定义中添加参数。
- 【动作】按钮 ：单击该按钮，将向动态块定义中添加动作。
- 【属性】按钮 ：单击该按钮，将弹出【属性定义】对话框，从中可以定义模式、属性标记、提示、值、插入点和属性的文字选项。
- 【更新参数动作文字大小】按钮 ：单击该按钮，将在块编辑器中重新生成显示动态块，并更新块参数和动作的文字、箭头、图标以及夹点大小。在块编辑器中进行缩放时，文字、箭头、图标和夹点大小将根据缩放比例发生相应的变化。
- 【了解动态块】按钮 ⓘ：单击该按钮，显示【新功能专题研习】创建动态块的演示。
- 【关闭块编辑器】按钮：单击该按钮，将关闭块编辑器回到绘图区域。

（2）块编辑选项板。

块编辑选项板中包含用于创建动态块的工具，它包含【参数】、【动作】和【参数集】3个选项卡。

【参数】选项卡，如图 12-22 所示，用于向块编辑器中的动态块添加参数，动态块的参数包括点参数、线性参数、极轴参数、XY 参数、旋转参数、对齐参数、翻转参数、可见性参数、查询参数和基点参数。【动作】选项卡，如图 12-23 所示，用于向块编辑器中的动态块添加动作，包括移动动作、缩放动作、拉伸动作、极轴拉伸动作、旋转动作、翻转动作、阵列动作和查询动作。【参数集】选项卡，如图 12-24 所示，用于在块编辑器中向动态块定义中添加一个参数和至少一个动作的工具，是创建动态块的一种快捷方式。

（3）块编辑区域。

编写区域类似于绘图区域，用户可以在编写区域进行缩放操作，可以给要编写的块添加参数和动作。用户在【块编写选项板】的【参数】选项卡上选择添加给块的参数，出现的感叹号图标 ，表示该参数还没有相关联的动作。然后在【动作】选项卡上选择相应的动作，命令行会提示用户选择参数，选择参数后，选择动作对象，最后设置动作位置，以闪电符号 标记。不同的动作，操作均不相同。

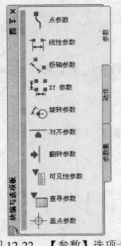

图 12-22 【参数】选项卡

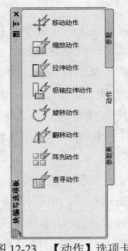

图 12-23 【动作】选项卡

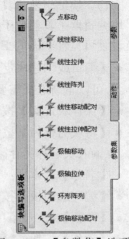

图 12-24 【参数集】选项卡

※ 例 12-4 创建【窗平面】动态块

将如图 12-25 所示定义好的【窗平面】图块定义成
动态块，要求能够移动旋转，并且按指定的长度 1000、
1100、1200、1300、1400 和 1500 拉伸。

具体操作步骤如下。

（1）单击【标准】工具栏中的【块编辑器】按钮 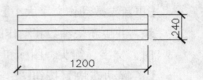，
弹出【编辑块定义】对话框，在【要创建或编辑的块】列
表框中选择【窗平面】图块。

图 12-25 【窗平面】图块

（2）单击【确定】按钮，进入【块编辑器】。打开【对象捕捉】，设置【中点】和【端点】
捕捉模式。

（3）选择【块编写选项板】中的【参数】选项卡，单击【旋转参数】，命令行提示如下：

```
命令：_BParameter 旋转                        //选择旋转参数
指定基点或 [名称(N)/标签(L)/链(C)/说明(D)/选项板(P)/值集(V)]: //指定窗左中点旋转基点
指定参数半径：                              //指定参数半径，可以任意指定
指定默认旋转角度或 [基准角度(B)] <0>: //指定默认旋转角度为 0，按回车键，如图 12-26 所示
```

（4）单击【线性参数】，命令行提示如下：

```
命令：_BParameter 线性                        //选择线性参数
指定起点或 [名称(N)/标签(L)/链(C)/说明(D)/基点(B)/选项板(P)/值集(V)]: //选取窗的左上角为起点
指定端点：                                  //选取窗的右上角点为端点
指定标签位置：                              //指定标签【距离】的位置，如图 12-27 所示
```

（5）选择【动作】选项卡为块添加动作，单击【旋转动作】，命令行提示如下：

```
命令：_BActionTool 旋转                       //添加旋转动作
选择参数：                                  //选择参数【角度】
指定动作的选择集
```

选择对象: 指定对角点: 找到 11 个//选择全部对象为旋转对象，包括窗和参数如图 12-28 所示
选择对象: //按回车键，完成对象的选择
指定动作位置或 [基点类型(B)]:   //指定动作标记位置，如图 12-29 所示

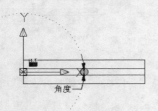

图 12-26　指定旋转参数

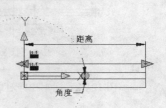

图 12-27　指定线性参数

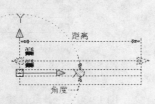

图 12-28　选择旋转的对象

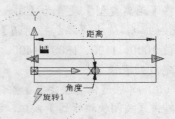

图 12-29　完成旋转设置后的图块

（6）单击【拉伸动作】，命令行提示如下：

命令: _bactiontool 拉伸   //添加拉伸动作
选择参数: //选择【距离】为拉伸参数
指定要与动作关联的参数点或输入 [起点(T)/第二点(S)] <第二点>: //选择关联点，如图 12-30 所示
指定拉伸框架的第一个角点或 [圈交(CP)]:   //确定拉伸框架，如图 12-31 所示
指定对角点:
指定要拉伸的对象
选择对象: 指定对角点: 找到 7 个   //选择要拉伸的对象，如图 12-32 所示
选择对象: //按回车键，完成对象选择
指定动作位置或 [乘数(M)/偏移(O)]:   //指定动作标记的位置，如图 12-33 所示

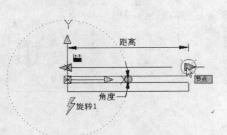

图 12-30　指定关联参数点

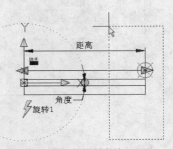

图 12-31　指定拉伸框架

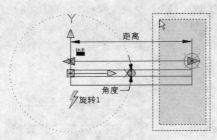

图 12-32　指定拉伸对象

图 12-33　完成拉伸设置后的图块

（7）单击【标准】工具栏中的【对象特性】按钮，弹出【特性】选项板。选择【距离】参数，如图 12-34 所示。在【对象特性】选项板上的【值集】组中，将【距离类型】设置为【列表】，单击【距离】栏中的按钮 ⋯ ，弹出【添加距离值】对话框，分别添加距离值 1000、1100、1300、1400、1500，单击【确定】按钮完成列表设置。

（8）单击【保存块定义】按钮，保存当前块定义，单击【关闭块编辑器】按钮，将关闭块编辑器回到绘图区域。

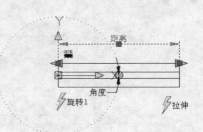

图 12-34　选择线性参数【距离】

12.5　动手实践

给如图 12-35 所示的建筑立面图标注标高，效果如图 12-36 所示。标高文字高 300，字体为【仿宋_GB2312】。

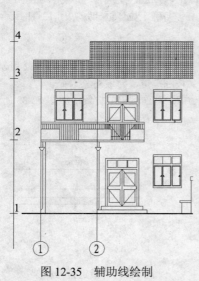

图 12-35　辅助线绘制

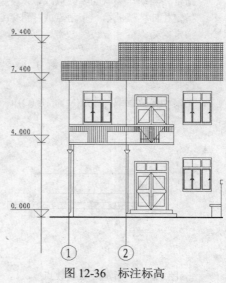

图 12-36　标注标高

具体操作步骤如下。

（1）利用【直线】命令，绘制如图 12-37 所示的标高线。单击【绘图】工具栏中的【创建块】按钮 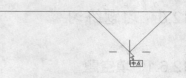，弹出【块定义】对话框。在【名称】文本框中输入"标高线"，选择绘制的标高线为创建图块对象，选择如图 12-37 所示的中点为基点，单击【确定】按钮，完成图块创建。

图 12-37　标高线

（2）选择【绘图】/【块】/【定义属性】命令，弹出【属性定义】对话框，设置如图 12-38 所示。单击【确定】按钮，完成属性创建。此时会发生例 12-2 的情况，按照例 12-2 操作步骤重新设置字体，效果如图 12-39 所示。

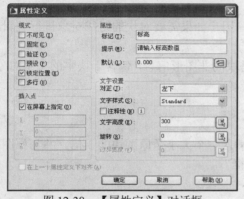

图 12-38　【属性定义】对话框

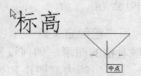

图 12-39　捕捉中点

（3）单击【绘图】工具栏中的【创建块】按钮 ，弹出【块定义】对话框，设置如图 12-40 所示，拾取基点的时候打开【对象捕捉】的【中点】功能，捕捉如图 12-41 所示的中点为基点。单击【确定】按钮，完成带属性的【标高标注】图块的创建。

（4）单击【插入块】按钮 ，弹出【插入】对话框。在【名称】下拉列表框中选择【标高标注】选项，单击【确定】按钮，命令行提示如下。

图 12-40　【块定义】对话框

命令：_insert　　　　　//单击按钮执行【插入块】命令
指定插入点或 [比例(S)/X/Y/Z/旋转(R)/预览比例(PS)/PX/PY/PZ/预览旋转(PR)]:
　　　　　　　　　　　//打开【对象捕捉】的【交点】功能，捕捉图 12-35 所示的点 1
输入属性值　　　　　　//系统提示信息
请输入标高数值 <0.000>: 0.000　//根据属性提示，输入标高值 0.000

（5）按 Enter 键，重复执行【插入块】命令，分别在点 2、点 3 和点 4 处插入标高，效果如图 12-36 所示。

以上所创建的带属性的图块，都是基于内部图块讲解的，对外部图块而言，同样也可以创建带属性的图块。

12.6 习题练习

12.6.1 填空题

（1）在 AutoCAD 2009 中，创建内部图块，需要在命令行中输入_____命令，创建外部图块，需要在命令行中输入_____命令。

（2）在【插入】对话框中，_____复选框用于控制图块在 X、Y、Z 方向上是否缩放一致。

（3）对于创建完成的图块或者插入的图块，用户如果需要对块的组成对象进行编辑，则需要使用_____命令，将块打散。

（4）_____是图块的一个组成部分，它是块的非图形信息，包含于块中的文字对象。块的属性由_____和_____两部分组成。

12.6.2 问答题

（1）用户已经定义好一个图块，现在需要插入一个大小是原图块的 3 倍，并与原图块呈 X 轴镜像对称的图形，如何设置【插入】对话框？

（2）简要说明内部图块和外部图块的区别。

12.6.3 上机操作题

（1）将图 12-41 所示的立面窗和平面窗定义为图块，并分别命名为【立面 C1600】和【平面 C1600】。要求给平面窗定义属性，标记为【窗型号】，提示为【请输入窗型号】，值为 C1600，文字高为 100，字体为【仿宋_GB2312】，效果如图 12-42 所示。

（2）将图 12-43 中所示的沙发、茶几、门和电视桌创建为图块，再插入到客厅平面图中，形成客厅平面布置详图。

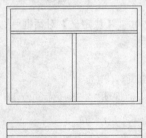
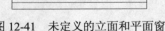
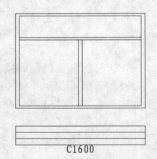

图 12-41 未定义的立面和平面窗　　图 12-42 定义为图块的立面和平面窗　　图 12-43 客厅布置详图

第 13 章　三维绘图基础

本章要点：

- 三维实体的观察
- 三维实体视图操作
- 三维实体视口操作
- 用户坐标系的创建

本章导读：

- **基础内容：** 观察三维实体的基本方法，视图与视口的关系，以及用户坐标系的基本创建方法。
- **重点掌握：** 透彻理解右手定则。配合三维实体观察方法灵活地进行 UCS 的创建。
- **一般了解：** 本章所介绍的多视口操作，普通用户在绘图时用的不多，读者大概掌握即可。

课 堂 讲 解

　　用户在创建三维实体时，合理而全面地对三维实体进行观察是非常重要的。在进行三维实体的绘制时，用户需要不断地调整观察实体的角度和方向，不断移动坐标系到新的位置，变换坐标系的方向，以便利用合适的三维命令创建复杂的三维实体。

　　本章将介绍从不同视图角度观察三维实体的方法，并同时介绍以右手定则为基础，合理创建用户坐标系的方法。

13.1　三维实体的观察

　　在三维绘图过程中，用户可以对三维图形进行三维动态观察、连续观察以及平移和缩放等操作。平移和缩放在第 2 章中已经详细讲解，这里不再赘述。本节主要介绍三维动态观察和连续观察，并讲解三维实体观察的一些辅助工具。

13.1.1　三维动态观察器

　　AutoCAD 2009 提供了【受约束的动态观察】、【自由动态观察】和【连续动态观察】3 种动态观察方式。用户在【三维导航】工具栏单击相应按钮或者选择【视图】|【动态观察】命令的子菜单，可以执行其中的一种动态观察方式。下面分别介绍 3 种动态观察模式。

（1）受约束的动态观察

使用受约束的动态观察观察三维对象时，视图的目标位置不动，观察点围绕目标移动，观察点可以沿着 XY 平面或 Z 轴约束移动。使用受约束的动态观察时，光标图形为 ，如图 13-1 所示为使用受约束的动态观察的状态。

（2）自由动态观察。

使用自由动态观察观察三维对象时，观察点不参照平面，用户可以在任意方向上进行动态观察。在沿 XY 平面和 Z 轴进行动态观察时，观察点不受约束。如图 13-2 所示为使用自由动态观察的状态。

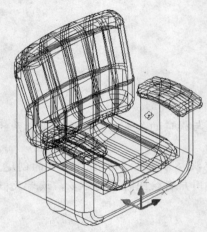

图 13-1　受约束的动态观察

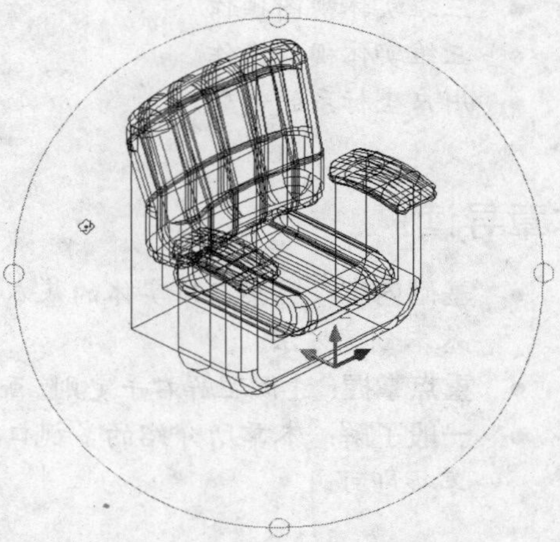

图 13-2　自由动态观察

（3）连续动态观察。

使用连续动态观察观察三维对象时，用户在连续动态观察移动的方向上单击鼠标并拖动光标，然后释放鼠标按钮，对象将在指定的方向上沿着轨道连续旋转。旋转的速度由光标移动的速度决定，图 13-3 所示为连续动态观察的状态。

13.1.2　观察辅助工具

在动态观察的过程中，可以改变被观察对象的视觉样式，使模型的效果更接近于真实效果。选择【视图】/【视觉样式】命令，弹出如图 13-4 所示的子菜单，系统提供了【二维线框】、【三维线框】、【三维隐藏】、【真实】和【概念】等视觉样式。同时用户可以选择【视图】/【消隐】命令，对图形执行消隐操作。图 13-5、图 13-6 和图 13-7 分别为最常用的二维线框、三维线框和消隐的视觉样式效果。

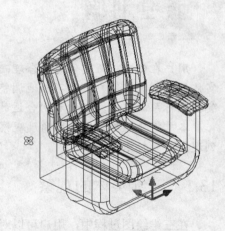

图 13-3　连续动态观察

提示

消隐模式用线框图在三维视图中显示对象，并隐藏后面的直线，使视图更具有立体感，是最常用的模式。

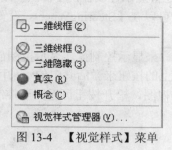

图 13-4 【视觉样式】菜单

图 13-5 二维线框图

图 13-6 三维线框图

图 13-7 消隐图

13.1.3 控制盘

　　SteeringWheels（控制盘）是 AutoCAD 2009 版本新提供的功能，它将多个常用导航工具结合到一个单一界面中，从而为用户节省了时间。控制盘上的每个按钮代表一种导航工具，用户可以以不同方式平移、缩放或操作模型的当前视图，控制盘上各按钮功能如图 13-8 所示。

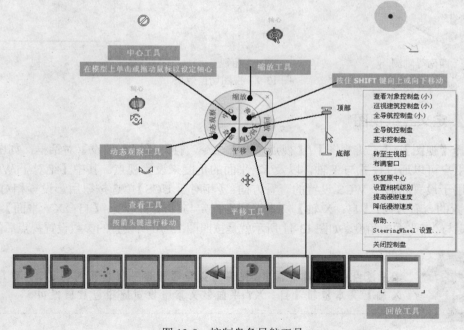

图 13-8 控制盘各导航工具

161

如果控制盘在启动时固定，它将不跟随光标移动，还会显示控制盘的【首次使用】气泡。【首次使用】气泡说明控制盘的用途和使用方法，用户可以在【SteeringWheels 设置】对话框中更改启动行为。

用户可以通过单击状态栏中的 SteeringWheels 按钮⊠来显示控制盘。显示控制盘后，可以通过单击控制盘上的一个按钮或单击并按住定点设备上的按钮来激活其中的一种可用导航工具。按住按钮后，在图形窗口上拖动，可以更改当前视图，松开按钮可返回至控制盘。

13.2　三维绘图视图操作

三维动态观察器能够改变对象的查看方向，实际上也是改变了模型的视图。本节将继续介绍一些改变视图的方法，通过这些方法能够得到精确的视点，辅助绘图。

13.2.1　使用预置三维视图

快速设置视图的方法是选择预定义的三维视图，可根据名称或说明选择预定义的标准正交视图和等轴测视图。系统提供的预置三维视图包括：俯视、仰视、主视、左视、右视和后视。此外，还可以从等轴测选项中设置视图：西南等轴测、东南等轴测、东北等轴测和西北等轴测。

用户可以选择【视图】/【三维视图】命令，在弹出的下拉菜单中选择合适的命令进行视图切换。图 13-9 所示是几种视图切换的效果。

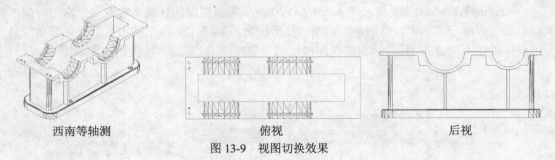

西南等轴测　　　　　　　　　　俯视　　　　　　　　　　后视

图 13-9　视图切换效果

13.2.2　定义三维视图

选择【视图】/【三维视图】/【视点预设】命令，打开【视点预设】对话框，如图 13-10 所示。用户可以通过设置与 X 轴，以及 XY 平面的角度来设置视点。其中【绝对于 WCS】单选按钮用于设置相对于 WCS 设置的查看方向；【相对于 UCS】单选按钮用于设置相对于当前 UCS 设置的查看方向；【自：X 轴】文本框用于指定与 X 轴的角度；【自：XY 平面】文本框用于指定与 XY 平面的角度。如图 13-11 所示就是按照图 13-10 所设置的参数设置视点后的效果。

提示

在【视点预置】对话框中，同样可以设置预置三维视图的样式，只要将【自：X 轴】文本框和【自：XY 平面】文本框设置成相应数值即可。

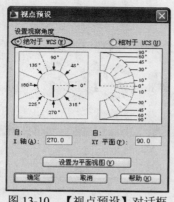

图 13-10 【视点预设】对话框

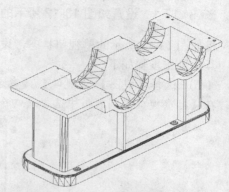

图 13-11 视点重新设置后的视图

13.3 三维绘图视口操作

视口是图形屏幕上用于显示图形的一个限定区域。默认状态下，AutoCAD 将整个作图区域作为单一的视口，可在其中绘制和操作图形，用户也可以根据作图需要将屏幕设置成多个视口，以方便绘图。

在 AutoCAD 2009 中，存在两种类型的视口：平铺视口和浮动视口。创建视口时，系统将根据当前所在的工作空间决定创建视口的类型：如果在模型空间工作，就创建平铺视口；如果在图纸空间工作，就创建浮动视口。

平铺视口存在于模型空间。平铺视口将原来的模型空间分隔成多个区域，各个视口的边缘与相邻视口紧紧相连，不能移动。使用平铺视口可以很方便地查看创建中的模型，当前选择的平铺视口能够被进一步分割，也能够与相邻视口合并，形成较大的视口。平铺视口中各视口显示的都是同一个模型，因此在任一个视口中对模型进行修改都会引起模型的变化，并在其他视口显示出来。平铺视口的这种特性最常见的应用是在三维建模过程中，可以从不同的角度来观察模型。

浮动视口能够存在于图纸空间的任何位置。浮动视口不一定是矩形的，它可以由复杂的多边形或者曲线作为边界。浮动视口是一种 AutoCAD 图形对象，在图纸空间中能够重叠，还可以进行复制、移动、改变形状等编辑操作。

如图 13-12 和图 13-13 所示，分别是平铺视口和浮动视口的效果。在 AutoCAD 中，用户可以通过选择【视图】/【视口】/【命名视口】命令，在弹出的【视口】对话框中进行视口的设置。

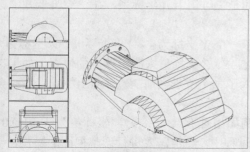

图 13-12 平铺视口

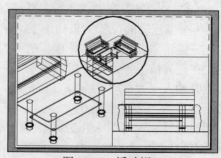

图 13-13 浮动视口

※ **例 13-1　设置如图 13-12 所示的四视口状态**

将如图 13-14 所示的单视口状态，设置为如图 13-12 所示的四视口状态。

具体操作步骤如下。

（1）选择【视图】/【视口】/【命名视口】命令，弹出【视口】对话框，如图 13-15 所示。在【标准视口】列表框中选择【四个：左】选项。

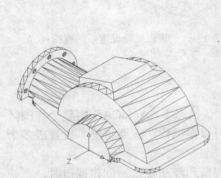

图 13-14　单视口状态

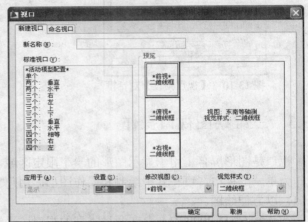

图 13-15　设置【视口】对话框

（2）在【设置】下拉列表框中选择【三维】选项，在【预览】框中将出现【四个：左】视口的预览图。

（3）单击【确定】按钮，完成视口设置。该视口由【主视】、【俯视】、【右视】和【东南等轴测】4 个视图组成。

（4）在绘图区，单击【东南等轴测】视图，使其处于激活状态，选择【视图】/【消隐】命令，得到如图 13-12 所示的效果。

提示

如果用户不需要默认视口中的视图安排，可以在【预览】框中选中需要修改的视图，在【修改视图】列表框中选择合适的视图。

13.4　用户坐标系

AutoCAD 2009 在启动之后，系统默认使用的是三维笛卡儿坐标系。在三维笛卡儿坐标系中，3 个坐标轴的位置关系如图 13-16 所示。

在三维笛卡儿坐标系中，坐标值（7,8,9）表示一个 X 坐标为 7，Y 坐标为 8，Z 坐标为 9 的点。在任何情况下，都可以通过输入一个点的 X、Y、Z 坐标值来确定该点的位置。如果在输入点时输入了 "6,7" 并按下 Enter 键，表示输入了一个位于当前 XY 平面上的点，系统会自动给该点加上 Z 轴坐标 0。

相对坐标在三维笛卡儿坐标系中仍然有效，例如相对于点（7,8,9），坐标值为（@1,0,0）的点绝对坐标为（8,8,9）。由于在创建三维对象的过程中，经常需要进行调整视图的操作，导致判断 3 个坐标轴的方向并不是很简单。在笛卡儿坐标系中，在已知 X 轴、Y 轴方向的情况下，一般使用右手定则确定 Z 轴的方向，如图 13-17 所示。要确定 X 轴、Y 轴和 Z 轴的正方向，可以将右手背着着屏幕放置，拇指指向 X 轴的正方向，伸出食指和中指，且食指指向 Y 轴的正方向，中指所指的方向就是 Z 轴的正方向。要确定某个坐标轴的正旋转方向，用右手的大拇指指向该轴的正方向并弯曲其他 4 个手指，右手 4 指所指的方向是该坐标轴的正旋转方向。

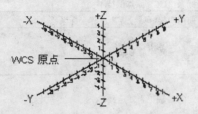

图 13-16　三维笛卡儿系中 X 轴、Y 轴和 Z 轴的位置关系

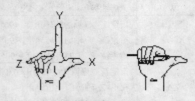

图 13-17　右手定则的图示

　　AutoCAD 提供了两个坐标系：一个是称为世界坐标系（WCS）的固定坐标系；另一个是称为用户坐标系（UCS）的可移动坐标系。UCS 对于输入坐标、定义图形平面和设置视图非常有用。

　　通过选择原点的位置和 XY 平面的方向以及 Z 轴，可以重定位 UCS。用户可以在三维空间的任意位置定位和定向 UCS。

在任何时候都只有一个 UCS 为当前 UCS，所有的坐标输入和坐标显示都是相对于当前的 UCS。改变 UCS 并不改变视点，只改变坐标系的方向和倾斜度。

　　AutoCAD 2009 提供了 9 种方法供用户创建新的 UCS，这 9 种方法适用于不同的场合，都非常有用，希望读者能够熟练掌握。

　　通过 UCS 命令定义用户坐标系，在命令行中输入 UCS 命令，命令行提示如下。

> 命令: ucs
> 当前 UCS 名称: *俯视*
> 指定 UCS 的原点或 [面(F)/命名(NA)/对象(OB)/上一个(P)/视图(V)/世界(W)/X/Y/Z/Z 轴(ZA)] <世界>:

命令行提示用户选择合适的方式建立用户坐标系，各选项含义如表 13-1 所示。

表 13-1　创建 UCS 方式说明表

键盘输入	后续命令行提示	说　明
无	指定 X 轴上的点或 <接受>: 指定 XY 平面上的点或 <接受>:	使用一点、两点或三点定义一个新的 UCS。如果指定一个点，则原点移动而 X、Y 和 Z 轴的方向不改变；若指定第二点，UCS 将绕先前指定的原点旋转，X 轴正半轴通过该点；若指定第三点，UCS 将绕 X 轴旋转，XY 平面的 Y 轴正半轴包含该点
F	选择实体对象的面: 输入选项 [下一个(N)/X 轴反向(X)/Y 轴反向(Y)] <接受>: x	UCS 与选定面对齐。在要选择的面边界内或面的边上单击，被选中的面将亮显，X 轴将与找到的第一个面上的最近的边对齐
NA	输入选项 [恢复(R)/保存(S)/删除(D)/?]: s 输入保存当前 UCS 的名称或 [?]:	按名称保存并恢复通常使用的 UCS 方向

键 盘 输 入	后续命令行提示	说　明
OB	选择对齐 UCS 的对象:	新建 UCS 的拉伸方向（Z 轴正方向）与选定对象的拉伸方向相同
P	无后续提示	恢复上一个 UCS
V	无后续提示	以垂直于观察方向（平行于屏幕）的平面为 XY 平面，建立新的坐标系，UCS 原点保持不变
W	无后续提示	将当前用户坐标系设置为世界坐标系
X/Y/Z	指定绕 X 轴的旋转角度 <90>: 指定绕 Y 轴的旋转角度 <90>: 指定绕 Z 轴的旋转角度 <90>:	绕指定轴旋转当前 UCS
ZA	指定新原点或 [对象(O)] <0,0,0>: 在正 Z 轴范围上指定点 <-1184.8939,0.0000,-1688.7989>:	用指定的 Z 轴正半轴定义 UCS

AutoCAD 2009 新提供的动态 UCS 功能，可以使用户在三维实体的平面上创建对象，而无需手动更改 UCS 方向，在创建对象时使 UCS 的 XY 平面自动与实体模型上的平面临时对齐。用户单击状态栏的【DUCS】按钮 DUCS，即可启动动态 UCS 功能。使用绘图命令时，可以通过在面的一条边上移动指针对齐 UCS，而无需使用 UCS 命令。结束该命令后，UCS 将恢复到其上一个位置和方向。

13.5　动手实践

将如图 13-18 所示的 UCS 位置调整，分别创建如图 13-19 和图 13-20 所示的新的 UCS。

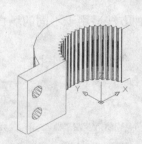

图 13-18　原 UCS 位置

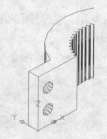

图 13-19　在角点创建新 UCS

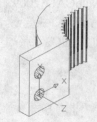

图 13-20　在圆心创建新 UCS

具体操作步骤如下。

（1）在命令行中输入 ucs，命令行提示如下。

命令: ucs　　　　　　　　　//执行 UCS 命令
当前 UCS 名称: *没有名称*　　//系统提示信息
指定 UCS 的原点或 [面(F)/命名(NA)/对象(OB)/上一个(P)/视图(V)/世界(W)/X/Y/Z/Z 轴(ZA)] <世界>:　　　　　　　　　//打开【对象捕捉】功能，捕捉如图 13-21 所示端点
指定 X 轴上的点或 <接受>:　//按回车键，完成 UCS 创建

（2）指定图 13-21 所示端点，得到如图 13-19 所示的新的 UCS。在这个 UCS 基础上，继续执行 UCS 命令，命令行提示如下。

```
命令:UCS
当前 UCS 名称: *没有名称*        //命令行提示如步骤 1
指定 UCS 的原点或 [面(F)/命名(NA)/对象(OB)/上一个(P)/视图(V)/世界(W)/X/Y/Z/Z 轴(ZA)] <世
界>: x                        //输入 X, 表示沿着 X 轴旋转一定角度
指定绕 X 轴的旋转角度 <90>: //采用默认值, 旋转 90
```

（3） 按 Enter 键，UCS 效果如图 13-22 所示。再次执行 UCS 命令，使用【指定新 UCS 的原点】方式创建新的 UCS，打开【对象捕捉】的【圆心】捕捉功能，指定如图 13-23 所示的圆心为新的原点，得到如图 13-20 所示的新 UCS。

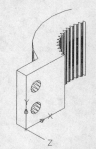

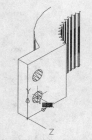

图 13-21　指定角点　　　　　　图 13-22　绕 X 轴旋转　　　　　图 13-23　指定圆心

13.6　习题练习

13.6.1　填空题

（1） 启动三维动态观察器后，需要单击并拖动光标，使视图围绕通过转盘中心的水平轴或 X 轴旋转，此时光标落在_____。

（2） 执行【着色】命令，最常用的着色模式是_____。

（3） AutoCAD 提供了两个坐标系：一个称为_____，是固定坐标系；另一个是___，是可移动坐标系。

（4） 在 AutoCAD 中，用户经常混淆视图和视口的概念，____是图形屏幕上用于显示图形的一个限定区域，_____是将图形沿某个方向投影后形成的图形。

13.6.2　选择题

（1） 在 AutoCAD 2009 中，适用于模型空间的视口是_____。

　　　A. 平铺视口　　　　　B. 浮动视口　　　　C. 平面视口

（2） 在【视点预设】对话框中，设置俯视视图，则需要在【自：X 轴】文本框输入_____，在【自：XY 平面】文本框输入_____。

　　　A. 0，0　　　　　B. 270，90　　　　C. 90，90　　　　D. 180，180

（3） 设定新的 UCS 时，需要通过绕指定轴旋转一定的角度来指定新的 UCS，使用_____创建方式。

　　　A. 对象　　　　　B. 面　　　　　C. 三点　　　　D. X/Y/Z

13.6.3 问答题

（1） 右手定则在三维绘图中起着至关重要的作用，请简要阐述右手定则。

（2） 视口和视图是比较容易混淆的两个概念，请叙述视口和视图概念定义的不同点。

13.6.4 上机操作题

（1） 为图 13-25 所示图形创建如图 13-26 所示的 4 个相等视口的图形，其中左上为右视图，右上为主视图，左下为东北等轴测图，右下为俯视图。

图 13-25　单视口图形

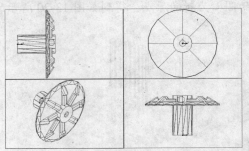

图 13-26　四个相等视口图形

（2） 在图 13-27 所示的世界坐标系的基础上，综合应用三维实体观察和用户坐标系建立等知识，分别创建如图 13-28 和图 13-29 所示的用户坐标系。

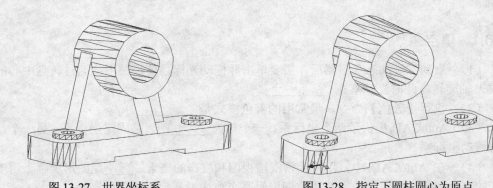

图 13-27　世界坐标系　　　　　　　　　图 13-28　指定下圆柱圆心为原点

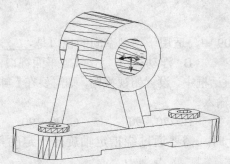

图 13-29　指定水平向圆柱圆心为原点　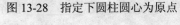

第 14 章　使用三维命令绘制三维对象

本章要点:

- 绘制三维网格面
- 绘制三维基本实体
- 绘制拉伸实体
- 绘制旋转实体
- 绘制扫掠和放样实体

本章导读:

- **基础内容:** 创建三维网格面和三维基本体的方法以及基本参数设置。
- **重点掌握:** 三维基本体的创建方法，拉伸实体、旋转、扫掠和放样实体的绘制方法，以及将几者结合起来绘制比较复杂的三维模型的方法。
- **一般了解:** 本章所介绍的三维网格面的绘制，在实际的三维绘图中很少用到，因此用户掌握最基本的绘制命令即可。

课 堂 讲 解

　　AutoCAD 2009 支持 3 种类型的三维建模: 线框模型、曲面模型和实体模型。线框模型是真实三维对象的边缘或骨架表示，三维对象的边缘或骨架用直线和曲线表示。

　　曲面模型是由网格组成的，在二维图形和三维图形中都可以创建网格，但其主要在三维空间中使用。网格使用平面镶嵌面来表示对象的曲面。网格的密度（或镶嵌面的数目）则是由包含 $M \times N$ 个顶点的矩阵决定的。M 和 N 分别表示给定顶点的列和行的位置。为了简化绘图工作，系统提供了一系列常用的曲面，用户可以输入所需的参数，直接完成预定义曲面的创建。

　　在三维建模中，实体的信息最完整，歧义最少，复杂实体形比线框和网格更容易构造和编辑。

　　如图 14-1 所示，分别为线框模型、曲面模型和实体模型。

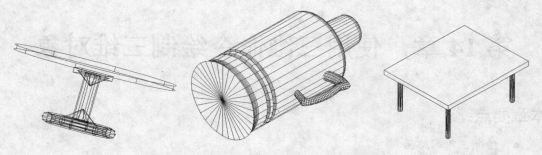

图 14-1　线框模型、曲面模型和实体模型

14.1　绘制三维网格面

用户选择【绘图】/【建模】/【网格】命令，会弹出如图 14-2 所示的子菜单，用户执行这些命令可以绘制各种三维网格，表 14-1 演示了常见三维网格曲面的创建方法。

图 14-2　"网格"子菜单

表 14-1　三维网格曲面创建方法

选择【绘图】/【建模】/【网格】/【三维面】命令，或者在命令行输入 3dface 命令，用户可以创建具有三边或四边的平面网格。

| 3dface
指定第一点或 [不可见(I)]://输入坐标或者拾取一点确定网格第一点
指定第二点或 [不可见(I)]:// 输入坐标或者拾取一点确定网格第二点
指定第三点或 [不可见(I)] <退出>://输入坐标或者拾取一点确定网格第三点
指定第四点或 [不可见(I)] <创建三侧面>://按回车创建三边网格或者输入或拾取第四点
指定第三点或 [不可见(I)] <退出>://按回车键退出，或以最后创建的边为始边，输入或拾取
网格第三点
　指定第四点或 [不可见(I)] <创建三侧面>://按回车键创建三边网格或者输入或拾取第四点 | |

选择【绘图】/【建模】/【网格】/【三维网格】命令，或者在命令行输入 3dmesh 命令，用户可以创建具有 M 行 N 列个顶点的三维空间多边形网格。

| 命令: 3dmesh
输入 M 方向上的网格数量: 4//指定网格行方向上的数量
输入 N 方向上的网格数量: 4//指定网格列方向上的数量
指定顶点 (0, 0) 的位置://输入或者拾取第 1 行第 1 列的点坐标
指定顶点 (0, 1) 的位置://输入或者拾取第 1 行第 2 列的点坐标
指定顶点 (0, 2) 的位置://输入或者拾取第 1 行第 3 列的点坐标
指定顶点 (0, 3) 的位置://输入或者拾取第 1 行第 4 列的点坐标
指定顶点 (1, 0) 的位置://输入或者拾取第 2 行第 1 列的点坐标
...
指定顶点 (M-1,N-1) 的位置://输入或者拾取第 M 行第 N 列的点坐标 | 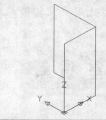 |

| 命令:_revsurf
当前线框密度: SURFTAB1=6　SURFTAB2=6
选择要旋转的对象://光标在绘图区拾取需要进行旋转的对象
选择定义旋转轴的对象://光标在绘图区拾取旋转轴
指定起点角度 <0>://输入旋转的起始角度
指定包含角 (+=逆时针，-=顺时针) <360>://输入旋转包含的角度 | 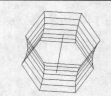 |

选择【绘图】/【建模】/【网格】/【平移网格】命令，或者在命令行输入 tabsurf 命令，可以创建多边形网格，该网格表示通过指定的方向和距离（称为方向矢量）拉伸直线或曲线（称为路径曲线）定义的常规平移曲面。

命令: _tabsurf
当前线框密度: SURFTAB1=20
选择用作轮廓曲线的对象://在绘图区拾取需要拉伸的曲线
选择用作方向矢量的对象://在绘图区拾取作为方向矢量的曲线

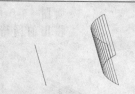

选择【绘图】/【建模】/【网格】/【直纹网格】命令，或者在命令行输入 rulesurf 命令，可以在两条直线或曲线之间创建一个表示直纹曲面的多边形网格。

命令: _rulesurf
当前线框密度: SURFTAB1=20
选择第一条定义曲线://在绘图区拾取网格第一条曲线边
选择第二条定义曲线://在绘图区拾取网格第二条曲线边

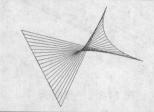

选择【绘图】/【建模】/【网格】/【边界网格】命令，或者在命令行输入 edgesurf 命令，可以创建一个边界网格。这类多边形网格近似于一个由四条邻接边定义的孔斯曲面片网格。孔斯曲面片网格是一个在四条邻接边（这些边可以是普通的空间曲线）之间插入的双三次曲面。

命令: _edgesurf
当前线框密度: SURFTAB1=20   SURFTAB2=20
选择用作曲面边界的对象 1://在绘图区拾取第一条边界
选择用作曲面边界的对象 2://在绘图区拾取第二条边界
选择用作曲面边界的对象 3://在绘图区拾取第三条边界
选择用作曲面边界的对象 4://在绘图区拾取第四条边界

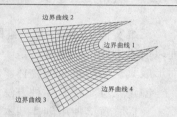

边界曲线 2
边界曲线 1
边界曲线 4
边界曲线 3

用户在命令行输入 3d 命令，可以沿基本几何体（包括长方体、圆锥体、球体、圆环体、楔体和棱锥体）的外表面创建三维多边形网格。执行后，命令行提示如下：

命令: 3d
正在初始化... 已加载三维对象。
输入选项
[长方体表面(B)/圆锥面(C)/下半球面(DI)/上半球面(DO)/网格(M)/棱锥面(P)/球面(S)/圆环面(T)/楔体表面(W)]: //输入参数，绘制不同的常见几何体多边形网格

用户在命令行中输入不同的参数后，即可绘制不同的常见多边形网格，具体绘制方法与基本几何体的绘制方法类似。常见几何体的绘制将在后面的章节给予介绍。

提示

在绘制旋转网格中系统变量 SURFTAB1 和 SURFTAB2 的值决定了曲线沿旋转方向和轴线方向的线框密度。在绘制其他曲面的过程中，这两个系统变量的作用基本相同。

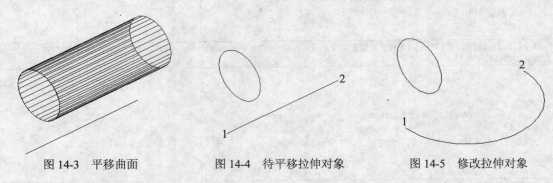

| 图 14-3　平移曲面 | 图 14-4　待平移拉伸对象 | 图 14-5　修改拉伸对象 |

14.2　绘制三维实体

三维实体（Solid）是三维图形中最重要的部分，它具有实体的特征，即其内部是实心的，而以前所讲的三维网格只是一个空壳。用户可以对三维实体进行打孔、挖槽等布尔运算，从而形成具有实用意义的物体。在实际的三维绘图工作中，三维实体是最常见的。

创建三维实体有 3 种方法。

（1）　直接使用创建基本三维实体对象的命令进行创建。如用 box 命令创建长方体、用 sphere 命令创建球体。

（2）　将二维对象拉伸或旋转生成新的三维实体。

（3）　将基本三维实体进行交集、并集、差集等布尔运算后，同样将形成新的组合实体。本节将详细介绍前面两种方法，第 3 种方法将在第 15 章中详细阐述。

14.2.1　绘制基本体

在 AutoCAD 2009 中，用户可以通过【绘图】/【建模】子菜单或者【建模】工具栏的相应按钮来创建各种三维基本实体。

（1）　多段体。

用户可以通过在命令行提示中输入 polysolid，或者单击【建模】工具栏中的【多段体】按钮，或者选择【绘图】/【建模】/【多段体】命令来启动多段体命令，用户可以将现有直线、二维多线段、圆弧或圆转换为具有矩形轮廓的实体，也可以像绘制多线段一样绘制实体。启动多段体命令后，命令行提示如下。

```
命令:_polysolid        //单击按钮执行多段体命令
高度 = 4.0000, 宽度 = 0.2500, 对正 = 居中
指定起点或 [对象(O)/高度(H)/宽度(W)/对正(J)] <对象>: h//输入 h, 设置多段体高度
指定高度 <4.0000>: 100//输入高度数值 100
```

指定起点或 [对象(O)/高度(H)/宽度(W)/对正(J)] <对象>: w//输入 w，设置多段体宽度

指定宽度 <0.2500>: 8//输入宽度数值 8

指定起点或 [对象(O)/高度(H)/宽度(W)/对正(J)] <对象>: j//输入 j，设置多段体对正样式

输入对正方式 [左对正(L)/居中(C)/右对正(R)] <居中>: c//输入 c，居中对正

指定起点或 [对象(O)/高度(H)/宽度(W)/对正(J)] <对象>: o//输入 o，采用指定对象生成多段体

选择对象://选择图 14-6 左侧的圆，生成如图 14-6 右侧所示的多段体

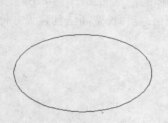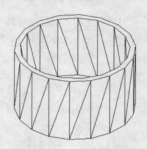

图 14-6　由对象生成多段体

在创建多段体时，用户也可以不使用对象来创建多段体，用户可以通过指定一个一个的点来创建，创建的方法与二维绘图中的【多段线】命令是一致的。

（2）　长方体。

用户可以通过在命令行提示中输入 box，或者单击【建模】工具栏中的【长方体】按钮，或者选择【绘图】/【建模】/【长方体】命令来启动长方体命令。启动长方体命令后，命令行提示如下。

命令: _box　　　　　　　　　　　　　//单击按钮执行长方体命令

指定第一个角点或 [中心(C)]:　　　　//提供绘制长方体的两种方式选项，选择默认方式
　　　　　　　　　　　　　　　　　　//指定长方体的一个角点 1

指定其他角点或 [立方体(C)/长度(L)]:　//指定长方体的另一个角点 2

指定高度或 [两点(2P)] <-596.4955>:　//设定长方体高度

除了通过角点和高度方式绘制长方体外，用户还可以通过中心点方式绘制长方体，在命令行中输入 c，提示如下。

命令: _box　　　　　　　　　　　　　//单击按钮执行长方体命令

指定第一个角点或 [中心(C)]: c　　　　//采用中心点方式绘制长方体

指定中心:　　　　　　　　　　　　　//在绘图区拾取或通过坐标指定中心点 3

指定角点或 [立方体(C)/长度(L)]:　　//采用默认方式，指定角点 1

指定高度或 [两点(2P)] <91.2703>:　　//设定长方体高度

中心点方式提供了 3 种方式供用户创建长方体，立方体方式比较简单，不再赘述。长度方式命令行提示如下。

命令: _box	//单击按钮执行长方体命令
指定第一个角点或 [中心(C)]: c	//采用中心点方式绘制长方体
指定中心:	//在绘图区拾取或通过坐标指定中心点 3
指定角点或 [立方体(C)/长度(L)]: l	//采用长度方式绘制长方体
指定长度: 100	//设定长方体长度
指定宽度: 80	//设定长方体宽度
指定高度或 [两点(2P)] <96.3408>:	//设定长方体高度

图 14-7 所示是采用角点和高度法创建长方体的示意图；图 14-8 所示是采用中心点和高度法创建长方体的示意图；图 14-9 所示是采用中心点和长宽高法创建长方体的示意图。

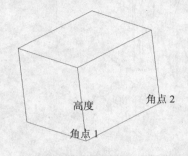 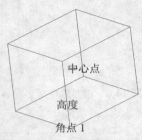 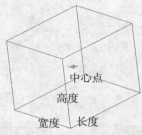

图 14-7　角点和高度法　　　　图 14-8　中心点和高度法　　　　图 14-9　中心点和长宽高法

（3）　球体。

用户可以通过在命令行中输入 sphere，或者单击【建模】工具栏中的【球体】按钮，或者选择【绘图】/【建模】/【球体】命令来启动球体命令。启动球体命令后，命令行提示如下。

命令: _sphere	//单击按钮执行球体命令
指定中心点或 [三点(3P)/两点(2P)/相切、相切、半径(T)]:	//在绘图区拾取或通过坐标设定球心
指定半径或 [直径(D)]:	//设定球体半径或者直径

在创建球体时，系统为用户准备了【三点】、【两点】和【相切、相切、半径】3 个选项，用户也可以用类似于创建圆的方法来创建球体上的圆周，从而创建球体，圆周的创建方法与创建圆的方法类似。

（4）　圆柱体。

用户可以通过在命令行中输入 cylinder，或单击【建模】工具栏中的【圆柱体】按钮，或选择【绘图】/【建模】/【圆柱体】命令来启动圆柱体命令。启动圆柱体命令后，命令行提示如下。

命令: _cylinder	//单击按钮执行圆柱体命令
指定底面的中心点或 [三点(3P)/两点(2P)/相切、相切、半径(T)/椭圆(E)]:	
//在绘图区拾取或通过坐标设定底面中心点或者用二维绘图中的创建圆方法绘制底面圆	
指定底面半径或 [直径(D)] <83.6220>:	//设定圆柱体底面的半径或者直径
指定高度或 [两点(2P)/轴端点(A)] <53.6092>:100	//设定圆柱体的高度，效果如图 14-10 所示

（5）　圆锥体。

用户可以通过在命令行中输入 cone，或单击【建模】工具栏中的【圆锥体】按钮 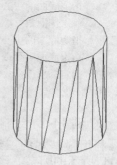，或选择【绘图】/【建模】/【圆锥体】命令来启动圆锥体命令。启动圆锥体命令后，命令行提示如下。

> 命令: _cone　　　　　　　　　　　//单击按钮执行圆锥体命令
>
> 　　指定底面的中心点或 [三点(3P)/两点(2P)/相切、相切、半径(T)/椭圆(E)]:
>
> 　　//在绘图区拾取或通过坐标设定底面中心点或者绘制圆的方式绘制底面圆
>
> 　　指定底面半径或 [直径(D)]:　　　　　　//设定圆锥体底面的半径或者直径
>
> 　　指定高度或 [两点(2P)/轴端点(A)/顶面半径(T)]:40　//设定圆锥体的高度

图 14-10　标准圆柱体

 **提示**

> 圆锥体的参数设置与圆柱体基本相同，圆锥体底面也可以为椭圆形。圆锥体的顶面也可以是一个与底面半径大小不一样的圆，可以说圆柱体是圆锥顶面与底面半径一致的情形。

（6）　楔体。

用户可以通过在命令行中输入 wedge，或单击【建模】工具栏中的【楔体】按钮，或选择【绘图】/【建模】/【楔体】命令来启动楔体命令。

楔体可以看成是长方体沿斜角面剖切后形成的图形，因此它的命令行提示与长方体几乎一致。用户可参考长方体参数的设定，学习楔体参数的设定。

（7）　圆环。

用户可以通过在命令行中输入 torus，或单击【建模】工具栏中的【圆环】按钮，或选择【绘图】/【建模】/【圆环】命令来启动圆环命令。启动圆环命令后，命令行提示如下。

> 命令: _torus　　　　　　//单击按钮执行圆环命令
>
> 指定中心点或 [三点(3P)/两点(2P)/相切、相切、半径(T)]:
>
> //在绘图区拾取或通过坐标设定圆环体中心，或者使用绘制圆方法绘制圆环所在圆
>
> 指定半径或 [直径(D)] <78.1206>: //设定圆环体半径或者直径
>
> 指定圆管半径或 [两点(2P)/直径(D)]:20//设定圆管半径或者直径

（8）　棱锥体。

用户可以通过在命令行中输入 pyramid，或单击【建模】工具栏中的【棱锥体】按钮，或选择【绘图】/【建模】/【棱锥体】命令来启动棱锥体命令。启动棱锥体命令后，命令行提示如下。

> 命令: _pyramid//单击按钮执行棱锥体命令
>
> 4 个侧面　外切//

指定底面的中心点或 [边(E)/侧面(S)]: s//输入 s，设置棱锥体的侧面数
输入侧面数 <4>: 8//输入侧面的数量
指定底面的中心点或 [边(E)/侧面(S)]://指定棱锥体的底面中心
指定底面半径或 [内接(I) <103.5448>://输入底面外接圆半径数值
指定高度或 [两点(2P)/轴端点(A)/顶面半径(T) <118.1093>://指定棱锥体高度或者输入顶面外接圆半径

※ 例 14-1　绘制如图 14-11 所示的圆桌

利用最基本的三维实体命令绘制如图
14-11 所示的圆桌，该圆桌由圆柱体、圆锥
体、长方体和圆环组成。

具体操作步骤如下。

（1）在任意工具栏上单击鼠标右键，
在弹出的工具栏快捷菜单中选择【建模】菜
单，在绘图区出现【建模】工具栏。

（2）选择【视图】/【三维视图】/【西
南等轴测】命令，进入西南等轴测三维绘图环境。

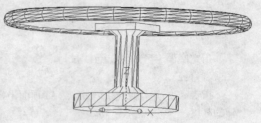

图 14-11　绘制完成的石桌

（3）在命令行中执行 LIMITS 命令，定义绘图界限为（-420,-297）和（420,297）。

（4）单击【圆柱体】按钮，执行圆柱体命令，绘制圆桌底座，命令行提示如下。

```
命令: _cylinder                              //单击按钮执行圆柱体命令
指定底面的中心点或 [三点(3P)/两点(2P)/相切、相切、半径(T)/椭圆(E)]:0,0,0
//输入 0，0，0，以原点为圆柱体底面中心点
指定底面半径或 [直径(D)] <83.6220>: 45      //设定圆柱体底面半径为 45
指定高度或 [两点(2P)/轴端点(A)] <53.6092>:12      //设定圆柱体高度为 12
```

（5）按 Enter 键，圆桌底座效果如图 14-12 所示。单击【圆锥体】按钮，命令行提
示如下。

```
命令: _cone                              //单击按钮执行圆锥体命令
指定底面的中心点或 [三点(3P)/两点(2P)/相切、相切、半径(T)/椭圆(E)]: 0,0,12
                                //设定圆锥题底面中心点坐标，即前一个圆柱上表面圆心
指定底面半径或 [直径(D)]: 20                //设定圆锥体底面半径长度为 20
指定高度或 [两点(2P)/轴端点(A)/顶面半径(T)]: 15        //设定圆锥体高度为 15
```

（6）按 Enter 键，选择【视图】/【消隐】命令，绘制的圆锥体效果如图 14-13 所示。
单击【圆柱体】按钮，命令行提示如下。

```
命令: _cylinder                              //单击按钮执行圆柱体命令
指定底面的中心点或 [三点(3P)/两点(2P)/相切、相切、半径(T)/椭圆(E)]:0,0,12
                                //设定圆柱体底面中心点坐标，即圆锥体底面圆心
指定底面半径或 [直径(D)] <45>: 10                //设定圆柱体底面半径为 10
指定高度或 [两点(2P)/轴端点(A)] <12>: 60          //设定圆柱体高度为 60
```

（7）按 Enter 键，选择【视图】/【消隐】命令，绘制的圆柱体支柱效果如图 14-14 所
示。单击【圆锥体】按钮，命令行提示如下。

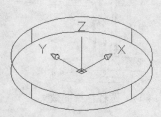
图 14-12 绘制圆柱体底座

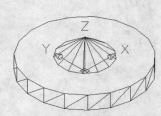
图 14-13 绘制圆锥体

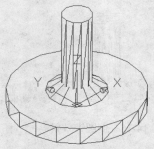
图 14-14 绘制圆柱体支柱

```
命令: _cone                                    //单击按钮执行圆锥体命令
指定底面的中心点或 [三点(3P)/两点(2P)/相切、相切、半径(T)/椭圆(E)]: 0,0,72
                                    //设定圆锥体底面中心点坐标, 即前一个圆柱体上底面圆心
指定底面半径或 [直径(D)]: 20                    //设定圆锥体底面半径为 20
指定高度或 [两点(2P)/轴端点(A)/顶面半径(T)]: -15    //设定圆锥体底面半径-15, 锥体倒立
```

（8） 按 Enter 键, 选择【视图】/【消隐】命令, 绘制的倒圆锥效果如图 14-15 所示。单击【长方体】按钮，命令行提示如下。

```
命令: _box                                    //单击按钮执行长方体命令
指定第一个角点或 [中心(C)]: c                   //输入 c, 采用中心点绘制长方体方式
指定中心: 0,0,72                              //输入中心点坐标, 即倒圆锥底面圆心
指定角点或 [立方体(C)/长度(L)]: l               //输入 l, 通过长度方式设置长方体尺寸
指定长度: 40                                  //设定长方体长度为 40
指定宽度: 40                                  //设定长方体宽度为 40
指定高度或 [两点(2P)] <96.3408>: 6             //设定长方体高度为 6
```

（9） 按 Enter 键, 选择【视图】/【消隐】命令, 绘制的长方体效果如图 14-16 所示。单击【圆柱体】按钮，命令行提示如下。

```
命令: _cylinder                               //单击按钮执行圆柱体命令
指定底面的中心点或 [三点(3P)/两点(2P)/相切、相切、半径(T)/椭圆(E)]: 0,0,75
                                    //设定圆柱体底面中心点坐标, 即长方体上表面中心
指定底面半径或 [直径(D)] <10>: 100             //设定圆柱体底面半径 100
指定高度或 [两点(2P)/轴端点(A)] <60>: 6        //设定圆柱体高度为 6
```

（10） 按 Enter 键, 选择【视图】/【消隐】命令, 绘制的桌面圆柱体效果如图 14-17 所示。单击【圆环】按钮，命令行提示如下。

```
命令: _torus                                  //单击按钮执行圆环命令
指定中心点或 [三点(3P)/两点(2P)/相切、相切、半径(T)]: 0,0,78
                                    //设定圆环体中心坐标, 即桌面圆柱体中心
指定半径或 [直径(D)] <78.1206>: 100           //设定圆环体半径为 100
指定圆管半径或 [两点(2P)/直径(D)]: 6           //设定圆管半径为 6
```

  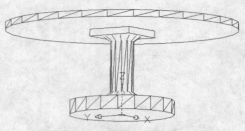

图 14-15　倒圆锥效果　　　图 14-16　长方体效果　　　图 14-17　圆柱体桌面效果

（11）　按 Enter 键，选择【视图】/【消隐】命令，绘制的石桌效果如图 14-11 所示。

14.2.2　绘制拉伸实体

使用 extrude 命令可以将一些二维对象拉伸成三维实体。拉伸过程中不但可以指定高度，还可以使对象截面沿着拉伸方向变化。

extrude 命令可以拉伸闭合的对象，例如多段线、多边形、矩形、圆、椭圆、闭合的样条曲线、圆环和面域。不能拉伸三维对象、包含在块中的对象、有交叉或横断部分的多段线，或非闭合多段线。extrude 命令可以沿路径拉伸对象，也可以指定高度值和斜角。

用户可通过在命令行中输入 extrude，或单击【建模】工具栏中的【拉伸】按钮，或选择【绘图】/【建模】/【拉伸】命令来启动拉伸命令。

※　例 14-2　绘制如图 14-18 所示的楼梯

在图 14-19 所示的由直线组成的平面图的基础上，通过拉伸操作，绘制如图 14-18 所示的楼梯，楼梯宽 1.2 m。

具体操作步骤如下。

（1）　选择【视图】/【三维视图】/【俯视】命令，切换到俯视图模式。单击【直线】按钮，绘制如图 14-19 所示的楼梯二维平面图，详细过程这里不再赘述。

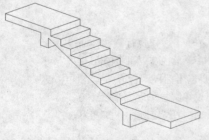 

图 14-18　绘制完成的楼梯　　　　　　　图 14-19　二维平面图

（2）　选择【绘图】/【面域】命令，命令行提示如下。

```
命令: _region                        //通过菜单执行面域命令
选择对象: 指定对角点: 找到 28 个   //选择如图 14-19 所示的图形
选择对象:                          //按 Enter 键，完成选择
已提取 1 个环。                    //系统提示信息
已创建 1 个面域。                  //系统提示信息，表示面域已经创建
```

178

（3）选择【视图】/【三维视图】/【西南等轴测】命令，切换到西南等轴测视图模式，如图 14-20 所示。单击【拉伸】按钮，命令行提示如下。

```
命令：_extrude              //单击按钮执行拉伸命令
当前线框密度： ISOLINES=4    //系统提示信息
选择对象：指定对角点：找到 1 个  //选择如图 14-20 所示的面域对象
选择对象：                  //按 Enter 键，完成选择
指定拉伸的高度或 [方向(D)/路径(P)/倾斜角(T)] <100.0000>: 1200
                    //输入拉伸高度值，如果有路径，也可以选择沿着路径拉伸对象
```

（4）按 Enter 键，效果如图 14-21 所示。单击【自由动态观察】按钮，将图形旋转到合适位置，选择【视图】/【消隐】命令，效果如图 14-18 所示。

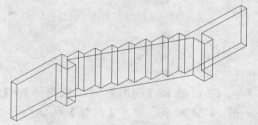

图 14-20　西南等轴测图下的二维图　　　　图 14-21　西南等轴测图下的拉伸图形

在执行拉伸和旋转命令之前，一定要将闭合的图形转换为一个整体；否则无法进行拉伸和旋转操作。

14.2.3　绘制旋转实体

旋转实体是将一些二维图形绕指定的轴旋转而形成的三维实体。使用 revolve 命令，可以通过将一个闭合对象围绕当前 UCS 的 X 轴或 Y 轴旋转一定角度来创建实体。也可以围绕直线、多段线或两个指定的点旋转对象。用于旋转生成实体的二维对象可以是圆、椭圆、二维多义线及面域，用于旋转的二维多义线必须是封闭的。

用户可以通过在命令行中输入 revolve，或单击【建模】工具栏中的【旋转】按钮，或者选择【绘图】/【建模】/【旋转】命令来启动旋转命令。

※ 例 14-3　绘制皮带轮

在图 14-22 所示的基础上，使用旋转命令，生成如图 14-23 所示的皮带轮，其中旋转轴为构造线 1。

具体操作步骤如下。

（1）选择【视图】/【三维视图】/【俯视】命令，切换到俯视图模式。单击状态栏中的【栅格】按钮，右击鼠标，在弹出的快捷菜单中选择【设置】命令，弹出【草图设置】对话框。选中【捕捉和栅格】选项卡中的【启用捕捉】复选框，打开栅格捕捉功能。单击【直线】按钮，绘制如图 14-22 所示的二维平面图。

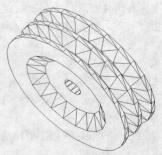

图 14-22　二维旋转对象　　　　　　　　　　　图 14-23　完成的皮带轮效果图

（2）选择【绘图】/【面域】命令，命令行提示如下。

```
命令: _region                      //通过菜单执行面域命令
选择对象: 指定对角点: 找到 16 个     //选择如图 14-22 所示的封闭图形
选择对象:                          //按 Enter 键，完成选择
已提取 1 个环。                     //系统提示信息
已创建 1 个面域。                   //系统提示信息，表示面域已经创建
```

（3）选择【视图】/【三维视图】/【西南等轴测】命令，切换到西南等轴测视图模式，如图 14-24 所示。单击【旋转】按钮，命令行提示如下。

```
命令: _revolve                                      //单击按钮执行旋转命令
当前线框密度: ISOLINES=4                             //系统提示信息
选择要旋转的对象:找到 1 个                            //选择如图 14-24 所示的图形
选择要旋转的对象:                                    //按 Enter 键，完成对象选择
指定轴起点或根据以下选项之一定义轴 [对象(O)/X/Y/Z] <对象>://选择构造线 1 上的一点
指定轴端点:                                         //选择构造线 1 上的另外一点
指定旋转角度或 [起点角度(ST)] <360>:                 //按 Enter 键，采用默认设置，旋转 360°
```

（4）按 Enter 键，效果如图 14-25 所示。选择构造线，按 Delete 键删除。单击【自由动态观察】按钮，将图形旋转到合适位置，选择【视图】/【消隐】命令，效果如图 14-23 所示。

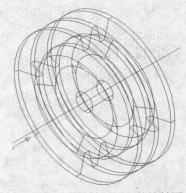

图 14-24　西南等轴测图下的二维图　　　　　图 14-25　西南等轴测图下的旋转图形

14.2.4 绘制扫掠实体

扫掠用于沿指定路径以指定轮廓的形状（扫掠对象）绘制实体或曲面，如果沿一条路径扫掠闭合的曲线，则生成实体；如果沿一条路径扫掠开放的曲线，则生成曲面。

用户可以通过在命令行中输入 sweep，或单击【建模】工具栏中的【扫掠】按钮📌，或者选择【绘图】/【建模】/【扫掠】命令来启动扫掠命令。

如图 14-26 所示为使用小圆沿螺旋路径扫掠形成弹簧的效果，命令行提示如下：

> 命令:_sweep   //单击按钮执行扫掠命令
>
> 当前线框密度: ISOLINES=4//系统提示信息
>
> 选择要扫掠的对象: 找到 1 个//选择图 14-26 左侧图形中的小圆
>
> 选择要扫掠的对象://按回车键，完成选择
>
> 选择扫掠路径或 [对齐(A)/基点(B)/比例(S)/扭曲(T)]://选择图 14-26 所示的作图中的螺旋为路径

扫掠完成后的效果如图 14-26 中间图形所示，进行消隐操作后，图形如图 14-26 右图所示。

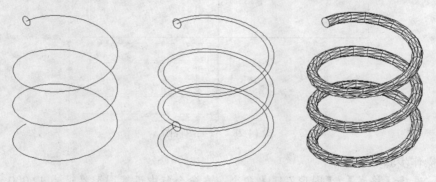

图 14-26   使用扫掠创建实体

14.2.5 绘制放样实体

放样用于在横截面之间的空间内绘制实体或曲面，横截面定义了将要创建的实体或曲面的轮廓（形状）。如果对一组闭合的横截面曲线进行放样，则生成实体；如果对一组开放的横截面曲线进行放样，则生成曲面。

用户可以通过在命令行中输入 loft，或单击【建模】工具栏中的【放样】按钮📌，或者选择【绘图】/【建模】/【放样】命令来启动放样命令。

以下以创建圆环为例演示放样命令的使用，命令行提示如下：

> 命令:_loft//单击按钮执行放样命令
>
> 按放样次序选择横截面: 找到 1 个//选择如图 14-27 左图所示的第一个小圆
>
> 按放样次序选择横截面: 找到 1 个，总计 2 个//选择如图 14-27 左图所示的第二个小圆
>
> 按放样次序选择横截面://按回车键，完成选择
>
> 输入选项 [导向(G)/路径(P)/仅横截面(C)] <仅横截面>: p//输入 p，选择放样路径
>
> 选择路径曲线://选择如图 14-27 左图所示的大圆为路径，放样效果如图 14-27 中图所示，消隐后效果如图 14-27 右图所示

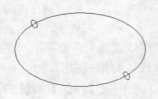 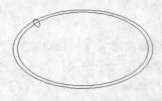 

图 14-27　使用放样实体

14.3　动手实践

如图 14-28 所示为一个餐桌在不同视图下的效果。使用拉伸命令，基本三维体命令，以及第 13 章学过的创建用户坐标系知识绘制餐桌。

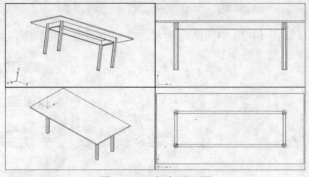

图 14-28　餐桌四视图

具体操作步骤如下。

（1）选择【格式】/【图形界限】命令，在命令行中设置图形界限为 42 000，29 700。

（2）单击【正多边形】按钮⬠，命令行提示如下。

```
命令: _polygon 输入边的数目 <4>: 6          //绘制六边形，输入数字 6
指定正多边形的中心点或 [边(E)]: 3000,3000    //指定六边形中心点坐标
输入选项 [内接于圆(I)/外切于圆(C)] <I>:       //用内接于圆方式绘制六边形
指定圆的半径: 50                            //设定圆半径，即六边形边长为 50
```

（3）按 Enter 键，六边形绘制完成。选择【视图】/【三维视图】/【西南等轴测】命令，切换到西南等轴测视图模式。单击【阵列】按钮品品，弹出【阵列】对话框，对话框的设置如图 14-29 所示。单击【选择对象】按钮囗，返回绘图区，选择如图 14-30 所示的步骤 2 中绘制的正六边形 1，回到【阵列】对话框，单击【确定】按钮，阵列效果如图 14-30 所示。

（4）单击【拉伸】按钮⬆，命令行提示如下。

```
命令: _extrude                //单击按钮执行拉伸命令
当前线框密度: ISOLINES=4        //系统提示信息
选择对象: 找到 1 个            //选择如图 14-30 所示的正六边形 1
选择对象:                     //按 Enter 键，结束选择
指定拉伸的高度或 [方向(D)/路径(P)/倾斜角(T)] <100.0000>:1000   //指定拉伸高度为 1000
```

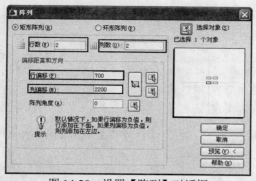

图 14-29　设置【阵列】对话框

图 14-30　阵列正六边形

（5）　按照同样的方法，分别对其他 3 个正六边形进行拉伸，效果如图 14-31 所示。

（6）　执行【直线】命令，打开对象捕捉功能，绘制如图 14-32 所示直线 2 和直线 3。在命令行中输入 UCS 命令，命令行提示如下。

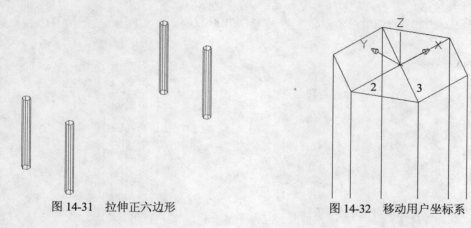

图 14-31　拉伸正六边形

图 14-32　移动用户坐标系

```
命令: UCS              //执行 UCS 命令
当前 UCS 名称: *世界*   //系统提示信息
指定 UCS 的原点或 [面(F)/命名(NA)/对象(OB)/上一个(P)/视图(V)/世界(W)/X/Y/Z/Z 轴(ZA)] <世界>:            //打开交点捕捉功能，捕捉直线 2 和直线 3 的交点
指定 X 轴上的点或 <接受>://按回车键，完成用户坐标系设置
```

（7）　新创建的用户坐标系如图 14-36 所示。单击【长方体】按钮，命令行提示如下。

```
命令: _box                        //单击按钮执行长方体命令
指定第一个角点或 [中心(C)]: c      //采用中心点方式创建长方体
指定中心: 1100,0,-75              //指定长方体的中心点
指定角点或 [立方体(C)/长度(L)]: l  //输入 l，通过指定三维长度方式绘制长方体
指定长度: 2200                    //指定长方体长度
指定宽度: 50                      //指定长方体宽度
指定高度或 [两点(2P)] <96.3408>: 150  //指定长方体高度
```

（8）　按 Enter 键，绘制完成的横向长方体辐条效果如图 14-33 所示。在命令行中输入

UCS 命令，命令行提示如下。

```
命令: UCS                           //执行 UCS 命令
当前 UCS 名称: *没有名称*    //系统提示信息
指定 UCS 的原点或 [面(F)/命名(NA)/对象(OB)/上一个(P)/视图(V)/世界(W)/X/Y/Z/Z 轴(ZA)] <世
界>: z                              //输入 Z，表示绕 Z 轴转动用户坐标系
指定绕 Z 轴的旋转角度 <90>:    //采用默认值，旋转 90°
```

（9） 按 Enter 键，新的用户坐标系如图 14-34 所示。单击【长方体】按钮 🔲，命令行提示如下。

```
命令: _box                          //单击按钮执行长方体命令
指定第一个角点或 [中心(C)]: c        //采用中心点方式绘制长方体
指定中心: 350,0,-75                  //指定长方体中心点
指定角点或 [立方体(C)/长度(L)]: l    //输入 l，采用指定三维长度方式绘制长方体
指定长度: 700                        //指定长方体长度
指定宽度: 50                         //指定长方体宽度
指定高度或 [两点(2P)] <150>:150      //指定长方体高度
```

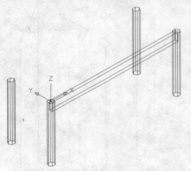

图 14-33　绘制横向长方体辐条

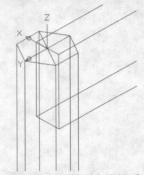

图 14-34　旋转用户坐标系

对于长方体来讲，在 X 轴向称为长度，在 Y 轴向称为宽度，在 Z 轴向称为高度，这是约定成俗的，所以在绘制长方体时，经常需要旋转用户坐标系。

（10） 按 Enter 键，创建完成的纵向长方体辐条如图 14-35 所示。按照同样的方法，创建用户坐标系，绘制其他两侧的长方体辐条。

（11） 单击【长方体】按钮 🔲，命令行提示如下。

```
命令: _box                          //单击按钮执行长方体命令
指定第一个角点或 [中心(C)]: c        //采用中心点方式绘制长方体
指定中心: 350,-1100,15              //指定长方体中心点
指定角点或 [立方体(C)/长度(L)]: l    //输入 l，采用指定三维长度方式绘制长方体
指定长度: 1500                       //指定长方体长度
指定宽度: 3000                       //指定长方体宽度
指定高度或 [两点(2P)] <150>:30       //指定长方体高度
```

（12） 按 Enter 键，效果如图 14-36 所示。选择【视图】/【消隐】命令，同时利用三维动态观察器配合观察完成的餐桌模型。

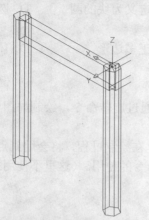

图 14-35　绘制纵向长方体辐条

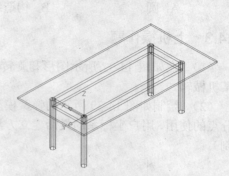

图 14-36　绘制餐桌桌面

在绘制过程中，要不断地用到【实时平移】、【实时缩放】和【对象捕捉】功能，有时用户还需要选择【视图】/【缩放】/【全部】命令，以便观察到完整的图形。

14.4　习题练习

14.4.1　填空题

（1） 在 AutoCAD 2009 中，用户可以使用_____命令将某一个图形转化为二维域。可以实现这种转化的实体包括：封闭多段线、直线、曲线、圆、圆弧、椭圆、椭圆弧和样条曲线。

（2） 在三维表面的绘制过程中，最常用的系统参数变量是_____和_____；在三维实体的绘制过程中，最常用的系统参数变量是_____。

（3） 对于楔体而言，楔体长度是指_____方向的数值度量，楔体宽度是指____方向的数值，楔体高度是指_____方向的数值度量。

（4） AutoCAD 2009 支持 3 种类型的三维建模：_____、_____和_____。直纹曲面属于_____。

14.4.2　选择题

（1） 绘制圆柱体的命令是_____。
A. cylinder　　　　　　　　B. cone　　　　　　　　C. wedge

（2） 执行 3dmesh 命令，要绘制 4×4 的网格，在指定第 3 行，第 4 列的坐标点时，命令行提示_____。
A. 指定顶点（3,4）的位置　　　　B. 指定顶点（3,3）的位置

C. 指定顶点（4,4）的位置   D. 指定顶点（2,3）的位置

（3）下面的_____图形不能被拉伸为三维实体。

    A. 多边形   B. 椭圆   C. 定义为块的圆   D. 圆环

（4）下面的_____图形不能被旋转为三维实体。

    A. 圆   B. 构造线   C. 正多边形   D. 闭合多段线

14.4.3 上机操作题

（1）在如图 14-37 所示图形和旋转轴的基础上，通过旋转命令，绘制如图 14-38 所示的某机械轴。

（2）绘制如图 14-39 所示的弹簧模型，参数自定。在绘制过程，将会用到点样式设置、等分点的使用、用户坐标系的灵活建立方法，以及拉伸命令的使用。（这里不使用螺旋线功能绘制）

图 14-37　待旋转二维图形和旋转轴   图 14-38　旋转后的轴   图 14-39　弹簧效果图

（3）绘制如图 14-40 所示的柱三维模型，尺寸没有严格限制。

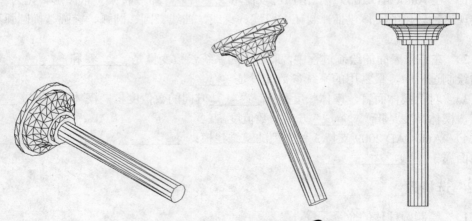

图 14-40　柱三维模型

第 15 章　三维对象编辑

本章要点：

- 二维命令的三维应用
- 三维通用编辑命令
- 编辑三维实体面
- 编辑三维边
- 编辑三维体
- 布尔运算

本章导读：

- **基础内容**：三维实体边、三维实体面和三维实体的编辑方法，熟悉通用编辑命令和布尔运算的原理。
- **重点掌握**：三维通用编辑命令的使用方法，以及如何在实际三维制图中灵活地运用布尔运算。
- **一般了解**：本章所介绍的三维实体面和三维实体边的编辑，在三维实体的绘制过程中使用很少，了解即可。

课 堂 讲 解

前面章节讲过的很多对二维图形进行编辑的方法对三维图形仍然适用。二维命令在三维图形编辑中的应用情况，如表 15-1 所示。

表 15-1　二维命令在三维图形编辑中的应用

坐标参照	命　令	说　明
任何 UCS	MOVE、COPY	适用于三维空间的任意平面图形，所有线框、表面和实体模型
	FILLET、CHAMFER	适用于三维空间，任意平面中的直线和曲线，实体模型，不适用于表面模型
	LENGTHEN、EXTEND、TRIM、BREAK	只能编辑三维直线或曲线，不适用编辑表面和实体模型
	SCALE	适用于三维空间所有对象
相对当前 UCS	OFFSET	适用于平移三维空间直线和二维平面的曲线，平移的直线与当前 UCS 的夹角不变
	ARRAY	仅在 XY 平面内适用
	ROTATE	仅在 XY 平面内适用
	MIRROR	仅在 XY 平面内适用

除了表 15-1 所列举的各种已有的编辑命令外，对于三维对象而言，还有很多特有的编辑方法，本章将详细讲解。

15.1 三维通用编辑命令

在三维空间，二维空间中使用的 ARray 命令、rotate 命令和 mirror 命令相对于当前坐标系仍然有用，但在三维空间中，比较常用的是 3dmove、3darray、rotate3d、mirror3d 和 slice 等通用三维实体编辑命令，下面详细讲解。

15.1.1 三维移动

选择【修改】/【三维操作】/【三维移动】命令，执行 3dmove 命令，将三维对象移动，命令行提示如下：

> 命令: _3dmove//选择菜单执行命令
> 选择对象: 找到 1 个 //拾取要移动的三维实体
> 选择对象://按 Enter 键，完成对象选择
> 指定基点或 [位移(D)] <位移>: //拾取移动的基点
> 指定第二个点或 <使用第一个点作为位移>: 正在重生成模型。//拾取第二点，三维实体沿基点和第二点的连线移动

如图 15-1 所示是将长方体在三维空间中移动的情形。

15.1.2 三维旋转

三维旋转用于将实体沿指定的轴旋转，命令为 rotate3d。用户可以根据两点指定旋转轴，或者通过指定对象，指定 X 轴、Y 轴或 Z 轴，或者指定当前视图的 Z 方向为旋转轴。

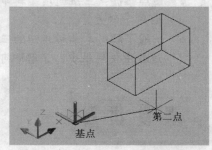

图 15-1 移动三维实体

选择【修改】/【三维操作】/【三维旋转】命令或者在命令行中执行 rotate3d 命令，命令行提示如下。

> 命令: _3drotate   //选择菜单执行命令
> UCS 当前的正角方向: ANGDIR=逆时针 ANGBASE=0//系统提示信息
> 选择对象: 指定对角点: 找到 2 个   //选择图 15-2 所示的铁锤对象
> 选择对象: //按回车键，完成选择
> 指定基点: //捕捉如图 15-3 所示的圆心为基点
> 拾取旋转轴: //拾取如图 15-4 所示的轴为旋转轴
> 指定角的起点或键入角度: 90   //输入旋转角度，按回车键，效果如图 15-5 所示
> 正在重生成模型。

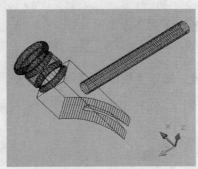

图 15-2　要旋转的对象

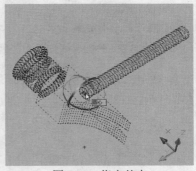

图 15-3　指定基点

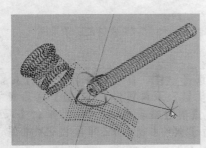

图 15-4　确定旋转轴

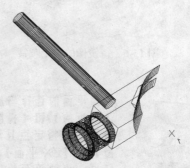

图 15-5　旋转后的三维实体

15.1.3　三维镜像

使用 mirror3d 命令可以沿指定的镜像平面创建对象的镜像。镜像平面可以是以下平面：

（1）　平面对象所在的平面。

（2）　通过指定点且与当前 UCS 的 *XY* 平面、*YZ* 平面 或 *XZ* 平面平行的平面。

（3）　由选定 3 点定义的平面。

用户可以通过选择【修改】/【三维操作】/【三维镜像】命令，或者在命令行中输入 mirror3d 来执行三维镜像命令。

※ 例 15-1　创建哑铃

首先创建如图 15-6 所示的哑铃的一半，然后再使用三维镜像命令绘制整个哑铃，效果如图 15-7 所示。

具体操作步骤如下。

（1）　选择【修改】/【三维操作】/【三维镜像】命令，命令行提示如下。

```
命令:_mirror3d                          //通过菜单执行命令
选择对象: 指定对角点: 找到 2 个 //选择如图 15-6 所示的三维对象
选择对象:                              //按 Enter 键，完成选择
指定镜像平面 (三点) 的第一个点或 //系统提示信息
    [对象(O)/最近的(L)/Z 轴(Z)/视图(V)/XY 平面(XY)/YZ 平面(YZ)/ZX 平面(ZX)/三点(3)] <三点>:
//使用三点法确定镜像面，拾取圆柱体上底面上的任意一点
```

在镜像平面上指定第二点：	//拾取圆柱体上底面上的第 2 点
在镜像平面上指定第三点：	//拾取圆柱体上底面上的第 3 点
是否删除源对象？ [是(Y)/否(N)] <否>：	//使用默认设置，不删除源对象

（2） 使用三维动态观察器将图形调整到合适角度，选择【视图】/【消隐】命令，效果如图 15-7 所示。

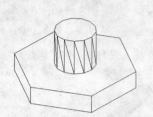

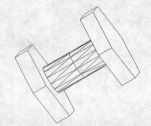

图 15-6　待镜像的半个哑铃　　　　　　　　图 15-7　哑铃消隐效果图

镜像平面的选择与旋转中旋转轴的选择一样，有多种确认方式。【对象】、【最近的】和【视图】选项与旋转类似，不再赘述。【Z 轴】选项表示镜像平面过指定点且与这一点和另一点的连线垂直，【XY 平面】、【YZ 平面】和【ZX 平面】选项表示以平行于 XY 平面、YZ 平面和 ZX 平面，且经过一点的平面为镜像面。

15.1.4　三维阵列

三维阵列可以在三维空间中创建对象的矩形阵列或环形阵列，命令为 3darray。与二维阵列不同，用户除了需要指定陈列的列数和行数之外，还要指定阵列的层数。

选择【修改】/【三维操作】/【三维阵列】命令，或者在命令行中输入 3darray，执行三维阵列命令，命令行提示如下。

命令：_3darray	//通过菜单执行命令
选择对象：指定对角点：找到 1 个	//选择如图 15-8 所示的石凳
选择对象：	//按 Enter 键，完成选择
输入阵列类型 [矩形(R)/环形(P)] <矩形>:p	//设置阵列类型为环形阵列
输入阵列中的项目数目：6	//设置阵列数目为 6
指定要填充的角度 (+=逆时针, -=顺时针) <360>：	//设置填充角度为 360°，采用默认值
旋转阵列对象？ [是(Y)/否(N)] <Y>：	//按 Enter 键，旋转阵列对象
指定阵列的中心点：	//指定如图 15-9 所示的直线上一点
指定旋转轴上的第二点：	//指定如图 15-9 所示直线上另外一点

按 Enter 键，阵列完成，效果如图 15-10 所示。

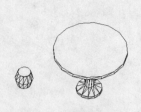
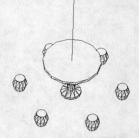

图 15-8　待阵列对象　　　　　图 15-9　选择旋转轴　　　　　图 15-10　阵列效果

15.1.5　剖切

使用剖切命令，可以用平面或曲面剖切实体，用户可以通过多种方式定义剪切平面，包括指定点或者选择曲面或平面对象。使用该命令剖切实体时，可以保留剖切实体的一半或全部，剖切实体保留原实体的图层和颜色特性。

选择【修改】/【三维操作】/【剖切】命令，或者在命令行中输入 slice，可执行剖切命令，命令行提示如下：

> 命令: _slice
> 选择要剖切的对象: 找到 1 个//选择剖切对象
> 选择要剖切的对象://按回车键，完成对象选择
> 指定 切面 的起点或 [平面对象(O)/曲面(S)/Z 轴(Z)/视图(V)/XY/YZ/ZX/三点(3)] <三点>://选择剖切面指定方法
> 指定平面上的第二个点://指定剖切面上的点
> 在所需的侧面上指定点或 [保留两个侧面(B)] <保留两个侧面>://指定保留侧面上的点

在剖切面的指定选项中，命令行提示了 8 个选项，各选项含义如下。

- 【平面对象】：该选项将剪切面与圆、椭圆、圆弧、椭圆弧、二维样条曲线或二维多段线对齐。
- 【曲面】：该选项将剪切平面与曲面对齐。
- 【Z 轴】：该选项通过平面上指定一点和在平面的 Z 轴(法向)上指定另一点来定义剪切平面。
- 【视图】：该选项将剪切平面与当前视口的视图平面对齐，指定一点定义剪切平面的位置。
- XY：该选项将剪切平面与当前用户坐标系(UCS)的 XY 平面对齐，指定一点定义剪切平面的位置。
- YZ：该选项将剪切平面与当前 UCS 的 YZ 平面对齐，指定一点定义剪切平面的位置。
- ZX：该选项将剪切平面与当前 UCS 的 ZX 平面对齐，指定一点定义剪切平面的位置。
- 【三点】：该选项用三点定义剪切平面。

图 15-11 显示了将底座空腔剖开的效果。

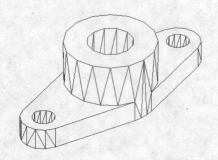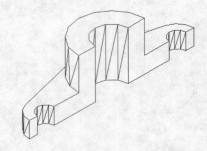

图 15-11　剖切效果

15.1.6　三维圆角

　　使用圆角命令可以对三维实体的边进行圆角操作，但必须分别选择这些边。执行【圆角】命令后，命令行提示如下：

> 命令: _fillet
> 当前设置: 模式 = 修剪，半径 = 0.0000
> 选择第一个对象或 [放弃(U)/多段线(P)/半径(R)/修剪(T)/多个(M)]://选择图 15-12 所示的边 1，选择长方体
> 输入圆角半径: 50//输入圆角半径
> 选择边或 [链(C)/半径(R)]://选择图 15-12 所示的边 2
> 选择边或 [链(C)/半径(R)]://按回车键，完成圆角，效果如图 15-12 右图所示
> 已选定 2 个边用于圆角。

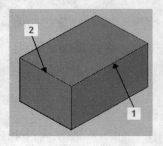

图 15-12　三维圆角效果

15.1.7　三维倒角

　　使用倒角命令，可以对基准面上的边进行倒角操作。执行倒角命令，命令行提示如下：

> 命令: _chamfer
> （"修剪"模式）当前倒角距离 1 = 0.0000，距离 2 = 0.0000
> 选择第一条直线或 [放弃(U)/多段线(P)/距离(D)/角度(A)/修剪(T)/方式(E)/多个(M)]://选择图 15-13 所示的边 1，指定长方体为倒角对象
> 基面选择...
> 输入曲面选择选项 [下一个(N)/当前(OK)] <当前(OK)>://按回车键，或者输入曲面选项

指定基面的倒角距离: 50//输入基面的倒角距离
指定其他曲面的倒角距离 <50.0000>: 100//输入其他曲面的倒角距离
选择边或 [环(L)]: 选择边或 [环(L)]://按回车键，完成倒角，效果如图 15-13 所示

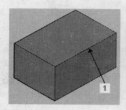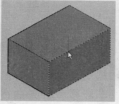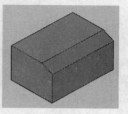

图 15-13　三维倒角效果

15.2　编辑三维实体面

对于已经存在的三维实体的面，用户可以通过拉伸、移动、旋转、偏移、倾斜、删除或复制实体对象来对其进行编辑，或改变面的颜色。

对三维实体面的编辑都可以通过在【实体编辑】工具栏中单击相应的按钮来执行，如图 15-14 所示。

图 15-14　【实体编辑】工具栏

15.2.1　拉伸

用户可以沿一条路径拉伸平面，或者通过指定一个高度值和倾斜角来对平面进行拉伸。选择【修改】/【实体编辑】/【拉伸面】命令，或单击【拉伸面】按钮，命令行提示如下。

命令: _solidedit
实体编辑自动检查: SOLIDCHECK=1
输入实体编辑选项 [面(F)/边(E)/体(B)/放弃(U)/退出(X)] <退出>: _face
输入面编辑选项
[拉伸(E)/移动(M)/旋转(R)/偏移(O)/倾斜(T)/删除(D)/复制(C)/着色(L)/放弃(U)/退出(X)
] <退出>: _extrude　　　　　　　　　//以上均为系统提示信息，表示执行拉伸面命令
选择面或 [放弃(U)/删除(R)]: 找到一个面。//选择如图 15-15 所示的圆柱体上底面
选择面或 [放弃(U)/删除(R)/全部(ALL)]:　//按 Enter 键
指定拉伸高度或 [路径(P)]: 20　　　　　//设定拉伸高度为 20，每个面都有一个正边，该边
　　　　　　　　　　　　　　　　　　　在当前选择面的法线方向上，输入一个正值可沿正
　　　　　　　　　　　　　　　　　　　方向拉伸面(通常是向外)，输入一个负值可沿负方
　　　　　　　　　　　　　　　　　　　向拉伸面(通常是向内)
指定拉伸的倾斜角度 <0>: 15　　　　　//设定拉伸的倾斜角度为 15，将选定的面倾斜负角
　　　　　　　　　　　　　　　　　　　度可向内倾斜面，将选定的面倾斜正角度可向外倾
　　　　　　　　　　　　　　　　　　　斜面。默认角度为 0，可垂直于平面拉伸面

按 Enter 键，生成的效果如图 15-16 所示。

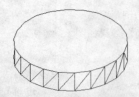

图 15-15　绘制成的圆柱体

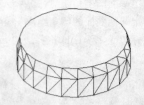

图 15-16　圆柱体上底面拉伸效果

　　沿指定的直线或曲线拉伸实体对象的面时，选定面上的所有剖面都将沿着选定的路径拉伸。可以选择直线、圆、圆弧、椭圆、椭圆弧、多段线或样条曲线作为路径，但是路径不能和选定的面在同一平面内，也不能是具有大曲率的区域。

15.2.2　移动

　　用户可以通过移动面来编辑三维实体对象，AutoCAD 只移动选定的面而不改变其方向。

　　选择【修改】/【实体编辑】/【移动面】命令，或单击【移动面】按钮，命令行提示如下。

```
命令：_solidedit
实体编辑自动检查：  SOLIDCHECK=1
输入实体编辑选项 [面(F)/边(E)/体(B)/放弃(U)/退出(X)] <退出>:_face
输入面编辑选项
[拉伸(E)/移动(M)/旋转(R)/偏移(O)/倾斜(T)/删除(D)/复制(C)/着色(L)/放弃(U)/退出(X)
] <退出>:_move                    //以上均为系统提示信息，表示执行移动面命令
选择面或 [放弃(U)/删除(R)]：找到一个面。//选择小圆柱体的侧面
选择面或 [放弃(U)/删除(R)/全部(ALL)]：//按 Enter 键，完成选择，如图 15-17 所示
指定基点或位移：                  //通过两点方式确定位移，指定如图 15-18 所示的圆
                                    心
指定位移的第二点：                //指定图 15-19 所示圆心为位移的第二点
已开始实体校验。                  //系统提示信息
已完成实体校验。                  //系统提示信息，效果如图 15-20 所示
```

图 15-17　选择面

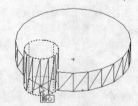

图 15-18　指定位移第一点

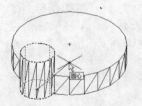

图 15-19　指定第二点

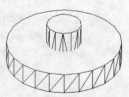

图 15-20　移动效果

提示

　　使用 AutoCAD 2009 的移动面命令，可以很方便地移动三维实体上的孔。用户可以使用对象捕捉模式、坐标和对象追踪捕捉精确地移动选定的面。

15.2.3 旋转

通过选择一个基点和相对（或绝对）旋转角度，可以旋转选定实体上的面或特征集合。所有三维面都可绕指定的轴旋转，当前的 UCS 和 ANGDIR 系统变量的设置决定了旋转的方向。

用户可以通过指定两点，一个对象、X 轴、Y 轴、Z 轴或相对于当前视图视线的 Z 轴方向来确定旋转轴。

用户可以通过选择【修改】/【实体编辑】/【旋转面】命令，或单击【旋转面】按钮 来执行该命令。

该命令与 rotate3d 命令类似，只是一个用于三维面旋转，一个用于三维体旋转，这里不再赘述。

15.2.4 偏移

在一个三维实体上，可以按指定的距离均匀地偏移面。通过将现有的面从原始位置向内或向外偏移指定的距离可以创建新的面（在面的法线方向上偏移，或向曲面或面的正侧偏移）。例如，可以偏移实体对象上较大的孔或较小的孔，指定正值将增大实体的尺寸或体积，指定负值将减少实体的尺寸或体积。

选择【修改】/【实体编辑】/【偏移面】命令，或单击【偏移面】按钮 ，命令行提示如下。

```
命令: _solidedit
实体编辑自动检查:    SOLIDCHECK=1
输入实体编辑选项  [面(F)/边(E)/体(B)/放弃(U)/退出(X)] <退出>:_face
输入面编辑选项
[拉伸(E)/移动(M)/旋转(R)/偏移(O)/倾斜(T)/删除(D)/复制(C)/着色(L)/放弃(U)/退出(X)
] <退出>: _offset                       //以上均为系统提示信息，表示执行偏移面命令
选择面或 [放弃(U)/删除(R)]: 找到一个面。//选择如图 15-21 所示的小圆柱体的侧面为偏移面
选择面或 [放弃(U)/删除(R)/全部(ALL)]:     //按 Enter 键，完成选择
指定偏移距离: 60                         //指定偏移距离，按 Enter 键，
```

效果如图 15-22 所示。

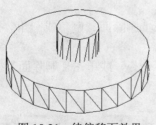

图 15-21　待偏移面效果

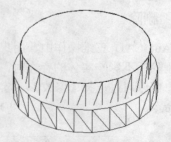

图 15-22　偏移后效果

15.2.5 倾斜

用户可以沿矢量方向以绘图角度倾斜面，以正角度倾斜选定的面将向内倾斜面，以负角

195

度倾斜选定的面将向外倾斜面。

选择【修改】/【实体编辑】/【倾斜面】命令，或单击【倾斜面】按钮，命令行提示如下。

```
命令: _solidedit
实体编辑自动检查： SOLIDCHECK=1
输入实体编辑选项 [面(F)/边(E)/体(B)/放弃(U)/退出(X)] <退出>: _face
输入面编辑选项
[拉伸(E)/移动(M)/旋转(R)/偏移(O)/倾斜(T)/删除(D)/复制(C)/着色(L)/放弃(U)/退出(X)
] <退出>: _taper              //以上均为系统提示信息，表示执行倾斜面命令
选择面或 [放弃(U)/删除(R)]: 找到一个面。//选择如图 15-23 所示的内圆柱侧面为倾斜面
选择面或 [放弃(U)/删除(R)/全部(ALL)]:   //按 Enter 键，完成选择
指定基点:                      //选择如图 15-23 所示的内圆柱体下底面圆心
指定沿倾斜轴的另一个点:         //选择如图 15-23 所示的内圆柱体上底面圆心
指定倾斜角度: 30                //设定正倾斜角度为 30
```

倾斜后的效果如图 15-24 所示。

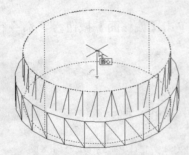
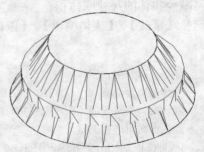

图 15-23 待倾斜面   图 15-24 倾斜后效果

要避免倾斜很大的角度，如果该角度过大，剖面在达到指定的高度前可能就已经倾斜成一点，AutoCAD 将拒绝这种倾斜。

15.2.6 删除

在 AutoCAD 三维操作中，用户可以从三维实体对象上删除面、倒角或圆角。只有当所选的面删除后不影响实体的存在时，才能删除所选的面。

用户可以通过选择【修改】/【实体编辑】/【删除面】命令，或单击【删除面】按钮来执行该命令。

删除面操作并不是说真正地删除实体的面，而是删除面后，将重新生成新的实体，因此在实体面的选择过程中，系统会提示错误，无法选择面。这个对其他面操作也适用。

196

15.2.7　复制

用户可以复制三维实体对象上的面，AutoCAD 将选定的面复制为面域或体。如果指定了两个点，AutoCAD 将使用第一点用做基点，并相对于基点放置一个副本。如果只指定一个点，然后按 Enter 键，AutoCAD 将使用原始选择点作为基点，下一点作为位移点。

用户可以通过选择【修改】/【实体编辑】/【复制面】命令，或单击【复制面】按钮 🗗 来执行该命令。

15.2.8　着色

可以修改选中的三维实体面的颜色。用户可以通过选择【修改】/【实体编辑】/【着色面】命令，或单击【着色面】按钮 🎨 来执行该命令。选择需要着色的面之后，弹出【选择颜色】对话框。该对话框的设置已经在第 11 章讲述过，这里不再赘述。

15.3　编辑三维边

用户除了可以对三维实体的面进行编辑外，还可以对三维实体的边进行复制，或者改变边的颜色。

15.3.1　复制

用户可以将三维实体的边复制为独立的直线、圆弧、圆、椭圆或样条曲线等对象。如果指定两个点，AutoCAD 将使用第一个点作为基点，并相对于基点放置一个副本。如果只指定一个点，然后按 Enter 键，AutoCAD 将使用原始选择点作为基点，下一点作为位移点。

用户可以通过选择【修改】/【实体编辑】/【复制边】命令，或单击【复制边】按钮 🗗 来执行该命令。

15.3.2　着色

可以为三维实体对象的独立边指定颜色。用户可以通过选择【修改】/【实体编辑】/【着色边】命令，或单击【着色边】按钮 🎨 来执行该命令。选择需要着色的边之后，弹出【选择颜色】对话框，该对话框的用法不再赘述。

15.4　编辑三维体

用户除了可以对三维实体的面或边进行编辑外，还可以使用压印、分割、抽壳、清除和检查等命令，直接对三维实体本身进行修改。

15.4.1　压印

通过压印操作，可以用圆弧、圆、直线、二维和三维多段线、椭圆、样条曲线、面域、体和三维实体来创建新的面或三维实体。

选择【修改】/【实体编辑】/【压印】命令，或单击【压印】按钮 🗗，命令行提示如下。

```
命令: _solidedit
实体编辑自动检查: SOLIDCHECK=1
输入实体编辑选项 [面(F)/边(E)/体(B)/放弃(U)/退出(X)] <退出>: _body
输入体编辑选项
[压印(I)/分割实体(P)/抽壳(S)/清除(L)/检查(C)/放弃(U)/退出(X)] <退出>: _imprint
                              //以上均为系统提示信息，表示执行压印命令
选择三维实体:                 //选择如图 15-25 所示的圆柱体作为被压印实体
选择要压印的对象:              /选择如图 15-25 所示的球体作为压印实体
是否删除源对象 [是(Y)/否(N)] <N>: y   //输入 y 表示要删除压印实体
```

效果如图 15-26 所示。

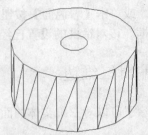

图 15-25　待压印的三维实体　　　　　图 15-26　压印后的三维实体

压印对象必须与选定实体上的面相交，这样才能压印成功。

15.4.2　分割

　　用户可以利用分割实体的功能，将组合实体分割成零件，或者组合三维实体对象不能共享公共的面积或体积。在将三维实体分割后，独立的实体保留其图层和原始颜色，所有嵌套的三维实体对象都将被分割成最简单的结构。

　　用户可以通过选择【修改】/【实体编辑】/【分割】命令，或单击【分割】按钮　来执行该命令。

15.4.3　抽壳

　　用户可以从三维实体对象中以指定的厚度创建壳体或中空的墙体。AutoCAD 通过将现有的面向原位置的内部或外部偏移来创建新的面。偏移时，AutoCAD 将连续相切的面看作单一的面。

　　用户可以通过选择【修改】/【实体编辑】/【抽壳】命令，或单击【抽壳】按钮　来执行该命令。

※ 例 15-2　绘制三通

　　绘制如图 15-27 所示的三通，要求内部是连通的。

具体操作步骤如下。

（1）通过构造线、直线、圆、圆弧命令绘制如图 15-28 所示的平面图形，大圆圆心为（200,200），小圆圆心（100,250），其他尺寸如图所示。

（2）选择【视图】/【三维视图】/【西南等轴测】命令，切换到西南等轴测视图。选择右侧的小圆，选择【修改】/【三维操作】/【三维旋转】命令，命令行提示如下。

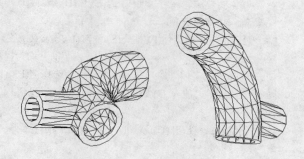

图 15-27　三通示意图

```
命令: _3drotate                          //选择菜单执行命令
UCS 当前的正角方向: ANGDIR=逆时针  ANGBASE=0//系统提示信息
选择对象: 找到 1 个                       //选择如图 15-29 所示小圆
选择对象:                                //按回车键，完成选择
指定基点:                                //捕捉小圆圆心为基点
拾取旋转轴:                              //拾取 Y 轴方向为旋转轴
指定角的起点: 90                         //输入旋转角度，按回车键，完成旋转
正在重生成模型。
```

（3）按 Enter 键，同样对大圆执行三维旋转，效果如图 15-29 所示。单击【建模】工具栏中的【拉伸】按钮，命令行提示如下。

图 15-28　基本平面图

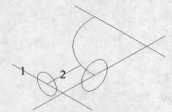

图 15-29　待拉伸图形

```
命令: _extrude               //单击按钮执行命令
当前线框密度: ISOLINES=4     //系统提示信息
选择对象: 找到 1 个          //选择图 15-29 中小圆
选择对象:                    //按 Enter 键，完成选择
指定拉伸的高度或 [方向(D)/路径(P)/倾斜角(T)] <100.0000>:p//输入 p，表示沿路径拉伸
选择拉伸路径或 [倾斜角]:     //选择图 15-29 中的直线 2
```

（4）使用同样的方法，生成弯圆柱体，如图 15-30 所示。单击【并集】按钮，将拉伸生成的两个柱体合并为一个实体，效果如图 15-31 所示。

（5）单击【抽壳】按钮，命令行提示如下。

```
命令: _solidedit
实体编辑自动检查: SOLIDCHECK=1
```

输入实体编辑选项 [面(F)/边(E)/体(B)/放弃(U)/退出(X)] <退出>: _body
输入体编辑选项
[压印(I)/分割实体(P)/抽壳(S)/清除(L)/检查(C)/放弃(U)/退出(X)] <退出>: _shell
　　　　　　　　　　　　　　　　//以上均为提示信息，执行抽壳命令
选择三维实体:　　　　　　　　　　//选择图 15-31 所示实体
删除面或 [放弃(U)/添加(A)/全部(ALL)]: 找到一个面，已删除 1 个。//选择图 15-31 所示的柱
　　　　　　　　　　　　　　　　　　　　　　　　　面 3
删除面或 [放弃(U)/添加(A)/全部(ALL)]: 找到一个面，已删除 1 个。//选择图 15-31 所示的柱
　　　　　　　　　　　　　　　　　　　　　　　　　面 4
删除面或 [放弃(U)/添加(A)/全部(ALL)]: '_3dorbit 按 Esc 或 Enter
键退出，或者单击鼠标右键显示快捷菜单。//执行【三维动态观察】命令，调整观察角度
正在重生成模型。　　　　　　　　　//系统提示信息
正在恢复执行 SOLIDEDIT 命令。　　//系统提示信息
删除面或 [放弃(U)/添加(A)/全部(ALL)]: 找到一个面，已删除 1 个。//选择图 15-31 柱面 5
删除面或 [放弃(U)/添加(A)/全部(ALL)]:　//按 Enter 键，完成面删除
输入抽壳偏移距离: 10　　　　　　　//设置壳体偏移距离
已开始实体校验。　　　　　　　　　//系统提示信息
已完成实体校验。　　　　　　　　　//系统提示信息，生成三通

效果如图 15-32 所示。

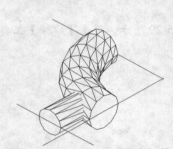

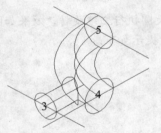

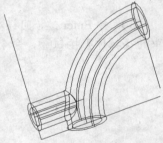

图 15-30　拉伸生成的两个柱体　　　　图 15-31　合并柱体　　　　图 15-32　抽壳

15.4.4　清除

如果三维实体的边的两侧或顶点共享相同的曲面或顶点，那么可以删除这些边或顶点。AutoCAD 将检查实体对象的体、面或边，并且合并共享相同曲面的相邻面，三维实体对象所有多余的、压印的，以及未使用的边都将被删除。

用户可以通过选择【修改】/【实体编辑】/【清除】命令，或单击【清除】按钮　来执行该命令。

15.4.5　检查

检查实体的功能可以检查实体对象是否为有效的三维实体对象。对于有效的三维实体，对其进行修改不会导致 ACIS 失败错误信息。如果三维实体无效，则不能编辑对象。

用户可以通过选择【修改】/【实体编辑】/【检查】命令，或单击【检查】按钮　来执行该命令。

15.5 布尔运算

布尔（BOOLEN）操作用于两个或两个以上的实心体之间，通过它可以完成并集、差集和交集运算。各种运算结果均将产生新的实心体。

并集运算将建立一个合成实心体与合成域。合成实心体通过计算两个或者更多现有的实心体的总体积来建立，合成域通过计算两个或者更多现有域的总面积来建立。用户可以通过选择【修改】/【实体编辑】/【并集】命令，或单击【并集】按钮 ⦾，或在命令行中输入 Union 来执行该命令。

差集运算所建立的实心体与域将基于一个域集或者二维物体的面积与另一个集合体的差来确定，实心体由一个实心体集的体积与另一个实心体集的体积的差来确定。用户可以通过选择【修改】/【实体编辑】/【差集】命令，或单击【差集】按钮 ⦾，或在命令行中输入 subtract 来执行该命令。

交集运算可以从两个或者多个相交的实心体中建立一个合成实心体以及域，所建立的域将基于两个或者多个相互覆盖的域而计算出来，实心体将由两个或者多个相交实心体的共同值计算产生，即使用相交的部分建立一个新的实心体或者域。用户可以通过选择【修改】/【实体编辑】/【交集】命令，或单击【交集】按钮 ⦾，或在命令行中输入 intersect 来执行该命令。

如图 15-33 所示为两个相交的圆柱体实施布尔运算的结果。

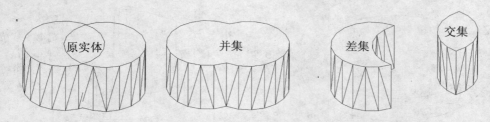

图 15-33　布尔运算结果

※ 例 15-3　绘制法兰盘

绘制如图 15-34 所示的法兰盘，法兰盘尺寸由栅格确定。

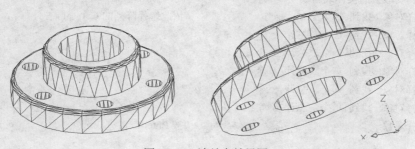

图 15-34　法兰盘效果图

具体操作步骤如下。

（1）切换到西南等轴测视图，单击状态栏中的【栅格】按钮，打开栅格捕捉功能，单击【圆柱体】按钮 ⬛，绘制半径为 100，高度为 30 的圆柱体。在距离圆柱体轮廓线 1 绘制单位的 X 方向上两个栅格的地方确定另外一个圆柱体的下底面圆心，半径为 10，高度为 40，效果如图 15-35 所示。

（2）单击【构造线】按钮 ✎，过大圆柱体的上底面和下底面圆心绘制如图 15-35 所示的构造线。

（3）选择【修改】/【三维操作】/【三维阵列】命令，命令行提示如下。

命令: _3darray	//通过菜单执行命令
选择对象: 找到 1 个	//选择图 15-35 所示的小圆柱体
选择对象:	//按 Enter 键，完成选择
输入阵列类型 [矩形(R)/环形(P)] <矩形>:p	//输入 p，进行环形阵列
输入阵列中的项目数目: 6	//设置阵列数目
指定要填充的角度 (+=逆时针, -=顺时针) <360>:	//使用默认值，设定填充角度
旋转阵列对象？ [是(Y)/否(N)] <Y>:	//按 Enter 键，旋转阵列对象
指定阵列的中心点:	//选择构造线上一点
指定旋转轴上的第二点:	//选择构造线上另外一点

（4）按 Enter 键，阵列效果如图 15-36 所示。单击【差集】按钮 ◎，命令行提示如下。

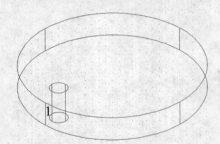

图 15-35　绘制圆柱体

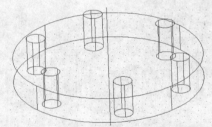

图 15-36　绘制构造线，阵列小圆柱体

命令: _subtract 选择要从中减去的实体或面域...	//系统提示信息
选择对象: 找到 1 个	//选择大圆柱体，作为从中减去的实体
选择对象:	//按 Enter 键，完成选择，效果如图 15-37 所示
选择要减去的实体或面域 ..	//系统提示信息
选择对象: 找到 1 个	//依此选择阵列的 6 个小圆柱体
选择对象: 找到 1 个，总计 2 个	
选择对象: 找到 1 个，总计 3 个	
选择对象: 找到 1 个，总计 4 个	
选择对象: 找到 1 个，总计 5 个	
选择对象: 找到 1 个，总计 6 个	
选择对象:	//按 Enter 键，完成选择

效果如图 15-38 所示。

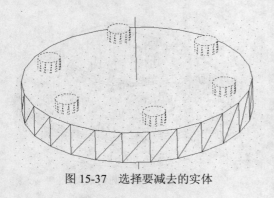

图 15-37　选择要减去的实体

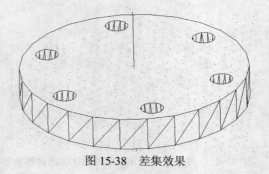

图 15-38　差集效果

（5）　以大圆柱体的下底面圆心为圆心，分别绘制半径为 60，高为 70；半径为 40，高为 80 的圆柱体，效果如图 15-39 所示。

（6）　单击【并集】按钮◎，依次选择图 15-34 所示的实体和半径为 60，高为 70 的圆柱体，合并为一个实体，效果如图 15-40 所示。

（7）　单击【差集】按钮◎，选择图 15-40 所示的实体为主体，选择半径为 40，高为 80 的圆柱体为被减去的实体，效果如图 15-41 所示。

图 15-39　绘制另外两个圆柱体

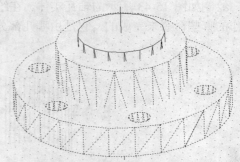

图 15-40　合并两个实体

（8）　单击【圆角】按钮◻，命令行提示如下。

```
命令: _fillet                                    //单击按钮执行圆角命令
当前设置: 模式 = 修剪，半径 = 5.0000           //系统提示信息
选择第一个对象或 [放弃(U)/多段线(P)/半径(R)/修剪(T)/多个(M)]://选择图 15-41 所示边 2
输入圆角半径 <5.0000>:                          //输入圆角半径，采用默认设置
选择边或 [链(C)/半径(R)]:                        //按 Enter 键，完成圆角
已拾取到边。                                    //系统提示信息
选择边或 [链(C)/半径(R)]:                        //按回车键，完成选择
已选定 1 个边用于圆角。                          //系统提示信息
```

（9）　同样对边 3 进行圆角操作，圆角半径为 5，最终效果如图 15-42 所示。

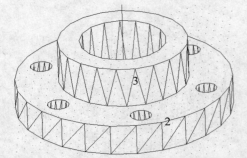

图 15-41　减去半径为 40，高为 80 的圆柱体的效果

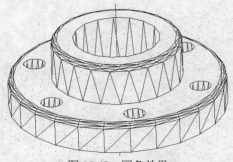

图 15-42　圆角效果

 提示　在绘制过程中，读者会经常用到三维动态观察器。同时，在绘制过程中，经常会遇到将圆柱体设置的比实际尺寸高的情况，那是为了有利于选择实体。

15.6　动手实践

绘制如图 15-43 所示的轴瓦实体。在绘制实体之前，读者先要读懂该三维实体是由三维操作的哪些命令来完成的，它是由哪几部分组成。

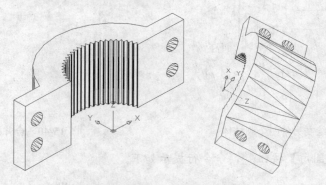

图 15-43　轴瓦三维实体

具体操作步骤如下。

（1）切换到西南等轴测视图。单击【圆柱体】按钮🛢，命令行提示如下。

```
命令: _cylinder                              //单击按钮执行圆柱体命令
指定底面的中心点或 [三点(3P)/两点(2P)/相切、相切、半径(T)/椭圆(E)]:0,0,0
                                             //以坐标原点为中心点
指定底面半径或 [直径(D)] <83.6220>: 50       //设置圆柱体底面半径为 50
指定高度或 [两点(2P)/轴端点(A)] <53.6092>:50 //设置圆柱体高度为 50
```

（2）按 Enter 键，绘制完成圆柱体。按照同样的道理，以坐标原点为底面中心点，绘制底面半径为 30，高为 60 的圆柱体，效果如图 15-44 所示。

（3）单击【差集】按钮⏀，命令行提示如下。

命令: _subtract 选择要从中减去的实体或面域... //单击按钮执行差集命令

选择对象: 找到 1 个　　　　　　　　//选择底面半径为 50 的圆柱体

选择对象:　　　　　　　　　　　　//按 Enter 键，完成选择

选择要减去的实体或面域 ..　　　　　//系统提示信息

选择对象: 找到 1 个　　　　　　　　//选择底面半径为 30 的圆柱体

选择对象:　　　　　　　　　　　　//按 Enter 键完成选择

效果如图 15-45 所示。

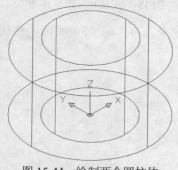

图 15-44　绘制两个圆柱体

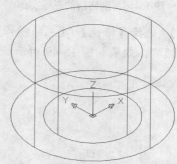

图 15-45　差集结果

（4）选择【修改】/【三维操作】/【剖切】命令，命令行提示如下。

命令: _slice　　　　　　　//单击按钮执行剖切命令

选择要剖切的对象:找到 1 个 //选择如图 15-45 所示实体

选择要剖切的对象:　　//按 Enter 键，完成选择

指定切面的起点或 [平面对象(O)/曲面(S)/Z 轴(Z)/视图(V)/XY/YZ/ZX/三点(3)] <三点>: zx

　　　　　　　　　//选择沿 ZX 平面平行的面作为剖切面

指定 ZX 平面上的点 <0,0,0>://指定平面上的点，使用默认值

在所需的侧面上指定点或 [保留两个侧面(B)] <保留两个侧面>://在 Y 轴正方向指定任意一点

（5）选择【修改】/【三维操作】/【三维旋转】命令，命令行提示如下。

命令: _3drotate　　　　　　　　　　　　　　//选择菜单执行命令

UCS 当前的正角方向：ANGDIR=逆时针　ANGBASE=0//系统提示信息

选择对象: 找到 1 个　　　　　　　　　　//选择图 15-46 所示的实体

选择对象:　　　　　　　　　　　　　　//按回车键，完成选择

指定基点:　　　　　　　　　　　　　　//捕捉原点为基点

拾取旋转轴:　　　　　　　　　　　　　//拾取 Z 轴为旋转轴

指定角的起点: 30　　　　　　　　　　　//输入旋转角度，按回车键

正在重生成模型。

（6）按 Enter 键，效果如图 15-47 所示。单击【剖切】按钮，与步骤（4）类似，剖切掉 Y 轴负方向的实体，效果如图 15-48 所示。

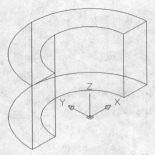

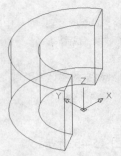

图 15-46　剖切后的三维实体　　　　　　　　　图 15-47　旋转三维实体30°

（7）选择【修改】/【三维操作】/【三维旋转】命令，与步骤（5）类似，将旋转角度指定为-15°，效果如图 15-49 所示。

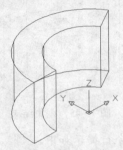

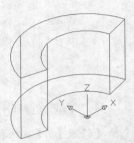

图 15-48　剖切掉多余形体　　　　　　　　　　图 15-49　旋转-15°

（8）单击【长方体】按钮，命令行提示如下。

```
命令: _box                                //单击按钮执行长方体命令
指定第一个角点或 [中心(C)]:0,0,0          //指定原点为第一个角点
指定其他角点或 [立方体(C)/长度(L)]:1       //采用长度方式绘制长方体
指定长度: -40                             //设定长方体长度为-40，表示沿 X 轴反方向绘制
指定宽度: 10                              //设定长方体宽度为10
指定高度或 [两点(2P)] <297.4041>:50        //设定长方体高度为50
```

效果如图 15-50 所示。

（9）在命令行中输入 UCS 命令，命令如下提示如下：

```
命令: UCS                    //执行 UCS 命令
当前 UCS 名称: *世界*         //系统提示信息
指定 UCS 的原点或 [面(F)/命名(NA)/对象(OB)/上一个(P)/视图(V)/世界(W)/X/Y/Z/Z 轴(ZA)] <世
界>: x                       //表示沿 X 轴旋转
指定绕 X 轴的旋转角度 <90>:   //采用默认旋转角度
```

效果如图 15-51 所示。

（10）单击【圆柱体】按钮，命令行提示如下。

```
命令: _cylinder                              //单击按钮执行圆柱体命令
指定底面的中心点或 [三点(3P)/两点(2P)/相切、相切、半径(T)/椭圆(E)]:
```

指定底面半径或 [直径(D)] <30>: 5　　　　　　//指定底面半径为 5
指定高度或 [两点(2P)/轴端点(A)] <60>:-20　//指定高度为-20，表示沿 Z 轴反向绘制

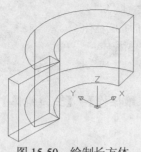

图 15-50　绘制长方体

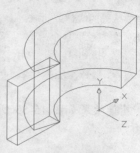

图 15-51　旋转坐标系

（11）　按 Enter 键，绘制的孔圆柱体效果如图 15-52 所示。单击【移动】按钮 ✛，命令
行提示如下。

命令: _move　　　　　　　　　　　　　//单击按钮执行移动命令
选择对象: 找到 1 个　　　　　　　　　//选择图 15-51 所示的孔圆柱体
选择对象:　　　　　　　　　　　　　　//按 Enter 键，完成选择
指定基点或 [位移(D)] <位移>:　　　　//选择长方体右下角点为基点
指定第二个点或 <使用第一个点作为位移>:@10,15,0　//使用相对坐标指定第二点

（12）　按 Enter 键，效果如图 15-53 所示。单击【复制】按钮 ❳，命令行提示如下。

命令: _copy　　　　　　　　　　　　　//单击按钮执行复制对象命令
选择对象: 找到 1 个　　　　　　　　　//选择图 15-53 所示的孔圆柱体
选择对象:　　　　　　　　　　　　　　//按 Enter 键，完成选择
指定基点或 [位移(D)] <位移>:　　　　//指定孔圆柱体下底面圆心为基点
指定第二个点或 <使用第一个点作为位移>: @0,20,0　//设定相对坐标，指定第二点
指定第二个点或 [退出(E)/放弃(U)] <退出>:　//按回车键，完成复制

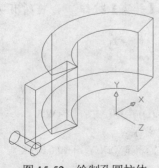

图 15-52　绘制孔圆柱体

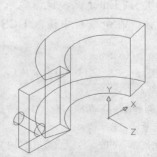

图 15-53　移动孔圆柱体

（13）　按 Enter 键，复制的孔圆柱体效果如图 15-54 所示。
（14）　单击【差集】按钮 ◎，命令行提示如下。

命令:_subtract 选择要从中减去的实体或面域...	//单击按钮执行差集命令
选择对象: 找到 1 个	//选择图 15-54 所示的长方体
选择对象:	//按 Enter 键，完成选择
选择要减去的实体或面域 ..	//系统提示信息
选择对象: 找到 1 个	//选择复制的孔圆柱体
选择对象: 找到 1 个，总计 2 个	//选择原始的圆柱体
选择对象:	//按 Enter 键，完成选择

（15） 差集效果如图 15-55 所示。选择【修改】/【三维操作】/【三维镜像】命令，命令行提示如下。

命令:_mirror3d	//通过菜单执行命令
选择对象: 指定对角点: 找到 1 个	//选择图 15-55 所示的差集形成的实体
选择对象:	//按 Enter 键，完成选择
指定镜像平面 (三点) 的第一个点或	
[对象(O)/最近的(L)/Z 轴(Z)/视图(V)/XY 平面(XY)/YZ 平面(YZ)/ZX	
平面(ZX)/三点(3)] <三点>: yz	//以平行于 YZ 平面的面作为镜像面
指定 YZ 平面上的点 <0,0,0>:	//指定镜像面上的一点
是否删除源对象? [是(Y)/否(N)] <否>:	//选择默认选项

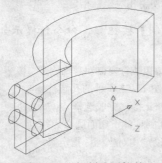

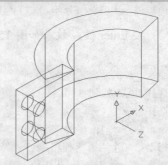

图 15-54 复制孔圆柱体   图 15-55 差集去除两个孔圆柱体

（16） 按 Enter 键，镜像效果如图 15-56 所示。单击【并集】按钮◎，将所有实体合并为一个实体。在命令行中输入 UCS，命令行提示如下。

命令: UCS	//执行 UCS 命令
当前 UCS 名称: *没有名称*	//系统提示信息
输入选项	//系统提示信息
[新建(N)/移动(M)/正交(G)/上一个(P)/恢复(R)/保存(S)/删除(D)/应用(A)/?/世界(W)]	
<世界>: n	//输入 n，创建新的用户坐标系
指定新 UCS 的原点或 [Z 轴(ZA)/三点(3)/对象(OB)/面(F)/视图(V)/X/Y/Z] <0,0,0>: x	
	//以 X 轴为旋转轴
指定绕 X 轴的旋转角度 <90>: -90	//输入旋转角度为-90°

（17） 按 Enter 键，旋转后的 UCS 如图 15-57 所示。单击【多边形】按钮〇，命令行

提示如下。

```
命令: _polygon 输入边的数目 <4>: 3           //绘制等边三角形
指定正多边形的中心点或 [边(E)]: 0,30,0     //输入等边三角形中心点坐标
输入选项 [内接于圆(I)/外切于圆(C)] <I>: c    //采用外切圆方式绘制圆
指定圆的半径: 1                             //指定圆的半径
```

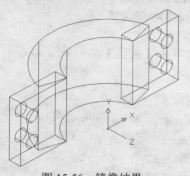

图 15-56　镜像结果

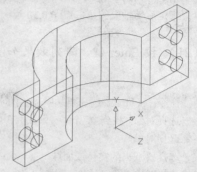

图 15-57　并集效果

（18）　按 Enter 键，绘制的三角形如图 15-58 所示。

（19）　单击【拉伸】按钮，命令行提示如下。

```
命令: _extrude                     //单击按钮执行拉伸操作
当前线框密度: ISOLINES=4            //系统提示信息
选择要拉伸的对象:找到 1 个          //选择图 15-58 中绘制的等边三角形
选择要拉伸的对象:                   //按 Enter 键，完成选择
指定拉伸的高度或 [方向(D)/路径(P)/倾斜角(T)] <30.0000>: 60 //设置拉伸高度为 60
```

（20）　按 Enter 键，拉伸效果如图 15-59 所示。选择【修改】/【三维操作】/【三维阵列】命令，命令行提示如下。

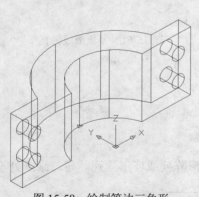

图 15-58　绘制等边三角形

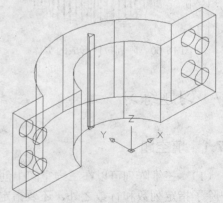

图 15-59　拉伸等边三角形

```
命令: _3darray                          //通过菜单执行命令
正在初始化... 已加载 3DARRAY。          //系统提示信息
选择对象: 找到 1 个                      //选择拉伸形成的三维实体
```

选择对象:	//按 Enter 键，完成选择
输入阵列类型 [矩形(R)/环形(P)] <矩形>:p	//设置阵列类型为环形阵列
输入阵列中的项目数目: 60	//设置阵列数目为 60
指定要填充的角度 (+=逆时针, -=顺时针) <360>:	//按 Enter 键，采用默认的填充角度
旋转阵列对象？ [是(Y)/否(N)] <Y>:	//按 Enter 键，旋转阵列对象
指定阵列的中心点:	//捕捉坐标原点
指定旋转轴上的第二点: 0,0,30	//用绝对坐标指定第二点

（21） 按 Enter 键，阵列效果如图 15-60 所示。单击【差集】按钮◎◎，命令行提示如下。

命令: _subtract 选择要从中减去的实体或面域...	//系统提示信息
选择对象: 找到 1 个	//选择步骤(16)中并集完成的实体
选择对象:	//按 Enter 键，完成选择
选择要减去的实体或面域 ..	//系统提示信息
选择对象: 指定对角点: 找到 60 个	//选择图 15-60 中阵列完成的实体

（22） 按 Enter 键，效果如图 15-61 所示。

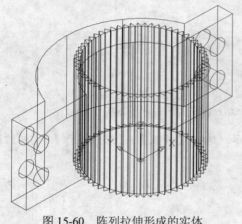 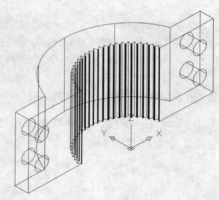

图 15-60　阵列拉伸形成的实体　　　　　　图 15-61　差集形成轴瓦

15.7　习题练习

15.7.1　填空题

（1） 三维阵列可以在三维空间中创建对象的矩形阵列或环形阵列。与二维阵列不同，用户除了指定列数和行数之外，还要指定_____。

（2） 压印对象必须与选定实体上的面_____，这样才能压印成功。

（3） 布尔操作用于两个或两个以上的实心体，包括_____、_____、_____运算。

（4） 在 AutoCAD 中，有很多命令既适用于二维图形绘制的各种情况，也适用于三维空间的任意平面图形，所有线框、表面和实体模型，这样的命令有_____和_____等。

15.7.2 选择题

（1）_____运算将建立一个合成实心体与合成域，合成实心体通过计算两个或者更多现有的实心体的总体积来建立，合成域通过计算两个或者更多现有域的总面积来建立。

    A. 交集　　　　　　　　B. 并集　　　　　　　　C. 差集

（2）以下_____命令不能应用于三维面？

    A. COPY　　　　　　　　B. MOVE

    C. FILLET　　　　　　　　D. SCALE

（3）对三维面进行_____操作后，三维体不会发生形状上的改变。

    A. 拉伸　　　　　　　　B. 移动

    C. 偏移　　　　　　　　D. 删除

（4）从三维实体对象中以指定的厚度创建壳体或中空的墙，可以使用_____命令。

    A. 抽壳　　　　　　　　B. 压印

    C. 分割　　　　　　　　D. 清除

15.7.3 上机操作题

（1）按照图 15-62、图 15-63、图 15-64 和图 15-65 所示的示意图绘制轮辐效果图。

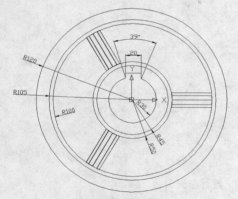

图 15-62　俯视图

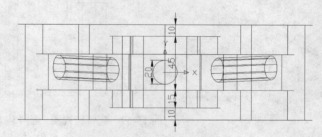

图 15-63　左视图

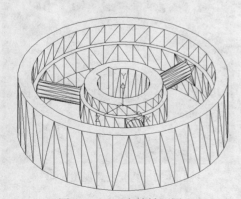

图 15-64　西南等轴测图

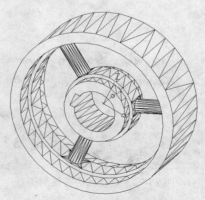

图 15-65　其他视角三维视图

（2） 按照图 15-66、图 15-67 和图 15-68 所示的示意图绘制联轴器。

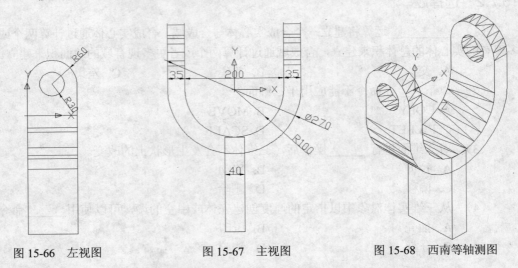

图 15-66　左视图　　　　　图 15-67　主视图　　　　　图 15-68　西南等轴测图

（3） 按照图 15-69、图 15-70、图 15-71 和图 15-72 所示的示意图绘制弯管。

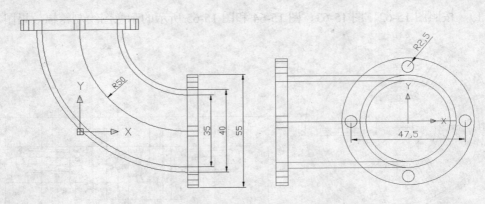

图 15-69　弯管俯视图　　图 15-70　弯管左视图

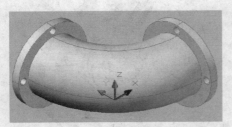

图 15-71　弯管西南等轴测图

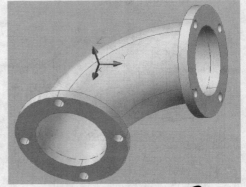

图 15-72　弯管任意视图

第 16 章　打印与输出

本章要点：

- 打印布局的创建
- 打印样式表的创建
- 打印图形

本章导读：

- **基础内容：** 创建打印布局的方法，打印图形的方法，以及【打印】对话框中各参数的含义。
- **重点掌握：** 合理地对【打印】对话框进行设置，以打印出用户需要的图形的内容。
- **一般了解：** 本章所讲的创建打印样式表，在日常打印图纸时一般不会用到，了解即可。

课堂讲解

在 AutoCAD 中制作完成的图形，可以生成电子图形保存，也可以作为原始模型导入到其他软件（如 3ds max、Photoshop 等）中进行处理，但是最为重要的应用还是打印输出，作为计算机辅助设计的最有效结果，指导生产和工作。

AutoCAD 2009 为用户提供了两种并行的工作空间：模型空间和图纸空间。一般来说，用户在模型空间进行图形设计，在图纸空间里进行打印输出。

在模型空间工作，能够创建任意类型的二维模型和三维模型，图纸空间实际上提供了模型的多个"快照"。一个布局代表一张可以使用各种比例显示一个或多个模型视图的图纸。用户可以通过单击状态栏中的 模型 和 图纸 按钮来切换两个空间。

在图纸空间中，用户可以对图纸进行布局。布局是一种图纸空间环境，它模拟显示中的图纸页面，提供直观的打印设置，主要用来控制图形的输出，布局中所显示的图形与图纸页面上打印出来的图形完全一样。

在图纸空间中可以创建浮动视口，还可以添加标题栏或其他几何图形。另外，可以在图形中创建多个布局以显示不同视图，每个布局可以包含不同的打印比例和图纸尺寸。

处在不同视口中的对象实际上是同一个对象，它只是反映了对象的不同观察方向，所以不论改变哪一个视口中的对象，其他视口中的对象也会有相应的改变。另外，还可以给每个视口定义不同的坐标系。

16.1 创建打印布局

在从 AutoCAD 2009 中建立一个新图形时，AutoCAD 会自动建立一个【模型】选项卡和两个【布局】选项卡，用户可以通过 ◀ ◀ ▶ ▶ 模型 / 布局1 / 布局2 进行切换。【模型】选项卡可以用来在模型空间中建立和编辑图形，该选项卡不能被删除和重命名；【布局】选项卡用来编辑打印图形的图纸，其个数没有要求，可以进行删除和重命名操作。

AutoCAD 2009 提供了从开始建立布局、利用样板建立布局和利用向导建立布局 3 种创建新布局的方法。

启动 AutoCAD 2009，创建一个新图形，系统会自动给该图形创建两个布局。在【布局2】选项卡上右击鼠标，从弹出的快捷菜单中选择【新建布局】命令，系统会自动添加一个名为【布局3】的布局。在【布局3】选项卡上右击鼠标，在弹出的快捷菜单中选择【重命名】命令，【布局3】变成如图 16-1 所示的可编辑状态，重新输入新布局名称，完成布局的创建。创建新的布局之后，就可以按照图形输出的要求，设置布局的特性。

◀ ◀ ▶ ▶ 模型 / 布局1 / 布局2 / 布局3 /

图 16-1 【重命名布局】对话框

一般不建议用户使用系统提供的样板来建立布局，系统提供的样板不符合中国的国标。用户可以通过向导来创建布局，选择【工具】/【向导】/【创建布局】命令，即可启动创建布局向导。

※ 例 16-1 利用向导创建布局

为图 16-2 所示的基座零件图创建布局，布局名称为【三维零件打印】，布局为四视图，效果如图 16-3 所示。

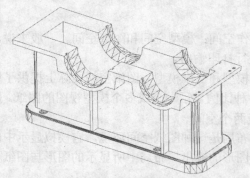

图 16-2 基座零件三维图

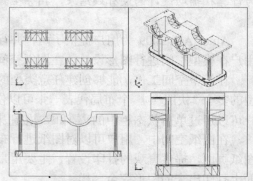

图 16-3 【三维零件布局】

具体操作步骤如下。

（1）选择【工具】/【向导】/【创建布局】命令，弹出【创建布局】对话框的【开始】向导。该步向导用于设置新创建的布局的名称，在【输入新布局的名称】文本框中输入"三维零件打印"。

（2）单击【下一步】按钮，弹出【打印机】向导对话框，该向导用于为新布局选择配置的绘图仪，在【为新布局选择配置的绘图仪】列表框中给出了当前已经配置完毕的打印设备，这里选择【无】选项。

（3）单击【下一步】按钮，弹出【图纸尺寸】向导对话框，该向导用于选择布局使用的图纸尺寸。在下拉列表框中选择要使用的纸张大小，在【图形单位】选项组中指定图形所使用的打印单位。这里选择 ISO A2（594.00×420.00 毫米）图纸，图形单位为【毫米】。

（4）单击【下一步】按钮，弹出【方向】向导对话框，该向导用于选择图形在图纸上的方向，这里选中【横向】单选按钮。

（5）单击【下一步】按钮，弹出【标题栏】向导对话框，该向导用于选择应用于此布局的标题栏，用户可以在【路径】列表框中选择合适的标题栏，这里选择【无】选项。

（6）单击【下一步】按钮，弹出【定义视口】向导对话框，该向导用于设置该布局视口的类型以及比例等。用户可以在【视口设置】选项组中选择视口类型，在【视口比例】下拉列表框中选择比例。【行数】、【列数】、【行间距】和【列间距】等文本框用于设置行列及间距。这里选中【标准三维工程视图】单选按钮，其他设置使用默认值。

（7）单击【下一步】按钮，弹出【拾取位置】向导对话框，该向导用于选择要创建的视口配置的角点，这里不作选择。

（8）单击【下一步】按钮，弹出【完成】向导对话框，单击【完成】按钮，完成布局的创建。

> **提示**　在选择标题栏时，应该选择一种与图纸尺寸匹配的标题栏，否则标题栏可能不适合选定的图纸尺寸。比如，ANSI 标准的标题栏是以英寸为单位绘制的，而 ISO、DIN 和 JIS 标题栏则是以毫米为单位绘制的。ANSI A4 标题栏大小大约为 10×8 个单位。如果将这个标题栏插入到使用 A4 图纸（其图纸单位为毫米）的布局中，图纸尺寸是 297×210 个单位。这样，标题栏就太小了。

16.2　创建打印样式

打印样式用于修改打印图形的外观。在打印样式中，用户可以指定端点、连接和填充样式，也可以指定抖动、灰度、笔指定和淡显等输出效果。如果需要以不同的方式打印同一图形，也可以使用不同的打印样式。

用户可以在打印样式表中定义打印样式的特性，可以将它附着到"模型"标签和布局上去。如果给对象指定一种打印样式，然后将包含该打印样式定义的打印样式表删除，则该打印样式将不起作用。通过附着不同的打印样式表到布局上，可以创建不同外观的打印图纸。

选择【工具】/【向导】/【添加打印样式表】命令，可以启动添加打印样式表向导，创建新的打印样式表。选择【文件】/【打印样式管理器】命令，弹出 Plot Styles 窗口，用户可以在其中找到新定义的打印样式管理器，以及系统提供的打印样式管理器。

※ 例 16-2　创建打印样式表

创建一个新的打印样式表，名称为【三维零件打印样式】。

具体操作步骤如下。

（1）选择【工具】/【向导】/【添加打印样式表】命令，弹出【添加打印样式表】对话框。向导第一步说明了添加打印样式表可以完成的工作。

（2）单击【下一步】按钮，进入向导第二步。向导提供了创建打印样式表的4种选择。【创建新打印样式表】单选按钮表示从头开始创建新的打印样式表；【使用现有打印样式表】单选按钮表示以已经存在的命名打印样式表为起点，创建新的命名打印样式表，在新的打印样式表中会包括原有打印样式表中的一部分样式；【使用R14绘图仪配置】单选按钮表示使用acadr14.cfg文件中指定的信息创建新的打印样式表，如果要输入设置，又没有PCP或PC2文件，则可以选择该选项；【使用PCP或PC2文件】单选按钮使用PCP或PC2文件中存储的信息创建新的打印样式表。这里选中【创建新打印样式表】单选按钮，从头开始创建新的打印样式表。

（3）单击【下一步】按钮，进入向导第三步，要求选择合适的表类型。颜色相关打印样式表是基于对象颜色的，使用对象的颜色控制输出效果；命名打印样式表不考虑对象的颜色，可以为任何对象指定任何打印样式。这里选中【颜色相关打印样式表】单选按钮。

（4）单击【下一步】按钮，进入向导第四步，要求在【文件名】文本框中为所建立的打印样式表指定名称，该名称将作为所建立的打印样式的标识名。这里在文本框中输入"三维零件打印样式"。

（5）单击【下一步】按钮，进入向导第五步。单击【打印样式表编辑器】按钮，弹出【打印样式表编辑器】对话框，在该对话框中可以对样式表的各种参数进行设置，这里不作介绍。设置完成后，单击【保存并关闭】按钮，回到向导，单击【完成】按钮，完成打印样式表的创建。

（6）选择【文件】/【打印样式管理器】命令，弹出Plot Styles窗口，用户可以在该窗口中找到新定义的打印样式表【三维零件打印样式】，如图16-4所示。

在完成打印样式表的创建后，就可以将其附着到布局中进行打印了。

图16-4　添加完成的打印样式表

16.3　打印图形

选择【文件】/【打印】命令，弹出如图16-5所示的【打印】对话框，在该对话框中可以对打印的一些参数进行设置。

在【页面设置】选项组中的【名称】下拉列表框中可以选择所要应用的页面设置名称，也可以单击【添加】按钮添加其他的页面设置，如果没有进行页面设置，可以选择【无】选项。

在【打印机/绘图仪】选项组中的【名称】下拉列表框中可以选择要使用的绘图仪。选择【打印到文件】复选框，则图形输出到文件后再打印，而不是直接从绘图仪或者打印机中打印。

在【图纸尺寸】选项组的下拉列表框中可以选择合适的图纸幅面，并且在右上角可以预览图纸幅面的大小。

在【打印区域】选项组中，用户可以通过4种方法来确定打印范围。【图形界限】选项表示打印布局时，将打印指定图纸尺寸的页边距内的所有内容，其原点从布局中的（0,0）点计算得出。从【模型】选项卡打印时，将打印图形界限定义的整个图形区域。【显示】选项表示打印选定的【模型】选项卡当前视口中的视图或布局中的当前图纸空间视图。【窗口】选项表示打印指定的图形的任何部分，这是直接在模型空间打印图形时最常用的方法。选择【窗口】选项后，命令行会提示用户在绘图区指定打印区域。【范围】选项用于打印图形的当前空间部分（该部分包含对象），当前空间内的所有几何图形都将被打印。

图 16-5　【打印】对话框

在【打印比例】选项组中，当选中【布满图纸】复选框后，其他选项显示为灰色，不能更改。清除【布满图纸】复选框，用户可以对比例进行设置。

单击【打印】对话框右下角的 ⊙ 按钮，则展开【打印】对话框，如图 16-6 所示。

在展开选项中，可以在【打印样式表】选项组的下拉列表框中选择合适的打印样式表，在【图形方向】选项组中可以选择图形打印的方向和文字的位置，如果选中【反向打印】复选框，则打印内容将要反向。

单击【预览】按钮可以对打印图形效果进行预览，若对某些设置不满意可以返回修改。在预览中，按 Enter 键可以退出预览返回【打印】对话框，单击【确定】按钮进行打印。

16.4　动手实践

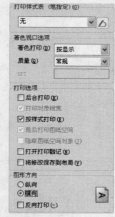

图 16-6　【打印】对话框展开部分

在模型空间中绘制了如图 16-7 所示的零件图的主视图和侧视图（由于图形在长度方向上比较长，所以抓了一些辅助图进行说明）。现在要求本机安装的打印机用 A4 纸按照 1:1 的比例打印主视图。

具体操作步骤如下。

（1）选择【文件】/【打印】命令，弹出【打印】对话框，在【打印机/绘图仪】选项组中的【名称】下拉列表框中选择本机安装的打印机 Legend LJ2110P，在【图纸尺寸】下拉列表框中选择 A4 选项，在【打印范围】下拉列表框中选择【窗口】选项，切换到绘图区，命令行提示如下。

```
指定打印窗口      //系统提示信息
指定第一个角点：  //指定图 16-8 所示的左上角点
指定对角点：      //指定图 16-8 所示的右下角点
```

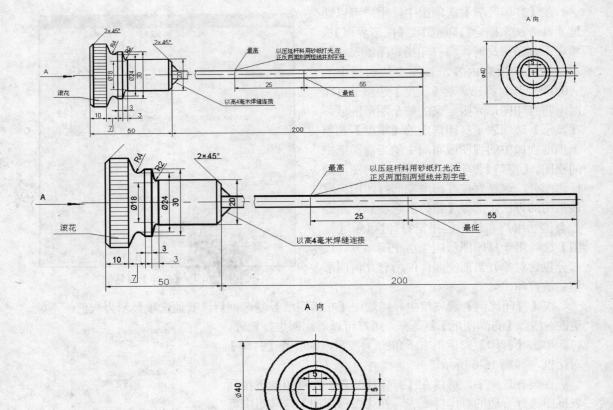

图 16-7　零件图主视图和侧视图

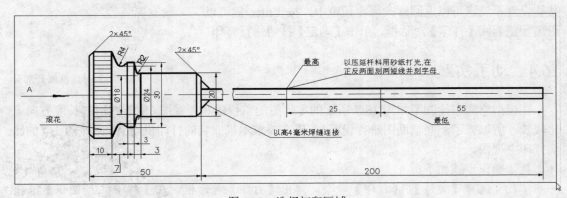

图 16-8　选择打印区域

　　选择完毕后，返回【打印】对话框，选中【居中打印】复选框，清除【布满图纸】复选框。在【比例】下拉列表框中选择 1:1 选项，在【图纸方向】选项组中，选中【横向】单选按钮，在预览区可以看到设置效果。

　　（2）单击【预览】按钮，进入打印预览窗口，预览效果如图 16-9 所示。按 Enter 键，返回【打印】对话框，单击【确定】按钮打印图纸。

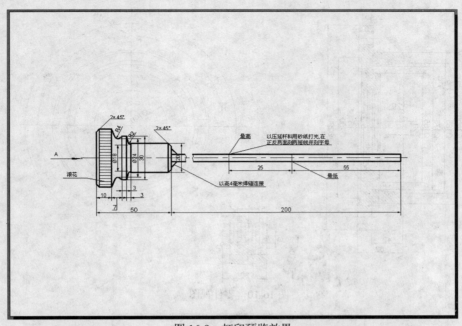

图 16-9　打印预览效果

16.5　习题练习

16.5.1　填空题

（1）　AutoCAD 2009 为用户提供了两种并行的工作空间：_____和_____。

（2）　在【打印】对话框的_____选项组中可以设置图形在打印纸中的位置。

（3）　AutoCAD 2009 提供_____、_____和_____建立布局 3 种方法创建新布局。

16.5.2　选择题

（1）　用户在_____中进行图形设计，在_____中进行打印输出。

　　　　A. 模型空间、图纸空间　　　　　　　　　B. 图纸空间、模型空间

（2）　要打印图形的指定部分，采用_____方式确定打印范围。

　　　　A. 图形界限　　　　B. 范围　　　　C. 窗口　　　　D. 显示

（3）　用户在对打印图形效果预览之后，按_____退出预览，回到【打印】对话框。

　　　　A. Enter 键　　　　B. 空格键　　　　C. End 键　　　　D. Esc 键

16.5.3　上机操作题

（1）　如图 16-10 所示的零件图，由主视图、剖面图和详图组成。现在要求打印详图，使用 B5 纸，比例为 2:1，打印预览效果如图 16-11 所示。

（2）　用 A4 图纸打印如图 16-12 所示的全部图形，其他参数由用户自己调整。

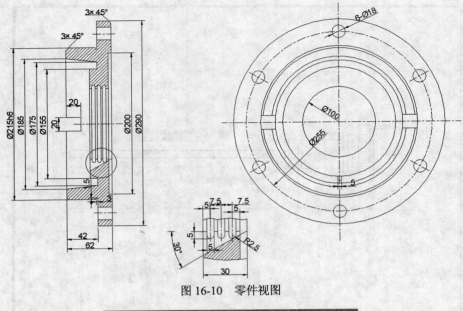

图 16-10 零件视图

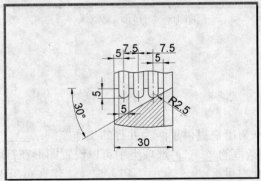

图 16-11 详图预览效果

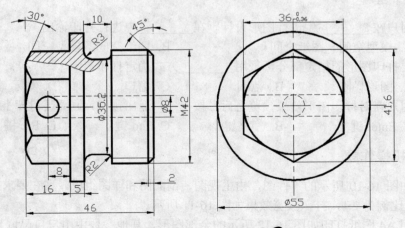

图 16-12 打印全部图形

第 17 章　AutoCAD 在建筑制图中的应用

本章要点：

- AutoCAD 中制图标准的实现
- 建筑样板图的使用
- 总平面图的绘制
- 平面图、立面图和剖面图的绘制
- 建筑详图的绘制

本章导读：

- **基础内容：** 建筑制图标准的各种规定，各类建筑图绘制的一般规定和方法。
- **重点掌握：** 标准的实施方法，建筑样板图的建立和使用，平面图墙线的绘制方法，以及平面图、立面图和剖面图辅助线的建立方法。
- **一般了解：** 本章所介绍的图例的绘制内容属于规范中的一些基本内容，实际绘图人员一般都有图例库，需要使用时，从图例库中查找即可，因此了解基本绘制方法即可。

课堂讲解

　　房屋建筑设计，通常分为初步设计、技术设计和施工图设计 3 个阶段。在初步设计阶段，通常需要绘制建筑的总平面图、平面图、立面图和剖面图，从而确定房屋的形状以及主要尺寸。在施工图设计阶段，通常需要根据结构方案和构造方案，绘制出一套完整的施工图。

　　房屋建筑施工图包括建筑施工图、结构施工图、设备施工图和电气工程图。通常情况下所指的是建筑施工图和结构施工图（以下均简称建筑施工图）。

　　从不同类别划分，建筑施工图由施工图主体、文字说明、尺寸标注和辅助定位轴线等几部分组成。施工图主体又分别由墙体、门窗、家具和电器等组成。在 AutoCAD 中，用户可以建立不同的图层，然后在不同的图层上进行同一类对象的绘制。图层概念在建筑制图中很重要，它就像一层层透明的纸，层叠起来就是最终的图形。如图 17-1 所示就是建筑图中建立的各个图层，图 17-2 所示就是绘制完成的一个完整的建筑图。

图 17-1　建筑图中建立的图层

建筑立面图1:100

图 17-2　建筑立面图示意

17.1　AutoCAD 中建筑制图标准的实现

为了统一房屋建筑制图规则，保证制图的质量，提高制图的效率，使建筑绘图更加清晰、简明，符合设计、施工、存档的要求，建设部颁布并修改了《房屋建筑制图统一标准》、《总图制图标准》、《建筑制图标准》、《建筑结构制图标准》、《给水排水制图标准》和《暖通空调制图标准》等 6 项国家标准。《房屋建筑制图统一标准》是房屋建筑制图的基本规定，适用于总图、建筑、结构、给水排水、暖通空调和电气等各专业制图。这里以《房屋建筑制图统一标准》来说明标准中的各种基本规定如何在 AutoCAD 中实现。

17.1.1　图纸幅面规定的实现

建筑制图对图纸幅面和图框尺寸都有严格规定，具体尺寸请参考各制图标准。建筑物的具体尺寸、绘图所用的比例，以及一幅图纸中所绘制图样的多少决定了所采用的图纸幅面。

绘图比例就是建筑物实际尺寸与出图后的建筑图图纸尺寸的比例的倒数。例如，建筑物的实际尺寸为 16 m，出图后的建筑图图纸尺寸为 160 mm，则图纸比例为 1:100。

在 AutoCAD 中，对象的单位就是图形单位，不管用户使用的是 mm 还是 m，计算机都用图形单位来计算。

※ 例 17-1　绘制一个图幅

现在需要绘制一个总长为 36 m，宽为 24 m 的建筑物的平面图。建筑物共 35 层，平面图要求包括底层平面图，标准层平面图和顶层平面图，并要求 3 个平面图绘制在一个图幅内。

具体操作步骤如下。

（1）选择【格式】/【单位】命令，弹出【图形单位】对话框。在【长度】选项组中，设置【类型】为小数，【精度】为 0，单击【确定】按钮。

（2）如图 17-3 所示，上下左右都有两个平面图要并排放置，其总长度需要超过 72 m，总宽度超过 48 m，如果按照 1:100 的比例绘图，有 A0（841×1189）、A1（594×841）图幅符合要求。考虑到各种轴线标记，尺寸标注线的长度，A0 图纸是最合适的。

 **提示**

对建筑物或者构筑物而言，平面图、立面图和剖面图一般采用 1:50，1:100，1:150，1:200 和 1:300 的比例。

（3）图幅确定为 841×1189，本图采用横式幅面，则设定图形界限相对大小要大于 118 900×84 100。选择【格式】/【图形界限】命令，命令行提示如下。

```
命令:'_limits                              //执行【图形界限】命令
重新设置模型空间界限:                      //系统提示信息
指定左下角点或 [开(ON)/关(OFF)] <0,0>:     //采用系统默认的原点作为左下角点
指定右上角点 <420,297>: 118900,84100       //指定绘图界限的右上角点
```

（4）单击【矩形】按钮□，以指定对角点方式绘制矩形，指定第一个角点为（0,0），另外一个角点为（118 900,84 100）。

（5）选中所绘制矩形，单击【分解】按钮，使组成矩形的 4 条边变成 4 条直线，分别标记为 1 号线、2 号线、3 号线和 4 号线，如图 17-4 所示。

（6）单击【偏移】按钮，选择 1 号线，向右偏移 2500，得到 5 号线。使用同样的方法，将 2 号线向下偏移 1000，得到 6 号线；将 3 号线向左偏移 1000，得到 7 号线；将 4 号线向上偏移 1000，得到 8 号线。效果如图 17-5 和图 17-6 所示。

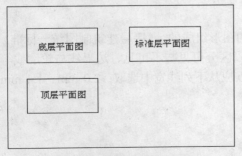

图 17-3　平面图布置示意图

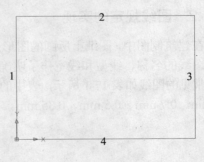

图 17-4　幅面线

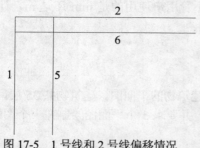

图 17-5　1 号线和 2 号线偏移情况

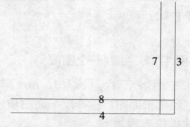

图 17-6　3 号线和 4 号线偏移情况

（7）单击【修剪】按钮┳，将 5 号线和 7 号线在 6 号线以上的部分剪除，效果如图 17-7 所示。

图 17-7　修剪 5 号线和 7 号线

（8）使用同样的方法，对其他偏移所得直线进行修剪。选择修剪完成的 4 条偏移直线，在【对象特性】工具栏中，选择线宽为 0.30 毫米，最后得到的图幅如图 17-8 所示。

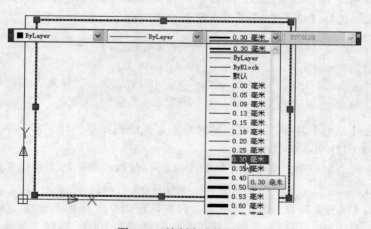

图 17-8　绘制完成的图幅

17.1.2　图线规定的实现

在建筑制图中，图纸上所画的图形是由不同的图形组成的。《房屋建筑制图统一标准》对各种图线的名称、线型和线宽作了明确的规定，以区分可见与不可见、边界线与轮廓线等图线。常见的图线如表 17-1 所示，表中的图线宽度 b 应从下列线宽中选取：2.0 mm、1.4 mm、1.0 mm、0.7 mm、0.5 mm、0.35 mm。

表 17-1　线型线宽的一般用途

名　称		线 7 型 图 示	线　宽	一 般 用 途
实线	粗		b	主要可见轮廓线
	中	———————	$0.5b$	可见轮廓线
	细		$0.35b$	可见轮廓线、图例线等
虚线	粗		b	见有关专业制图标准
	中	- - - - - -	$0.5b$	不可见轮廓线
	细		$0.35b$	不可见轮廓线、图例线等
点划线	粗		b	见有关专业制图标准
	中	—·—·—·—	$0.5b$	见有关专业制图标准
	细		$0.35b$	中心线、对称轴线
双点划线	粗		b	见有关专业制图标准
	中	—··—··—··	$0.5b$	见有关专业制图标准
	细		$0.35b$	假想轮廓线、成形前原始轮廓线
折断线		———\/———	$0.35b$	断开界限
波浪线		～～～～～	$0.35b$	断开界限

在 AutoCAD 2009 中，可以通过【对象特性】工具栏和【图层特性管理器】对话框来设置图线。【对象特性】工具栏适合改变一个或者几个对象的图线属性，【图层特性管理器】对话框适合修改在同一图层中的一类对象的图线属性。

（1）在绘图区选择需要改变属性的图线，通过【对象特性】工具栏中的 3 个下拉菜单可以分别修改图线的颜色、线型和线宽。如图 17-9 所示，是通过【对象特性】工具栏对一个楼梯详图改变线宽的前后效果图。

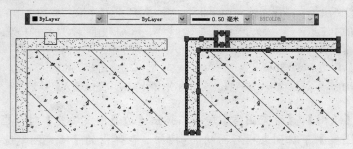

图 17-9　【对象特性】工具栏修改线宽

（2）在【图层特性管理器】对话框中，【颜色】、【线型】和【线宽】3 个选项可以进行图线属性的设置，用户可以根据建筑制图标准对各种图线进行设置。【图层特性管理器】对话框设置方法在前面已经介绍过，这里不再赘述。

17.1.3　各种符号的实现

在建筑制图中，有很多特别的符号可以用来辅助用户读图。建筑制图中的符号包括剖切符号、索引符号、详图符号、引出线、对称符号、连接符号和指北针等。这些符号都有严格的尺寸规定，用户可以查阅相关建筑制图标准。这些符号的绘制方法比较简单，通过最基本的二维绘图和编辑工具就可以完成。

※ 例17-2　绘制一个指北针

绘制一个如图17-10所示的指北针，指北针圆半径为24 mm，用细实线绘制。指北针尾部宽为3 mm，指针头部应标注"北"或者"N"字，字体高3 mm。

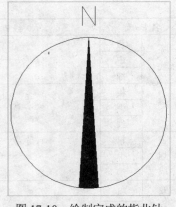

图17-10　绘制完成的指北针

具体操作步骤如下。

（1）单击【绘图】工具栏中的【圆】按钮⊙，选择【圆心、半径】绘制方式。在绘图区中任意指定圆的圆心，输入圆半径为1200，单击【构造线】按钮↗，绘制一条过圆心的垂直构造线。

（2）单击【修改】工具栏中的【偏移】按钮❏，输入偏移距离为150，向构造线两侧偏移构造线。

（3）单击【直线】按钮╱，打开状态栏中的【对象捕捉】功能，在图17-11所示的1点和2点，以及1点和3点之间绘制直线。绘制完毕后，删除两条偏移的辅助线。

（4）选择【绘图】/【文字】/【单行文字】命令，给指北针添加文字，命令行提示如下。

```
命令: _dtext                                          //执行【单行文字】命令
当前文字样式:　Standard　当前文字高度:　300.0000    //系统提示信息
指定文字的起点或 [对正(J)/样式(S)]: j                 //输入 j，设定文字对正样式
输入选项
[对齐(A)/调整(F)/中心(C)/中间(M)/右(R)/左上(TL)/中上(TC)/右上(TR)/左中(ML)/正中(MC)/右
中(MR)/左下(BL)/中下(BC)/右下(BR)]: bc                //输入 bc，采用【中下】对正方式
指定文字的中下点:                                     //指定图17-11中的构造线上的点4
指定高度 <300.0000>: 300                             //指定文字高度为300
指定文字的旋转角度 <0>:                               //采用默认的旋转角度，按回车键，在绘图区
出现单行文字动态输入框，输入文字 N，连续两次按回车键，完成输入
```

（5）选择【绘图】/【填充图案】命令，弹出【边界图案填充】对话框，单击【图案填充】选项卡中【图案】下拉列表框后面的[…]按钮，在弹出的【填充图案选项板】对话框中选择名称为"SOLID"的填充图案，为指北针填充图案，效果如图17-10所示。

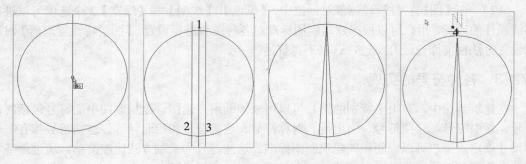

图17-11　指北针绘制过程

226

本实例的绘制是在建筑制图常用绘图环境中绘制的，绘图界限设置为
29 700×42 000，因此在绘图区中，圆直径为 2400，指针尾部宽为 300。

17.1.4 定位轴线的实现

在建筑制图中，定位轴线是用来确定房屋主要结构或构件的位置及其标志尺寸的，因此在施工图中凡承重墙、柱、梁、屋架等主要承重构件的位置均应该画上定位轴线，并进行编号。《房屋建筑制图统一标准》规定定位轴线应用细点画线绘制，编号应注写在轴线端部的圆内。圆应用细实线绘制，直径为 8 mm～10 mm。定位轴线圆的圆心必须在定位轴线的延长线上或者延长线的折线上。

定位轴线可以通过【直线】命令，或者【构造线】命令结合【修剪】命令来绘制。如图17-12 所示，是常见的几种定位轴线。

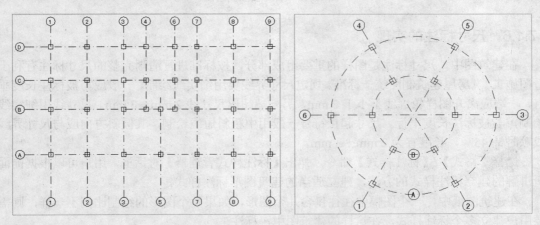

图 17-12　常见的定位轴线

17.1.5 常用建筑材料的实现

在建筑制图中，建筑材料通常用各种专业图例来表示。常用的建筑材料图例，建筑制图标准中都有严格的规定。一般在建筑剖面图和建筑详图中会用到建筑材料图例。

在 AutoCAD 2009 中，可以采用图案填充的方式给建筑制图添加图例。选择【绘图】/【图案填充】命令，弹出【边界图案填充】对话框。单击【图案填充】选项卡中的【图案】下拉列表框后面的 ██ 按钮，在弹出的【填充图案选项板】对话框中，系统提供了一些常用的图例，但是这里提供的图例并不能满足建筑制图的需要。一些建筑制图所特有的图例需要用户根据建筑制图标准自己进行绘制，然后保存为外部图形图块，建立自己的图例库。

如图 17-13 所示是用户自己绘制的石膏板图例的过程。

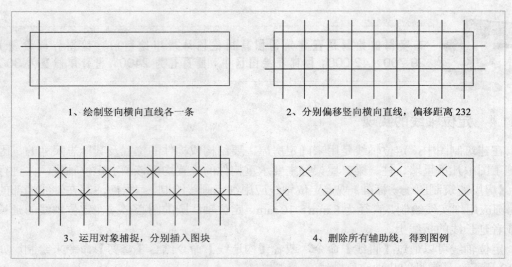

1、绘制竖向横向直线各一条   2、分别偏移竖向横向直线，偏移距离232

3、运用对象捕捉，分别插入图块   4、删除所有辅助线，得到图例

图 17-13   石膏板图例绘制

17.1.6   尺寸标注的实现

在建筑图中，尺寸标注是图样的重要组成部分，按标准进行清晰完整的尺寸标注有利于看图施工。《房屋建筑制图统一标准》规定尺寸界线要用细实线绘制，一般应与被标注长度垂直，一端应离开图样轮廓线不小于 2 mm，另一端超出尺寸线 2 mm～3 mm。尺寸线用细实线绘制，与被标注长度平行。尺寸起止符号一般用中粗斜短线绘制，其倾斜方向应与尺寸界线成顺时针 45°，长度宜为 2 mm～3 mm。

选择【格式】/【标注样式】命令，弹出【标注样式管理器】对话框，用户可以根据前面所讲解的建立标注样式的方法，建立适当的建筑图形标注样式。

在建筑图纸中，一个图幅中往往包含几个图形，如果几个图形的绘制比例不一样，则需要用户建立多个标注样式。在这样的建筑图中，标注样式的修改仅需修改如图 17-14 所示的【主单位】选项卡中【测量单位比例】选项组下的【比例因子】文本框即可。绘图比例为 100，则比例因子为 1；绘图比例为 200，则比例因子为 2；绘图比例为 50，则比例因子为 0.5，以此类推。

图 17-14   【测量单位比例】选项组

17.2   建筑样板图的使用

对于建筑制图，由于标准和制图习惯的原因，图幅、标题栏、会签栏、绘图单位、绘图精度、尺寸样式、文字样式和图层的设置等基本是固定不变，或者是按照一定规定变化的，所以用户可以通过建立样板图的方式，来避免绘图时这些重复的步骤，以节省绘图时间。

样板图其实也是一种图形文件，样板图包括了固定的图幅、标题栏、会签栏、绘图单位、绘图精度、尺寸样式、文字样式和图层等。同时用户还可以建立建筑制图中常用的图块，保存在样板图中。

17.2.1 样板图的建立

AutoCAD 本身也给用户提供了不少的样板图,但是由于样板图都是建立在 ISO 标准和其他非中国标准的基础上的,所以并不适合中国用户使用。

※ 例 17-3 建立 A3 图幅的样板图

建立 A3 图幅的样板图。要求设定图幅为 29 700×42 000;绘制建筑图纸中的标题栏和会签栏;设置绘图单位为 mm;建立比例为 1:100 的图纸中的尺寸标注样式;建立建筑制图中常见的文字样式;建立建筑制图中常用的图层。

具体操作步骤如下。

（1）选择【文件】/【新建】命令,弹出【创建新图形】对话框。单击【使用向导】按钮,切换到【选择向导】列表,选择【高级设置】选项。

（2）单击【确定】按钮,进入高级设置向导第一步——设置单位。在【精度】下拉列表框中选择精度为 0。

（3）单击【下一步】按钮,进入高级设置向导第二步——设置角度,保持默认设置。单击【下一步】按钮,进入高级设置向导第三步——设置角度测量,保持默认设置。单击【下一步】按钮,进入高级设置向导第四步——设置角度方向,保持默认设置。

（4）单击【下一步】按钮,进入高级设置向导第五步——设置区域,在【宽度】文本框中输入 42 000,在【长度】文本框中输入 29 700。

> **提示**
> 按照以上步骤设置完成以后,用户在绘图区用鼠标进行实时缩放,一般情况下并不能完全显示所设置的绘图范围。选择【视图】/【缩放】/【全部】命令,重新生成模型,绘图范围就可以全部显示了。

（5）建筑制图通常包括以下图层:辅助线层、轴线层、尺寸标注层、文字标注层、标题栏层、门窗层和墙线层等。这些是通用图层,针对不同的建筑施工图还可以添加不同的图层。如图 17-15 所示,是在【图层特性管理器】中建立的通用图层。

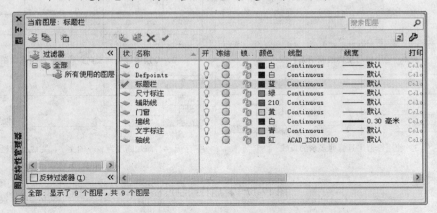

图 17-15 建筑制图常用图层建立

（6）选择【格式】/【文字样式】命令，弹出【文字样式】对话框，新建文字样式【一般文字标注】，在【字体名】下拉列表框中设置字体名为【仿宋_GB2312】，单击【应用】按钮应用。

（7）选择【格式】/【标注样式】命令，弹出【标注样式管理器】对话框。单击【新建】按钮，在弹出的【创建新标注样式】对话框中，命名新标注样式为【通用尺寸标注样式】。单击【继续】按钮，进入【新建标注样式】对话框，进行如图 17-16 所示的设置。图 17-16 中所示的设置就是一般建筑图中的常用标注设置。

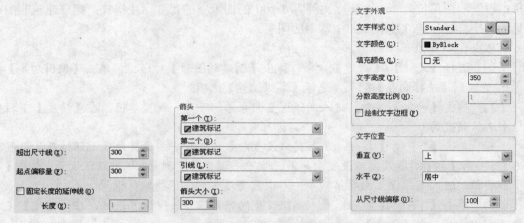

图 17-16　【直线和箭头】选项卡和【文字】选项卡的部分设置

（8）将【标题栏】置为当前图层，按照例 17-1 的方法绘制 29 700×42 000 的图幅。按照图 17-17 所示的顺序绘制标题栏。标题栏的绘制用到了【直线】命令，【偏移】命令，【修剪】命令和【单行文字】命令。

（9）选择【绘图】/【块】/【创建】命令，弹出【块定义】对话框。单击【选择对象】按钮，返回绘图区，选择绘制完成的标题栏，单击【拾取点】按钮，返回绘图区，指定标题栏右下角点为基点，创建名称为【标题栏】的图块。

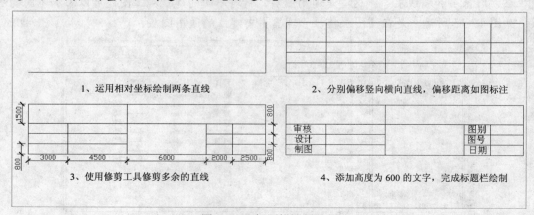

图 17-17　标题栏绘制过程

（10）选择【插入】/【块】命令，弹出【插入】对话框，选择【标题栏】图块插入，插入点为图幅内线的右下角点，绘制完成的图幅如图 17-18 所示。

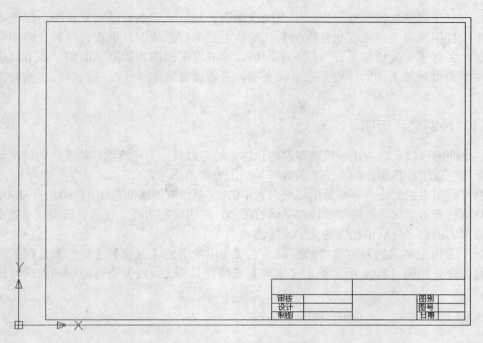

图 17-18　绘制完成的图幅

（11）选择【文件】/【另存为】命令，弹出【图形另存为】对话框，在【文件类型】下拉列表框中选择【AutoCAD 图形样板（*.dwt）】文件类型，在【文件名】文本框中输入文件名称【A3】。

（12）单击【保存】按钮，弹出【样板说明】对话框，可在【说明】文本框中输入样板图的简要说明，这里输入【A3 图幅】。单击【确定】按钮，完成样板图的保存。

17.2.2　样本图的调用

以上建立了 A3 图幅的样板图，用户也可以在 A3 图幅的基础上建立 A0、A1 和 A2 等图幅的样板图。样板图建立以后，用户就可以直接打开样板图文件，在样板图基础上进行各类建筑图纸的绘制了。

选择【文件】/【新建】命令，弹出【创建新图形】对话框，单击【使用样板】按钮，显示【选择样板】列表框。【选择样板】列表框中显示了已经建立的 A3 图幅样板，选择 A3.dwt选项，单击【确定】按钮即可打开 A3 样板。

17.3　各类建筑图的绘制

施工图设计是建筑设计的最后阶段。施工图设计阶段的任务是编制满足施工要求的全套图纸。

常见施工图通常可以分为 4 类：建筑施工图、结构施工图、设备施工图和电气施工图。建筑施工图包括建筑总平面图、建筑平面图、建筑立面图、建筑剖面图和建筑详图等；结构施工图包括基础平面图、基础详图、结构平面图、节点详图和屋顶平面图等；设备施工图包括暖气平面图、暖气立管图、卫生间平面图、给水立管图、排水立管图、煤气立管图和卫生大样图；电气施工图包括电气系统图、电话工程系统图、电视天线系统图和电气平面图等。各种平面图通常又分为底层平面图、标准层平面图和顶层平面图。本节就从建筑施工图的角度对施工图的一般画法进行介绍，希望读者能够举一反三，学会其他施工图的绘制。

17.3.1　绘制总平面图

总平面图可以反映新建或拟建工程的总体布局，以及原有建筑物和构筑物的情况，根据总平面图可以进行房屋定位、施工放线、填挖土方等的施工。

总平面图中大部分内容都是用符号来表示的，《总图制图标准》GB/T 50103—2001 规定了 100 多种表示建筑、道路、管线和绿化的图例。总图绘制的要点就是合理绘制出处于总图不同位置的图例，并给出相应的文字或标注说明。

总平面图中建筑物和构筑物的绘制，主要使用常用的【直线】、【矩形】、【圆】和【偏移】等命令。如图 17-19 所示是用【矩形】、【偏移】和【直线】命令绘制的散状材料露天堆场。

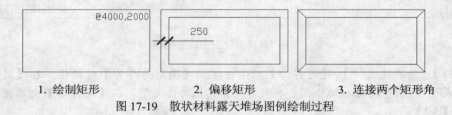

1. 绘制矩形　　　　　　　2. 偏移矩形　　　　　　　3. 连接两个矩形角

图 17-19　散状材料露天堆场图例绘制过程

总平面图中道路和管线的绘制命令与建筑物和构筑物绘制的常用命令类似，不再赘述。下面着重讲解绿化以及各种非规则图形的绘制。

总平面图中绿化图例的绘制主要包括各种树木、草坪、树丛和花卉等的绘制。由于绿化图例是通用的，没有尺寸等具体限制，因此用户可以把已经绘制好的绿化图例保存为块，以便在其他总平面图中使用。如图 17-20 所示就是常见的常绿阔叶灌木、常绿阔叶乔木、常绿针叶树图例。

图 17-20　常绿阔叶灌木、常绿阔叶乔木、常绿针叶树图例

总平面图中的各种非规则图形是指等高线、池塘等用常用二维绘图和编辑工具没有办法绘制的图形。这类非规则图形的绘制通常使用【修订云线】和【徒手画】命令来完成。

※ 例 17-4 绘制总平面图中的等高线和池塘

绘制如图 17-21 所示的总平面图的一部分，其中包括等高线和池塘，总平面图的长宽为 100 m×90 m，绘图比例采用 1:1000。

具体操作步骤如下。

（1）打开例 17-3 中建立的 A3 图幅样板，在 A3 图幅样板中绘制总平面图。使用相对坐标绘制一个 10 000×9 000 的矩形。

（2）选择【格式】/【点样式】命令，在弹出的【点样式】对话框中选择⊠图标，单击【确定】按钮。单击【点】按钮，绘制如图 17-22 所示的 1~7 个辅助绘图点。因为是练习，所以 7 个辅助点并不特别限定具体的位置精度。

（3）在命令行中输入命令 sketch，命令行提示如下。

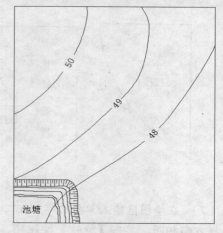

图 17-21　绘制完成的总平面图池塘和等高线

```
命令: sketch                                          //从键盘输入命令
记录增量 <1>:                                         //采用默认设置的记录增量
徒手画. 画笔(P)/退出(X)/结束(Q)/记录(R)/删除(E)/连接(C)    //徒手画出连接点 1 到点 2 的线
```

（4）按照同样的方法，画出图 17-23 所示的池塘。

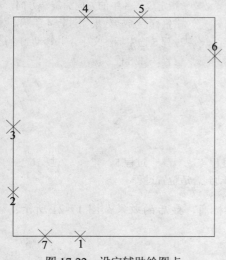

图 17-22　设定辅助绘图点

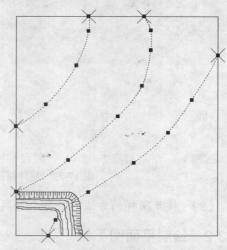

图 17-23　徒手画线和样条曲线

（5）单击【样条曲线】按钮∿，绘制连接点 3 和点 4、点 2 和点 5、点 7 和点 6 的样条曲线，各样条曲线点的个数从图 17-23 中可以看出。当然读者还可以细分样条曲线，多设定几个曲线点，要注意控制好样条曲线起点和端点的切线方向。

（6）单击【打断】按钮，命令行提示如下，演示效果如图 17-24 所示：

命令: _break 选择对象: 　　　　//将指针移到 3, 4 点样条曲线的合适位置, 单击鼠标, 指定
　　　　　　　　　　　　　　　　第一个打断点, 执行图 17-24 所示过程 2。

指定第二个打断点 或 [第一点(F)]: 　　//移动指针到合适位置, 单击鼠标, 指定第二个打断点,
　　　　　　　　　　　　　　　　执行图 17-24 所示的过程 4。

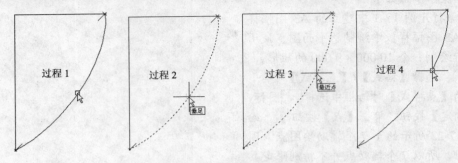

图 17-24　打断样条曲线过程

（7）　在绘图区输入单行文字 "50", 字高为 300, 标注等高线标高。为了使标注文字和等高线方向相同, 单击【旋转】按钮⟳, 命令行提示如下, 演示效果如图 17-25 所示。

命令: _rotate 　　　　　　　　　　　　　　//单击按钮执行【旋转】命令
UCS 当前的正角方向: ANGDIR=逆时针　ANGBASE=0　//系统提示信息
选择对象: 指定对角点: 找到 1 个 　　　　　//选中过程 1 中的标注文字
选择对象: 　　　　　　　　　　　　　　　//按 Enter 键, 选择完毕
指定基点: 　　　　　　　　　　　　　　//指定过程 2 中的节点为旋转基点
指定旋转角度, 或 [复制(C)/参照(R)] <0>: 　//指定过程 3 中的方向为旋转方向, 单
　　　　　　　　　　　　　　　　击鼠标, 旋转效果如过程 4 所示, 如
　　　　　　　　　　　　　　　　过程 5 选中标注文字, 并移动到合适
　　　　　　　　　　　　　　　　位置, 如过程 6 所示。

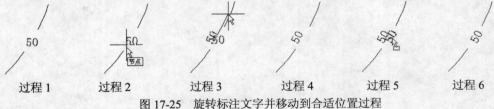

过程 1　　　过程 2　　　过程 3　　　过程 4　　　过程 5　　　过程 6

图 17-25　旋转标注文字并移动到合适位置过程

（8）　按照同样的方法, 给每个等高线都标注标高, 最后的效果如图 17-21 所示。

17.3.2　绘制平面图

　　建筑平面图是使用假想的一水平剖切面, 将建筑物在某层门窗洞口范围内剖开, 并移去剖切平面以上的部分, 对剩下的部分作水平面的正投影图所形成的。建筑平面图又简称为平面图, 一般包括以下内容:

（1）　反映建筑物某一层的平面形状, 房间的位置、形状、大小、用途, 以及相互关系。

（2）　墙柱位置、尺寸、材料、形式, 各房间的门、窗的标号, 及其位置和开启形式等。

（3）门厅、走道、楼梯、电梯等交通联系设施的位置、形式和走向等。

（4）其他的设施、构造，如阳台、雨篷、台阶、雨水管、散水、卫生器具和水池等。

（5）属于本层，但位于剖切平面以上的建筑构造，以及设施，例如高窗、隔板、吊柜等（按规定采用虚线表示）。

（6）一层平面图应包括指北方向、建筑剖面图的剖切位置，室内外地坪标高等。

（7）表明主要楼、地面，及其他主要台面的标高，注明总尺寸、定位轴线间的尺寸和细部尺寸。

（8）屋顶平面图要标明屋面的平面形状、屋面坡度、排水方式、雨水口位置、挑檐、女儿墙、烟囱、上人孔、电梯间和水箱间等构造和设施。

（9）在有详图的部位，注有详图的索引符号。

（10）图名和绘制比例。

1. 平面图绘制一般规定

平面图绘制在比例、定位轴线、线型、图例、尺寸标注、索引符号等方面有如下规定。

（1）比例：绘制平面图常用的比例有 1:50、1:100 和 1:200，一般采用 1:100 的比例。当建筑物过小或过大时，可以选择 1:50 或 1:200 的比例。

（2）定位轴线：凡是承重墙、柱子等主要承重构件都应该画出轴线来确定位置。定位轴线采用点画线表示，并给予编号。绘制轴线时一般根据图面布置，首先确定"A"和"1"轴线，然后依次画出其他轴线。轴线端部的圆圈采用细实线绘制，平面图上定位轴线的标号一般放在图的下方与左侧，有时当平面图过于复杂时，图上方和右侧也可放置轴线。横向编号一般采用阿拉伯数字，从左到右顺序编写；竖向标号采用大写的拉丁字母，自上而下编写。但是大写拉丁字母中的 I、O、Z 不能作为轴线编号，以防止它们和数字相互混淆。

（3）线型：在建筑平面图中，被剖切到的墙、柱的断面轮廓线采用粗实线绘制；门的开启线采用中实线绘制；其余可见轮廓线采用细实线；尺寸线、标高符号、定位轴线的圆圈、轴线等用细实线和点画线绘制。

（4）图例：平面图中所有的构件都应该采用国家有关标准规定的图例来绘制，而相应的具体构造应在建筑详图中采用较大的比例来绘制。常用构造以及配件的图例可以查阅有关建筑规范。

（5）尺寸标注：在建筑平面图中，平面图轮廓外的尺寸称为外部尺寸，主要有 3 道，第 1 道尺寸主要标明外墙门框洞口宽度及定位尺寸，同时标明窗间墙的宽度；第 2 道表明定位轴线距离，表明开间和进深的尺寸；第 3 道尺寸反映建筑物该层的总长度和总宽度。在外墙外轮廓内，应注有必要的内部尺寸，如房间的净尺寸，内墙上门、窗洞口宽，定位尺寸和内墙宽度。对于首层建筑平面图，还应该标明室外台阶、散水等尺寸，有时候还要标注预留洞口的位置和标高等。

（6）详图索引符号：一般在屋顶平面图附近应有檐口、女儿墙和雨水口等构造详图，以配合平面图的识读。在建筑平面图中，凡是需要绘制详图的地方都要标注详图符号。索引符号的圆和水平直径均以细实线绘制，圆的直径一般为 10 mm，详图符号的圆圈直径为 14 mm，应以粗实线绘制。

2. 平面图绘制一般方法

平面图的绘制可以通过两种方法来完成，一种是通过三维模型自动生成，这种方法需要有三维绘图模型，不常用；另一种是使用二维绘图完成，具体绘制的一般步骤如下。

（1）设置绘图环境或者调用已经建立好的样板图文件。

（2）绘制定位轴线。定位轴线通常使用【构造线】、【复制】、【偏移】和【修剪】等命令完成。

（3）绘制墙线。墙线通常使用【多线】命令，并通过对多线的编辑绘制完成。

（4）绘制柱网。通常为方柱或圆柱，采用【矩形】或【圆】命令绘制，并保存为图块，使用对象捕捉功能，捕捉定位轴线相交点插入柱子图块即可。

（5）绘制门窗。门窗通常使用【直线】、【圆弧】、【修剪】命令绘制，并保存为图块，然后插入到墙线中。

（6）绘制楼梯、卫生间。楼梯采用【直线】、【偏移】和【修剪】命令完成，卫生间物品通常采用【直线】、【圆弧】、【样条曲线】、【修剪】命令绘制而成，并保存为图块，然后插入即可。

（7）尺寸标注。尺寸标注通常使用【线性】和【连续】标注命令。

（8）添加图框和标题。如果是使用样板图，则这里只要部分修改标题即可。

（9）打印输出。

※ 例 17-5 绘制平面图的墙线

参照操作步骤中给出的尺寸，绘制如图 17-26 所示的某建筑物平面图的墙线。

具体操作步骤如下。

（1）打开例 17-3 建立的 A3 图幅样板图，在【图层】工具栏中选择【轴线】图层 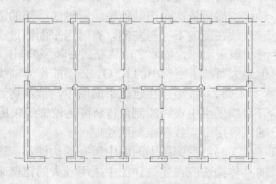。单击【构造线】按钮，在命令行中分别输入 h 和 v，绘制一条水平和垂直的构造线，即为如图 17-26 所示的 1 号线和 2 号线。

图 17-26 某建筑物平面图墙线

（2）单击【偏移】按钮，按照命令行提示输入图 17-27 所示的各偏移距离，在 1 号线和 2 号线的基础上偏移出其他轴线。

（3）【轴线】图层采用的是点画线，因为线型比例太小，在图 17-27 中看不出来。选中所有轴线，右击鼠标，在弹出的快捷菜单中选择【特性】命令，弹出【对象特性管理器】浮动窗口。在【基本】卷展栏的【线型比例】文本框中将比例修改为 50。

（4）单击【关闭】按钮，关闭【对象特性管理器】浮动窗口，修改线型比例后的轴线效果如图 17-28 所示。

（5）选择【格式】/【多线样式】命令，弹出【多线样式】对话框，单击【新建】按钮，弹出【创建新的多线样式】对话框，在【新样式名】文本框中输入名称 360，单击【继续】按钮，弹出【新建多线样式】对话框。

（6）在【图元】选项组的图元列表框中选择上方的元素，在【偏移】文本框中输入 240，再选择下方的元素，在【偏移】文本框中输入-120。单击【确定】按钮，返回【多线样式】对话框。

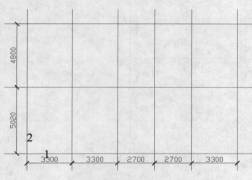

图 17-27　构造线绘制轴线

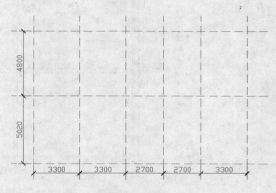

图 17-28　修改线型比例后的轴线

（7）按照步骤（5）和步骤（6）的方法，再建立一个名称为 240 的多线样式，上下元素各偏移 120 和-120。

（8）选择【绘图】/【多线】命令，命令行提示如下。

```
命令: _mline                                  //执行多线命令
当前设置: 对正 = 上，比例 = 20.00，样式 = STANDARD    //系统提示信息
指定起点或 [对正(J)/比例(S)/样式(ST)]: j        //输入 j，设置多线对齐样式
输入对正类型 [上(T)/无(Z)/下(B)] <上>: z        //输入 z，选择零线对齐样式
当前设置: 对正 = 无，比例 = 20.00，样式 = STANDARD  //系统提示信息
指定起点或 [对正(J)/比例(S)/样式(ST)]: s        //输入 s，设置多线比例
输入多线比例 <20.00>: 1                        //输入数字 1，设定多线比例为 1
当前设置: 对正 = 无，比例 = 1.00，样式 = STANDARD   //系统提示信息
指定起点或 [对正(J)/比例(S)/样式(ST)]: st       //输入 st，选择绘制多线的样式
输入多线样式名或 [?]: 360                      //输入 360，选用刚建立的 360 样式绘图
当前设置: 对正 = 无，比例 = 1.00，样式 = 360      //系统提示信息
指定起点或 [对正(J)/比例(S)/样式(ST)]:          //指定图 17-29 所示的点 1
指定下一点:                                   //指定图 17-29 所示的点 2
指定下一点或 [放弃(U)]:                        //指定图 17-29 所示的点 3
指定下一点或 [闭合(C)/放弃(U)]:                 //指定图 17-29 所示的点 4
指定下一点或 [闭合(C)/放弃(U)]:                 //指定图 17-29 所示的点 1
指定下一点或 [闭合(C)/放弃(U)]:                 //按 Enter 键，结束绘制
```

（9）按照同样的方法，选择 240 多线样式，采用比例为 1，零线对齐样式，连接点 5 和点 6、点 7 和点 8、点 9 和点 10、点 11 和点 12、点 13 和点 14，绘制多线，效果如图 17-29 所示。

（10）选择【修改】/【对象】/【多线】命令，弹出【多线编辑工具】对话框，单击╚图标，回到绘图区，在点 1 处选择两条相交的多线，完成点 1 处多线的编辑。采用同样的方法，使用╤图标完成编辑点 5、点 6、点 7、点 8、点 9、点 10、点 11 点 12、点 13 和点 14 处的多线，点 15、点 16、点 17 和点 18 处的多线使用╪图标编辑，效果如图 17-30 所示。

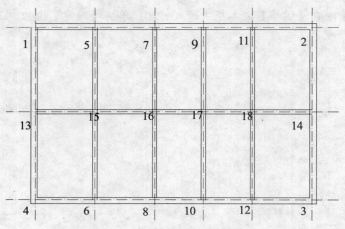

图 17-29　绘制 360 和 240 多线

（11）　使用【直线】和【偏移】命令，按照图 17-30 所示的尺寸绘制窗口线和门口线。

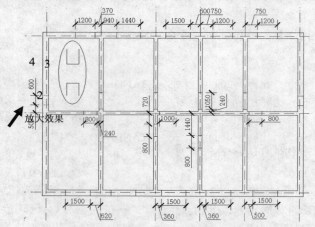

图 17-30　绘制窗口线和门口线

（12）　单击【修剪】按钮-/--，命令行提示如下。

```
命令: _trim                        //单击按钮执行【修剪】命令
当前设置:投影=UCS，边=无           //系统提示信息
选择剪切边...                      //系统提示要求选择剪切边
选择对象: 找到 1 个                //选择图 17-30 所示的直线 1
选择对象: 找到 1 个，总计 2 个     //选择图 17-30 所示的直线 2
选择对象:                          //按 Enter 键，完成剪切边的选择
选择要修剪的对象，或按住 Shift 键选择要延伸的对象，或
[栏选(F)/窗交(C)/投影(P)/边(E)/删除(R)/放弃(U)]:
                                   //选择要修剪的对象，图 17-30 中所示的直线 3
选择要修剪的对象，或按住 Shift 键选择要延伸的对象，或
[栏选(F)/窗交(C)/投影(P)/边(E)/删除(R)/放弃(U)]:
                                   //选择要修剪的对象，图 17-30 中所示的直线 4
选择要修剪的对象，或按住 Shift 键选择要延伸的对象，或
[栏选(F)/窗交(C)/投影(P)/边(E)/删除(R)/放弃(U)]:
                                   //按 Enter 键，完成修剪
```

（13）　重复使用【修剪】命令，修剪其他窗口和门口，效果如图 17-26 所示。

17.3.3　绘制立面图

建筑立面图是建筑物在与建筑物立面平行的投影面上投影所得的正投影图，其展示了建筑物的外貌和外墙面装饰材料，是建筑施工中控制高度和外墙装饰效果的技术依据。建筑物的东、西、南、北每一个立面都要画出它的立面图，通常建筑立面图的命名应根据建筑物的朝向，例如南立面图、北立面图、东立面图和西立面图等。也可以根据建筑物的主要入口来命名，如正立面图、背立面图和侧立面图等。建筑立面图的内容主要包括以下部分。

（1）　图名、比例，立面图所反映的建筑物朝向。

（2）　建筑物立面的外轮廓线形状、大小。

（3）　建筑立面图定位轴线的编号。

（4）　建筑物立面造型。

（5）　外墙上的建筑构配件，如门窗、阳台、雨水管等的位置和尺寸。

（6）　外墙面的装修。

（7）　立面标高。

（8）　详图索引符号。

1.　立面图绘制的一般规定

建筑立面图的绘制要求和建筑平面图相似，在比例、定位轴线、线型、图例、尺寸标注、索引符号等方面有如下规定。

（1）　比例：绘制立面图常用的比例有 1:50、1:100 和 1:200，一般采用 1:100 的比例。当建筑过小或过大时，可以选择 1:50 或 1:200 的比例，这一点与平面图类似。

（2）　定位轴线：立面图一般只绘制两端的轴线及其编号，与建筑平面图相对照，方便阅读。

（3）　线型：在建筑立面图中，轮廓线通常采用粗实线，以增强立面图的效果；室外地坪线一般采用加粗实线；外墙面上的起伏细部，例如阳台、台阶等也可以采用粗实线；其他部分，例如文字说明、标高等一般采用细实线绘制即可。

（4）　图例：立面图一般也要采用图例来绘制图形。一般来说，立面图所有的构件，例如门窗等，都应该采用国家有关标准规定的图例来绘制，而相应的具体构造会在建筑详图中采用较大的比例来绘制。

（5）　尺寸标注：建筑立面图主要标注各楼层及主要构件的标高。

（6）　详图索引符号：建筑立面图的细部做法均需要绘制详图，凡是需要绘制详图的地方都要标注详图符号。

2.　立面图绘制的一般方法

在 AutoCAD 中，建筑立面图绘制的一般步骤如下。

（1）　设置绘图环境或者调用已经建立好的样板图文件。

（2）　绘制地坪线、外墙的轮廓线、定位轴线和各层的楼面线。

（3）　绘制外墙面构件轮廓线。

（4）　各种建筑构配件的可见轮廓。

（5）　绘制建筑物细部，例如门窗、雨水管和外墙分割线等。

（6）　尺寸标注。

（7）　绘制图框、填写标题。如果是采用样板图，这里只要部分修改标题即可。

（8）　打印输出。

在立面图的绘制过程中，通常用不到非常复杂的命令，使用【构造线】、【多段线】、【直线】、【圆】、【复制】、【偏移】、【修剪】和【延伸】命令即可完成操作，如果遇到有复杂外形的建筑，可能还会用到【圆弧】和【样条曲线】命令。

在建筑施工图中，平面图、立面图和剖面图通常是放在同一图幅中的，通常要先绘制平面图，平面图放置在图幅的左下方，然后将平面图的竖向轴线向上延伸或者过竖向轴线作构造线形成立面图的竖向辅助线。

17.3.4　绘制剖面图

剖面图是用假想的垂切面将房屋剖开后所得的立面视图，主要表达垂直方向高层和高度设计内容。建筑剖面图还表达了建筑物在垂直方向上的各部分的形状和组合关系，以及在建筑物剖面位置的结构形式和构造方法。建筑剖面图和建筑平面图、建筑立面图是相互配套的，都是表达建筑物整体概况的基本图样之一。

为了清楚地反映建筑物实际情况，建筑剖面图的剖切位置一般选择在建筑物内部构造复杂或者具有代表性的位置。剖切平面应该平行于建筑物长度或者宽度方向，最好能通过门、窗洞。投影方向一般是向左或者向上的。剖视图宜采用平行剖切面进行剖切，从而表达出建筑物不同位置的构造异同。

不同图形之间的剖切面数量也是不同的。结构简单的建筑物，可能绘制一两个剖切面就行了，但有的建筑物构造复杂，其内部功能又没有什么规律性，此时，需要绘制从多个角度剖切的剖切面才能满足要求。有的对称的建筑物，剖面图可以只绘制一半，有的建筑物在某一条轴线之间具有不同布置，也可以在同一个剖面图上绘制出不同位置的剖面图，但是要给出说明。

剖面图应能反映出剖切后所能表现到的墙、柱及其与定位轴线之间的关系；表现出各细部构造的标高和构造形式；表示出楼梯的踢段尺寸及踏步尺寸，位于墙体内的门窗高度和梁、板、柱的图面示意。

建筑剖面图的内容主要包括以下部分：

（1）　外墙（或柱）的定位轴线和编号。

（2）　建筑物内部分层情况。

（3）　建筑物各层层高，水平向间隔。

（4）　被剖切的室内外地面、楼板层、屋顶层、内外墙、楼梯，以及其他被剖切的构件的位置、形状和相互关系。

（5）　投影可见部分的形状、位置。

（6）　地面、楼面、屋面的分层构造，可用文字说明或图例表示。

（7）　未经剖切，但在剖视图中应看到的建筑物构配件，例如楼梯扶手、窗户等。

（8）　详图索引符号。

（9）　垂直方向标高。

建筑剖面图的绘制要求与建筑立面图相似，归纳为以下几点。

（1）比例：绘制剖面图常用的比例有 1:50、1:100 和 1:200，一般采用 1:100 的比例。当建筑过小或过大时，可以选择 1:50 或 1:200 的比例。

在同一个图幅中，平面图、立面图和剖面图采用的比例一般情况下是严格一致的。

（2）定位轴线：剖面图只绘制两端的轴线及其编号，与建筑平面图相对照，方便阅读。

（3）线型：在建筑剖面图中，被剖切轮廓线应该采用粗实线表示，其余构配件采用细实线表示，被剖切构件内部材料也应该得到表示。例如楼梯构件，在剖面图中应该表现出其内部材料，如图 17-31 所示。

（a）未被剖切的楼梯　（b）被剖切的楼梯

图 17-31　楼梯剖面示意图

（4）图例：剖面图也要采用图例来绘制图形。一般来说，剖面图上的构件，例如门窗等，都应该采用国家有关标准规定的图例来绘制，而相应的具体构造会在建筑详图中采用较大的比例来绘制。

（5）尺寸标注：建筑剖面图主要标注建筑物的标高，具体为室外地坪、窗台、门、窗洞口、各层层高、房屋建筑物的总高度等。

（6）详图索引符号：一般建筑立面图的细部做法，例如屋顶檐口、女儿墙、雨水口等构造均需要绘制详图，凡是需要绘制详图的地方都要标注详图符号。

※ 例 17-6　绘制立面图和剖面图辅助线

利用平面图的轴线和剖面图的楼面标高绘制其他建筑图的辅助线，是建筑施工图绘制中常用的方法。要求根据图 17-32 所示的平面图，绘制立面图的辅助线，立面图绘制出之后，利用图 17-32 所示的楼层标高，结合平面图绘制 1-1 剖面图的辅助线。绘制出的效果如图 17-33 所示。

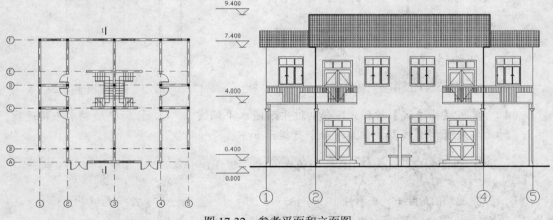

图 17-32　参考平面和立面图

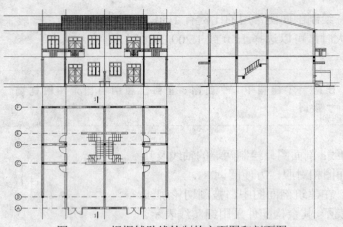

图 17-33 根据辅助线绘制的立面图和剖面图

具体操作步骤如下。

（1）打开【对象捕捉】功能，单击【构造线】按钮╱，在命令行提示中输入字母 v，捕捉平面图的 5 条竖向轴线，绘制 5 条与竖向轴线重合的构造线，如图 17-34 所示。

（2）单击【构造线】按钮╱，在命令行提示中输入字母 h，指定点 1 为通过点，绘制一条水平的构造线。

（3）单击【偏移】按钮⊿，根据图 17-32 所示立面图的标高，分别设置偏移距离为 400、4000、7400 和 9400，利用过点 1 的构造线，偏移出另外 4 条水平的构造线，效果如图 17-35 所示。立面图辅助线绘制完毕，读者可以利用这些辅助线绘制立面图。

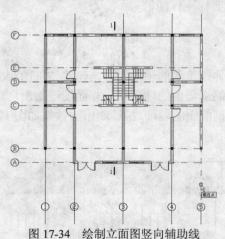

图 17-34 绘制立面图竖向辅助线

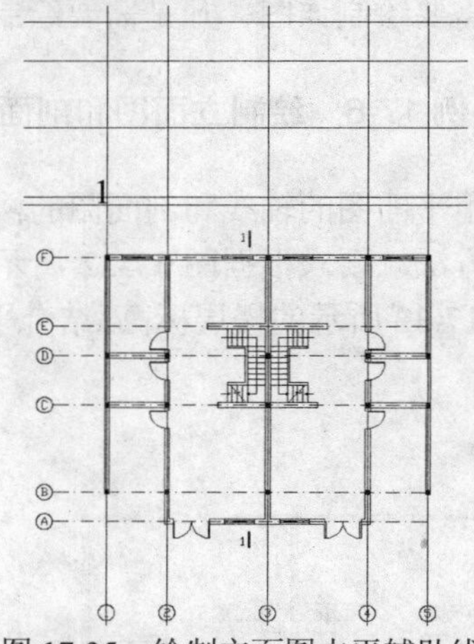

图 17-35 绘制立面图水平辅助线

（4）单击【构造线】按钮╱，分别过平面图水平轴线 A、C、E 和 F 绘制水平构造线。

（5）单击【构造线】按钮╱，命令行提示如下。

```
命令:_xline 指定点或 [水平(H)/垂直(V)/角度(A)/二等分(B)/偏移(O)]: a    //使用角度方式绘制
                                                                        构造线
输入构造线的角度 (0) 或 [参照(R)]:  135                                //输入角度 135
指定通过点:                         //指定图 17-44 所示的点 2 为通过点
```

（6） 135°斜向构造线绘制完成后，与经过平面图4条水平轴线的构造线相交出点2、点3、点4和点5。单击【构造线】按钮，在命令行中输入v，分别过点2、点3、点4和点5绘制4条竖向的构造线，如图17-36所示。

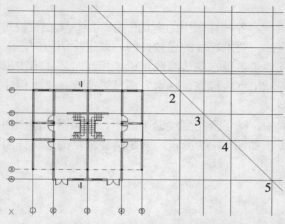

图17-36　绘制剖面图竖向辅助线

（7） 删除135°斜向构造线和通过平面图4条水平轴线的构造线，利用所绘制的辅助线就可以进行剖面图的绘制，效果如图17-33所示。

17.3.5　绘制建筑详图

建筑详图通常分为节点详图、构配件详图和房间详图。常见的节点详图包括外墙身剖面节点详图、钢结构构件连接详图等；构配件详图包括门窗详图、雨篷详图和阳台详图等；房间详图包括楼梯间详图、卫生间详图和厨房详图等。

建筑详图是建筑细部的施工图，比例较大，图示详细，尺寸标注齐全，可以将建筑局部的详细构造、大小、形状、材料和做法完全表达出来。

建筑详图中一般应该包括以下内容。

（1） 详图的名称和图例。

（2） 详图符号、编号，以及另画详图时的索引符号。

（3） 建筑构配件（如门、窗、楼梯、阳台）的形状、详细构造、连接方式、有关的详细尺寸等。

（4） 详细说明建筑物细部及剖面节点（如檐口、窗台、明沟、楼梯扶手、踏步、屋顶等）的形式、做法、用料、规格及详细尺寸。

（5） 表示施工要求及制作方法。

（6） 定位轴线及其编号。

（7） 需要标注的标高等。

建筑详图也可以分为平面详图、立面详图和剖面详图。利用AutoCAD绘制建筑详图时，可以首先从已经绘制的平面图、立面图或者剖面图中提取相关的部分，然后再按照详图的要求进行其他的绘制工作。具体的步骤如下。

（1） 从相应图形中，提取与所绘详图有关的内容。

（2） 对所提取的相关内容进行修改，形成详图的草图。

（3）　根据详图绘制的具体要求，对草图中不合乎设计规范的部分进行修改。

（4）　调整详图的绘图比例，一般为 1:20 或 1:50。

（5）　若为平面详图，则需进行室内布置，比如卫生间详图中就必须将各种卫生设施布置好。

（6）　填充材质和图案。各种详图中的剖切部分都应该填充材料符号。

（7）　标注文本和尺寸。要求标注的比较详细，以卫生间为例，卫生间洁具定位一般以其水管定位线为基准，其他设备以它的边缘线定位，标注时需要标注出设备定位尺寸和房间的周边净尺寸。同时还应标出室内标高、排水方向及坡度等。文本标注用于详细说明各个部件的做法。

在建筑详图绘制过程中，除了会用到绘制平面图、立面图和剖面图中常用的命令外，还会用到【图案填充】命令，如图 17-37 所示，就是两种常见的建筑详图。

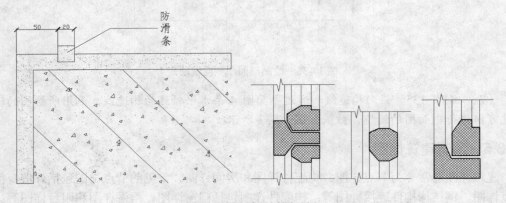

图 17-37　建筑详图示例

17.4　动手实践

在图 17-38 所示的平面图的基础上，绘制顶层楼梯的平面详图。建筑物顶层平面图的绘图比例为 1:100，要求楼梯详图比例为 1:50，绘制的效果如图 17-39 所示。

具体操作步骤如下。

（1）　在建筑物顶层平面图中，选择如图 17-40 所示的部分，右击鼠标，在弹出的快捷菜单中选择【复制】命令。

（2）　单击【新建】按钮 ▯，弹出【创建新图形】对话框，单击【使用样板】按钮 ▯，在【选择样板】列表框中选择例 17-3 中建立的 A3 样板图。

（3）　在绘图区，右击鼠标，在弹出的快捷菜单中选择【粘贴】命令，将步骤（1）复制的图形粘贴在样板图中。

（4）　单击【直线】按钮 ✏，命令行提示如下，绘出的折断线如图 17-41 所示。

```
命令：_line 指定第一点：              //单击按钮执行【直线】命令，在绘图区指定一点
指定下一点或 [放弃(U)]: @350,0         //使用相对坐标，指定第 2 点
指定下一点或 [放弃(U)]: @30,150        //使用相对坐标，指定第 3 点
```

指定下一点或 [闭合(C)/放弃(U)]: @60,-300	//使用相对坐标，指定第 4 点
指定下一点或 [闭合(C)/放弃(U)]: @30,150	//使用相对坐标，指定第 5 点
指定下一点或 [闭合(C)/放弃(U)]: @350,0	//使用相对坐标，指定第 6 点
指定下一点或 [闭合(C)/放弃(U)]:	//按 Enter 键，结束直线绘制

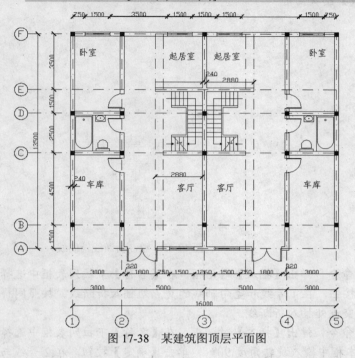

图 17-38 某建筑图顶层平面图

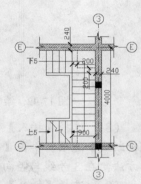

图 17-39 顶层楼梯详图

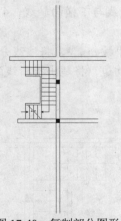

图 17-40 复制部分图形

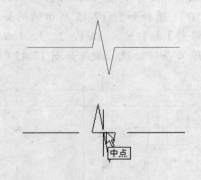

图 17-41 绘制折断线

（5）选择【绘图】/【块】/【创建】命令，弹出【块定义】对话框。在【名称】文本框中输入块名称【折断线】，单击【拾取点】按钮，回到绘图区，利用对象捕捉功能，捕捉图 17-49 所示的中点为插入点，返回【块定义】对话框。单击【选择对象】按钮，回到绘图区，选择刚才绘制的折断线，按 Enter 键，回到【块定义】对话框。单击【确定】按钮，完成【折断线】块的定义。

（6）在【图层】工具栏中，将图层切换到轴线层 ♀◯◉∯■轴线，单击【构造线】按钮✐，在3条墙线中分别绘制3条构造线，如图17-42所示。

（7）单击【构造线】按钮✐，绘制如图17-43所示的4条构造线1、构造线2、构造线3和构造线4，以便插入【折断线】图块。

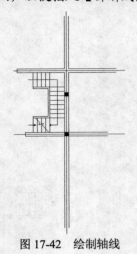

图 17-42　绘制轴线

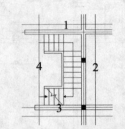

图 17-43　绘制折断线辅助线

（8）选择【插入】/【块】命令，弹出【插入】对话框。在【名称】下拉列表框中选择【折断线】选项，单击【确定】按钮，在1号线和竖向轴线的交点处插入折断线。按照同样的方法，在3号线与竖向轴线的交点处插入折断线。

（9）选择【插入】/【块】命令，弹出【插入】对话框。在【名称】下拉列表框中选择【折断线】选项，在【角度】文本框中输入旋转角度90°，单击【确定】按钮，在2号线与上横向轴线的交点处插入折断线。使用同样的方法，在2号线与下横向轴线，4号线与上下横向轴线交点处分别插入折断线，效果如图17-44所示。

（10）选择如图17-45所示的两条墙线，单击【分解】按钮⬚，将墙线分解为直线。单击【修剪】按钮✂，以1、2、3、4四条辅助构造线为剪切边，将超出折断线的墙线剪除，同时删除4条辅助线，效果如图17-45所示。

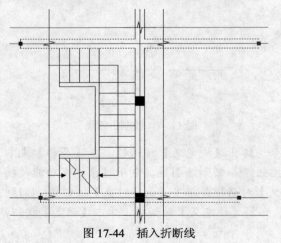

图 17-44　插入折断线

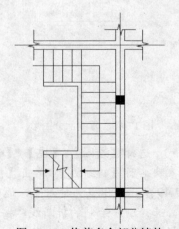

图 17-45　修剪多余部分墙体

在 AutoCAD 中，【修剪】命令对多线不起作用，所以这里需要将多线分解为直线。

（11）单击【构造线】按钮 ，绘制如图 17-46 所示的 5、6、7、8 号辅助线，单击【修剪】按钮 ，以 5、6、7、8 四条辅助构造线为剪切边，将超出辅助线的轴线剪除，同时删除 4 条辅助线，效果如图 17-47 所示。

（12）单击【缩放】按钮 ，命令行提示如下。

命令：_scale   //执行【缩放】命令
选择对象：指定对角点：找到 69 个   //选择如图 17-47 所示的所有对象
选择对象：   //按 Enter 键，完成选择
指定基点：   //在绘图区任意指定一点
指定比例因子或 [复制(C)/参照(R)] <1>:2   //由于比例为 1:50，所以输入放大比例为 2

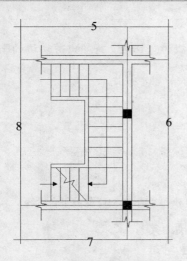

图 17-46　绘制轴线切除辅助线

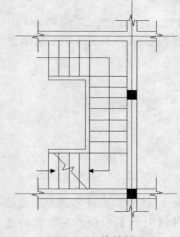

图 17-47　修剪轴线

（13）切换到建筑物顶层平面图，选择 E 轴线标号，右击鼠标，在弹出的快捷菜单中选择【带基点复制】命令，以图 17-48 所示的象限点为基点复制。回到详图绘图区，右击鼠标，在弹出的快捷菜单中选择【粘贴】命令，以上面一条横向轴线的左端点为插入点，插入轴线标号，同样的方法，插入其他轴线标号，如图 17-49 所示。

在 AutoCAD 中，用户可以将一个图形文件中的图形内容复制到另外一个图形文件中，同时图形的很多属性也会一起被复制进来，如图层设置等。

（14）在【图层】工具栏中的下拉列表框中选择平台梁层 ，绘制详图中看不到的楼梯的梁。梁宽为 200，由于是按照 1:50 的比例绘图，所以需要绘制 400 的尺寸。单击【偏移】按钮 ，分别将图 17-50 所示的 1 号直线和 2 号直线向右和向上偏移 400。

图 17-48 复制轴线符号

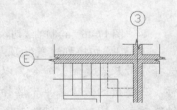

图 17-49 完成轴线添加的详图

> **提示** 在原先的 A3 样板图中并没有建立平台梁层，本图层是从建筑物顶层平面图中带入详图中的。

（15）分别以图 17-50 所示的 1 号直线和 2 号直线为剪切边，将超出剪切边的平台梁多余部分剪除，效果如图 17-51 所示。

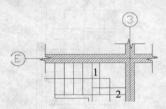

图 17-50 偏移平台梁线

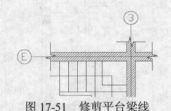

图 17-51 修剪平台梁线

（16）选择两条平台梁线，右击鼠标，在弹出的快捷菜单中选择【特性】命令，在弹出的【对象特性管理器】对话框中的【基本】卷展栏的【线型比例】文本框中输入 10。关闭【对象特性管理器】对话框，平台梁效果如图 17-52 所示。使用同样的方法，绘制下部的平台梁。

（17）选择【工具】/【自定义】/【工具栏】命令，弹出【自定义】对话框。在【工具栏】选项卡的【工具栏】列表框中选中【标注】复选框，显示【标注】工具栏，单击【关闭】按钮。

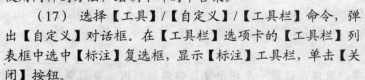

图 17-52 绘制完成的平台梁线

（18）选择【格式】/【标注样式】命令，弹出【标注样式管理器】对话框。在【样式】列表框中选择【副本 ISO-25】样式，单击【修改】按钮，弹出【修改标注样式】对话框。切换到【主单位】选项卡，在【测量单位比例】选项组中的【比例因子】微调框中输入比例 0.5。

（19）切换到尺寸标注层🔆◎◎🖉🖰■尺寸标注，单击【标注】工具栏中的【线性标注】按钮┝，按照图 17-53 所示给详图进行标注。切换到文字标注层🔆◎◎🖉🖰■文字标注，单击【多行文字】按钮Ａ，在绘图区分别标注文字说明【上 5】和【下 5】，设置字高为 400，最终效果如图 17-53 所示。

17.5 习题练习

17.5.1 填空题

（1）某建筑物的总长为 69 m，出图后，在图纸上的总长为 69 mm，此建筑图纸的比例是_____。

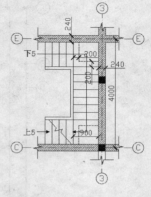

图 17-53 绘制完成的详图

（2）在建筑施工图中，通常使用_____和_____命令来绘制辅助线。

（3）在 AutoCAD 2009 中，可以通过_____和设置图线线宽。

（4）建筑样板图保存_____格式的文件。

（5）建筑样板图中一般会设置_____、_____、_____、_____和_____等。

17.5.2 选择题

（1）某建筑物长 45 m，宽 20 m，要求平面图、立面图和剖面图 3 张图纸放在一个图幅中，绘图比例均为 1:100，则选择_____图幅的图纸最合适。

    A. A0   B. A1   C. A2   D. A3

（2）在建筑图纸中，需要绘制一个比例为 1:10 的窗户节点详图，所有标注样式都是以 1:100 的平面图建立的。在给窗户节点标注尺寸时，需要修改标注样式，则在【修改标注样式】对话框中的【主单位】选项卡中的【测量单位比例】选项组下的【比例因子】微调框中应该输入_____。

    A. 10   B. 5   C. 0.5   D. 0.1

（3）下面所列标注类型中，在建筑制图中一般不会用到的是_____。

    A. 线性标注   B. 尺寸公差标注   C. 对齐标注   D. 连续标注

（4）在由平面图和立面图绘制剖面图时，需要绘制一条斜向的构造线，构造线角度为_____。

    A. 60°   B. 30°   C. 45°   D. 120°

17.5.3 上机操作题

（1）绘制《总图制图标准》中规定的门式起重机图样，如图 17-54 所示。

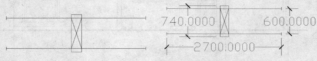

图 17-54 门式起重机图样

（2）按照例 17-3 的方法，建立 A2 图幅的样板图。

（3）按照例 17-6 的方法，将图 17-55、图 17-56 和图 17-57 所示的平面图、立面图和剖面图绘制完整。

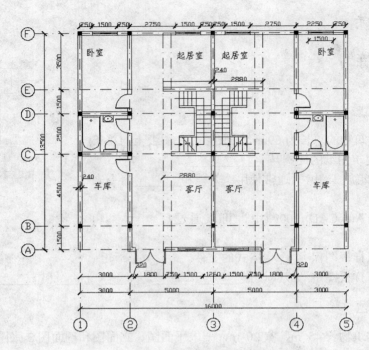

建筑平面图1:100

图 17-55　建筑平面图

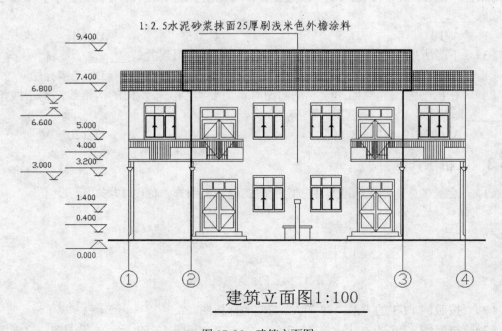

1:2.5水泥砂浆抹面25厚刷浅米色外檐涂料

建筑立面图1:100

图 17-56　建筑立面图

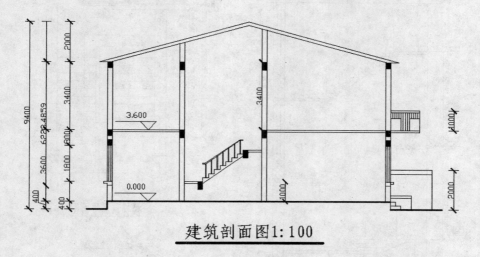

建筑剖面图1:100

图 17-57　建筑剖面图

（4）绘制如图 17-58 所示的建筑总平面图。

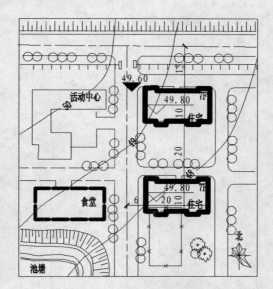

图 17-58　建筑总平面图

（5）绘制如图 17-59 所示的楼梯详图。

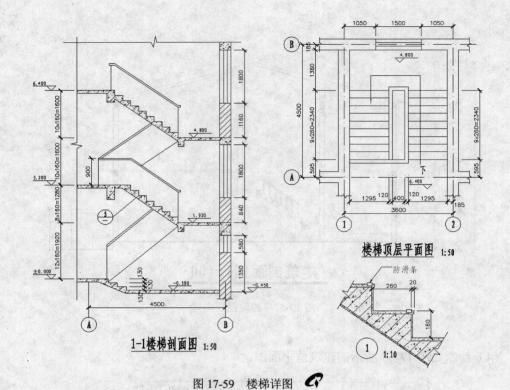

1-1楼梯剖面图 1:50

楼梯顶层平面图 1:50

图 17-59 楼梯详图

第 18 章　AutoCAD 在机械制图中的应用

本章要点：

- AutoCAD 中机械制图标准的实现
- 图纸空间快速出机械图
- 机械剖面图、剖视图及轴测图的绘制
- 机械零件图的绘制
- 机械装配图的绘制

本章导读：

- **基础内容：** 机械制图标准的各种规定，各类机械图绘制的一般规定和方法。
- **重点掌握：** 标准的实施方法，图纸空间快速出机械图，机械零件图，以及装配图的绘制方法。
- **一般了解：** 本章介绍的剖面图、剖视图均为实际绘图中零件图的一部分，不会单独出现，另外轴测图一般只用来展现大致轮廓或者线条关系，了解即可。

课 堂 讲 解

机械加工时，需要相应的零件图来展现零件的具体尺寸以及相对关系，其中也要使用到剖视图或者剖面图来清楚展现部分结构。安装、拆卸零件时，需要使用装配图来表达部件或机器的工作原理、零件之间的安装关系与相互位置等。装配图中包含所需要的尺寸数据和技术要求，装配图是指定装配工艺流程，进行装配、检验、安装以及维修的技术依据。

零件图在机械制图中的应用最为广泛。零件图主要包括一组视图、全部尺寸、技术要求，以及标题栏等。在 AutoCAD 中，用户可以建立不同的图层，然后在这些图层上进行同一类对象的绘制。图层概念在机械制图中也很重要。如图 18-1 所示就是机械制图中建立的各个图层，图 18-2 所示就是绘制完成的略去图框与标题栏的机械零件图。

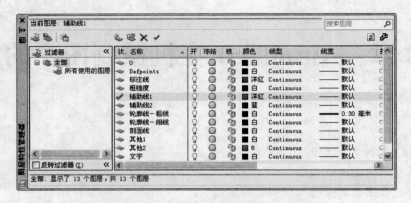

图 18-1　机械制图中建立的图层

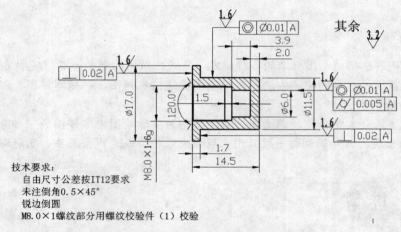

技术要求：
　自由尺寸公差按IT12要求
　未注倒角0.5×45°
　锐边倒圆
　M8.0×1螺纹部分用螺纹校验件（1）校验

图 18-2　机械零件图（略去图框与标题栏）

18.1　AutoCAD 中机械制图标准的实现

在各工业部门，为了科学地进行生产和管理，对图纸的各个方面，如视图安排、尺寸注法、图纸大小和图线粗细等，都作了一个统一的规定。这些规定就叫制图标准。我国的国家标准《机械制图》是 1959 年颁布的，试行之后在 1970 年、1974 年和 1984 年作了修改。用 AutoCAD 2009 进行机械制图，了解相关的国家标准是首先必须进行的工作，AutoCAD 2009 各种设置也都考虑到了标准的问题。这里以《机械制图》说明标准中的各种基本规定如何在 AutoCAD 中实现。

18.1.1　图纸幅面规定的实现

《技术制图　图纸幅面和格式》（GB/T 14689-1993）对图纸幅面和格式做了规定，同时机械制图中对标题栏也有严格的规定。根据国家标准，绘制图样的时候应该优先考虑下表所规定的幅面，横放和竖放均可，具体内容如表 18-1 所示。

表 18-1 图纸幅面的尺寸（单位：mm）

幅 面 代 号	A0	A1	A2	A3	A4	A5
$B \times L$	841×1189	594×841	420×594	297×420	210×297	148×210
a	25					
c	10			5		
e	20		10			

表中所给的各项参数的含义如下。

（1）B，L：图纸的总长度和宽度。

（2）a：留给装订的一边的空余宽度。

（3）c：其他 3 条边的空余宽度。

（4）e：无装订边时的各边空余宽度。

格式分留装订边（图 18-3）和不留装订边（图 18-4）两种，同一产品的图样只能采用同一种格式，并均应画出图框线及标题栏。图框线用粗实线绘制，一般情况下，标题栏位于图纸右下角，也允许位于图纸右上角。标题栏中文字书写方向即为看图方向。

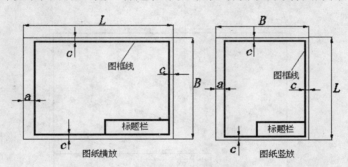

图 18-3 留有装订边的图纸格式

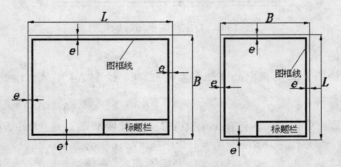

图 18-4 不留装订边的图纸格式

每张图纸都必须有标题栏，标题栏的格式和尺寸应符合 GB10609.1-1989 的规定，如图 18-5 所示。标题栏的外边框是粗实线，其右边的底线与图纸边框重合，其余是细实线，文字方向为看图的方向。

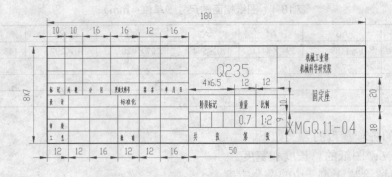

图 18-5　标题栏

※ 例 18-1　绘制自定义的机械制图图框

在机械制图中，当绘制完的图纸需要打印输出时，一般都在图纸空间内进行，这时候最方便的方法就是使用 AutoCAD 2009 提供的模板来直接完成，当然用户也可以自定义，如图 18-6 所示。

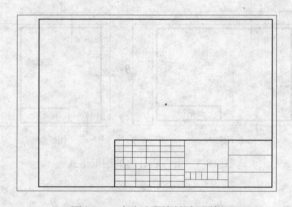

图 18-6　自定义图框与标题栏

具体操作步骤如下。

（1）单击【绘图】工具栏中的【矩形】按钮□，绘制 A4 图纸。绘制过程如下：

```
命令: _rectang                                        //单击按钮执行命令
指定第一个角点或 [倒角(C)/标高(E)/圆角(F)/厚度(T)/宽度(W)]:   //任意选中一点
指定另一个角点或 [面积(A)/尺寸(D)/旋转(R)]: @297,210   //绘制 A4 图纸
命令: _offset                                        //单击按钮执行偏移命令
当前设置: 删除源=否  图层=源  OFFSETGAPTYPE=0//系统提示信息
指定偏移距离或 [通过(T)/删除(E)/图层(L)] <1.0000>: 5 //偏移边框，距离为 5
选择要偏移的对象，或 [退出(E)/放弃(U)] <退出>: //选择矩形为偏移对象
指定要偏移的那一侧上的点，或 [退出(E)/多个(M)/放弃(U)] <退出>://在 A4 图纸内单击一点
选择要偏移的对象，或 [退出(E)/放弃(U)] <退出>://按回车键退出
```

得到的效果如图 18-7 所示。

（2）单击【修改】工具栏中的【分解】按钮 ，分解内部的矩形。

（3）单击【修改】工具栏中的【偏移】按钮 ，命令行提示如下。

```
命令: _offset                           //单击按钮执行偏移命令
当前设置: 删除源=否   图层=源   OFFSETGAPTYPE=0//系统提示信息
指定偏移距离或 [通过(T)/删除(E)/图层(L)] <5.000>: 20   //偏移矩形的一边
选择要偏移的对象，或 [退出(E)/放弃(U)] <退出>: //选择左数第二条竖直线为偏移对象
指定要偏移的那一侧上的点，或 [退出(E)/多个(M)/放弃(U)] <退出>://在左数第二条竖直线右侧单
击，效果如图18-8所示
```

图18-7　绘制A4图纸

图18-8　偏移边

（4）修剪直线的多余部分，并修改内部线条宽度为 0.3 mm，效果如图18-9所示，为横排放置的A4纸。

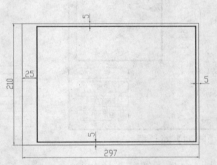

图18-9　A4横向图纸

（5）单击【绘图】工具栏中的【矩形】按钮 ，绘制标题栏边框。绘制过程如下。

```
命令: _rectang                                    //单击按钮执行命令
指定第一个角点或 [倒角(C)/标高(E)/圆角(F)/厚度(T)/宽度(W)]:   //在绘图区拾取一点
指定另一个角点或 [面积(A)/尺寸(D)/旋转(R)]: @180,56          //使用相对坐标输入另一点
```

（6）单击【修改】工具栏中的【分解】按钮 ，分解矩形。

（7）单击【修改】工具栏中的【偏移】按钮 ，命令行提示如下。

```
命令: _offset                           //单击按钮执行偏移命令
当前设置: 删除源=否   图层=源   OFFSETGAPTYPE=0//系统提示信息
指定偏移距离或 [通过(T)/删除(E)/图层(L)] <20.000>:80//设定偏移距离为80
选择要偏移的对象，或 [退出(E)/放弃(U)] <退出>: //选择左侧竖直线
```

得到的效果如图 18-10 所示。

（8）单击【修改】工具栏中的【阵列】按钮器，弹出【阵列】对话框，设置如图 18-11 所示。选中最上面的水平直线后单击【确定】按钮，得到效果如图 18-12 所示。

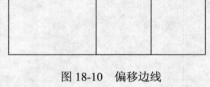

图 18-10　偏移边线

图 18-11　设置【阵列】对话框

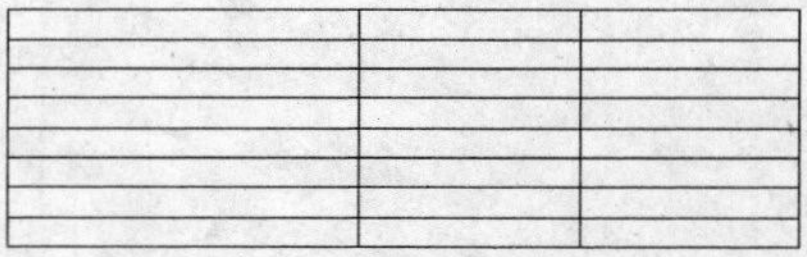

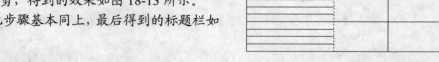

图 18-12　【阵列】效果

（9）单击【修改】工具栏中的【修剪】按钮，对水平线进行修剪，得到的效果如图 18-13 所示。

（10）其他步骤基本同上，最后得到的标题栏如图 18-6 所示。

18.1.2　图线规定的实现

图 18-13　【修剪】效果

在机械制图中，图线的类型包含了一定的信息，用来区分可见与不可见、边界线与轮廓线等。图线也有详尽的标准，常见的线型列举如表 18-2 所示。而线宽和样式选择的问题，在实际的 CAD 制图中也时常遇到，在 AutoCAD 2009 中，有符合各种标准的线条样式。

机械工程图样中的图线宽度有粗、细两种，其线宽比为 2:1。线宽推荐系列为：0.13、0.18、0.25、0.35、0.5、0.7、1、1.4、2（mm）。

表 18-2　图线规范

图线名称及代号	图线宽度	一般应用
粗实线（A）	b（0.5mm～2 mm）	A1 可见轮廓线 A2 可见过渡线
细实线（B）	约 $b/3$	B1 尺寸线及尺寸界限 B2 剖面线 B3 重合剖面的轮廓线 B4 螺纹的牙底线及齿轮的齿根线 B5 引出线 B6 分界线及范围线 B7 弯折线 B8 辅助线 B9 不连续的同一表面的连线 B10 成规律分布的相同要素的连线
波浪线（C）	约 $b/3$	C1 断裂处的边界线 C2 视图和剖视的分界线
双折线（D）	约 $b/3$	D1 断裂处的边界线
虚线（F）	约 $b/3$	F1 不可见轮廓线 F2 不可见过渡线
细点画线（G）	约 $b/3$	G1 轴线 G2 对称中心线 G3 轨迹线 G4 节圆及节线
粗点画线（J）	b	J1 有特殊要求的线或表面的表示线
双点画线（K）	约 $b/3$	K1 相邻辅助零件的轮廓线 K2 极限位置的轮廓线 K3 坯料的轮廓线或毛坯图中制成品的轮廓线 K4 假想投影轮廓线 K5 试验或工艺用结构（成品上不存在）的轮廓线 K6 中断线

在 AutoCAD 2009 中，图线的设置主要通过以下途径来实现。

（1）通过【对象特性】工具栏的线宽下拉列表框来决定线宽，需要先选中对象，然后再从下拉列表框中选择需要线宽。这种方式适合在机械制图过程中改变某一个或者几个对象的线宽。

例如图 18-14 所示的左图零件图，在机械制图中内圆螺纹齿底需要使用细线表示，此时可以使用【对象特性】工具栏来进行修改。选中需要修改的圆后，在如图 18-15 所示的下拉列表框中选择【0.00 毫米】线宽，得到的效果如图 18-14 右图所示。

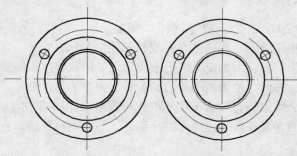

图 18-14　修改零件图线宽

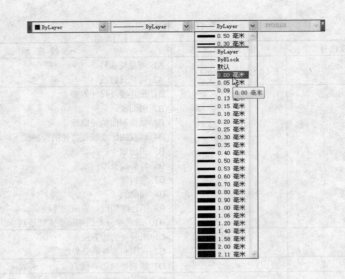

图 18-15 　【对象特性】工具栏

（2）　在设置图层时进行线宽设置。如图 18-16 所示的【图层特性管理器】对话框中显示了零件图各个图层的线宽设定，这样在绘制图形的过程中就需要选定不同的图层来绘制相应的零件部分，比如轮廓线在 0.30 mm 线宽的图层中绘制，螺纹齿底在线宽为 0.00 mm 线宽的图层中绘制。

设置好如图 18-16 所示的图层及线型、线宽后，绘制如图 18-17 所示的阻尼器零件图。

图 18-16　图层及线型、线宽设置

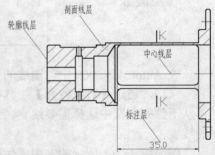

图 18-17　图层及线型、线宽设置

18.1.3　特殊符号的实现

在使用 AutoCAD 2009 进行绘图的过程中，还会使用到工程符号的标注。在机械制图中，常见的工程符号包括形位公差、粗糙度（需要自己绘制）等。

在机械制图中，形位公差用来定义图形中图形元素形状和位置的最大允许误差，表明几何特征的形状、投影、方向、位置和跳动的偏差等。完整的形位公差，由引线、几何特征符号、直径符号、形位公差值、材料状况和基准代号等组成，如图 18-18 所示。

形位公差各符号的含义在前面已经详细介绍过，这里不再赘述。包容特性的符号，则参见表 18-3。

几何特征符号
公差值
基准包容条件
∅0.001 Ⓜ Ⓛ
公差的包容条件
引线
可选的直径符号

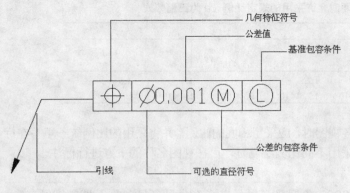

图 18-18　形位公差示意图

表 18-3　基准包容条件含义

符　号	含　义
Ⓜ	材料的一般状况
Ⓛ	材料的最大状况
Ⓢ	材料的最小状况

18.1.4　字体的实现

《技术制图 字体》GB/T 14691-1993 规定了图样中汉字、数字、字母的书写格式。汉字为长仿宋体，并采用国家正式公布的简化字，字宽约为字高的 2/3。字高不应小于 3.5 号，以避免字迹不清。用做指数、分数、极限偏差、注脚等的数字及字母，一般采用小一号的字体，如图 18-19 所示，其他应用如图 18-20 所示。

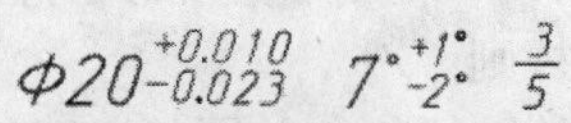

10³ S⁻¹ D1 Td
Φ20+0.010 -0.023 7°+1° -2° 3/5

图 18-19　指数、分数、极限偏差等

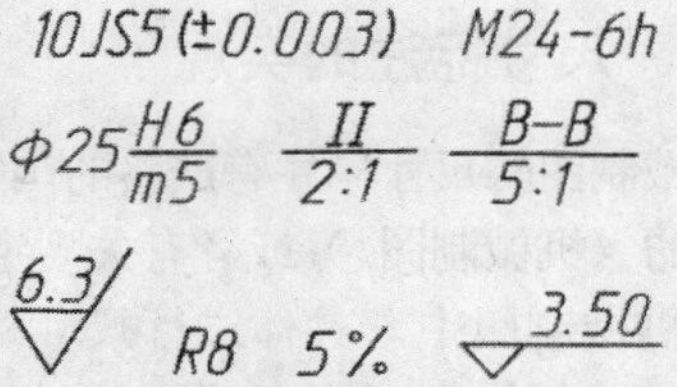

10JS5(±0.003) M24-6h
Φ25 H6/m5 II/2:1 B-B/5:1
6.3 R8 5% 3.50

图 18-20　其他应用示例

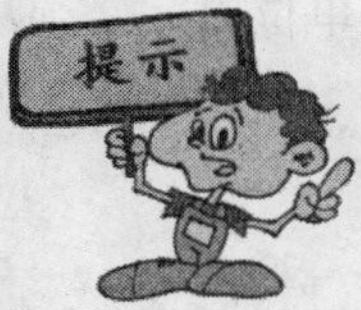

提示

机械制图中，在自己绘制粗糙度符号时，需要注意字体以及图线的比例。三角形是等边三角形，而且另外一条直线的长度也等于三角形的边长。

18.1.5　比例的实现

《技术制图 比例》GB/T 14690-1993 对比例的选用做了规定。比例为图样中机件要素的线性尺寸与实际机件相应要素的线性尺寸之比。绘制图样时应优先选取表 18-4 和表 18-5 中所规定的比例。

表 18-4 比例系列（a 为正整数）

与实际物体相同	1:1		
放大的比例	5:1 5×10^a:1	2:1 2×10^a比 1	 1×10^a:1
缩小的比例	1:2 1:2×10^a	1:5 1:5×10^a	 1:1×10^a

表 18-5　必要时允许采用的规定比例（a 为正整数）

与实际物体相同	1:1				
放大的比例	4:1		2.5:1		
	$4 \times 10^a:1$		$2.5 \times 10^a:1$		
缩小的比例	1:1.5	1:2.5	1:3	1:4	1:6
	$1:1.5 \times 10^a$	$1:2.5 \times 10^a$	$1:3 \times 10^a$	$1:4 \times 10^a$	$1:6 \times 10^a$

机械制图中在绘制同一物体的各视图时，应采用相同的比例，并将采用的比例统一填写在标题栏的【比例】项内。当某视图须采用不同比例绘制时，可在视图名称的下方进行标注。

提示　使用 AutoCAD 2009 绘制机械图纸时，在模型空间一般不设置比例，采用默认的 1:1 比例进行绘制。图形显示的大小利用视图控制来调整，当图纸打印输出时可以设置打印比例。

右击图纸的【布局】选项卡，在弹出的快捷菜单选择【页面设置管理器】命令，弹出【页面设置管理器】对话框。

单击【修改】按钮，弹出【页面设置-布局1】对话框，在【打印比例】选项组中可以对打印的输出比例进行控制。

18.1.6　尺寸标注的实现

机械制图的尺寸标注有严格的国家标准，不熟悉的用户建议查阅相关的书籍（比如高等教育出版社的《机械制图》）或者有关规定（国家标准 GB/T 4458.4-1984《机械制图尺寸注法》）。

在机械制图中，具体进行尺寸标注时应遵循以下基本规则：

（1）　图样中所注尺寸的数值表示物体真实大小，与绘图比例、绘图的准确度无关。

（2）　在同一图样中，每一尺寸只标注一次，并应标注在反映该结构最清晰的图形上。

（3）　图样中的尺寸以毫米（mm）为单位时，不需注明；若采用其他单位时，必须注明单位的代号或名称。

尺寸标注样图如图 18-23 所示。

在遵照国家规定的基础上，一般应该注意下面的几点：

（1）　为了使图面清晰，多数尺寸应该标注在视图的外面。

（2）　零件上每一形体的尺寸，最好集中地标注在反映该形体特征的视图上。

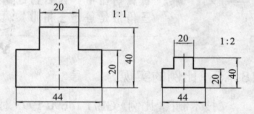

图 18-23　尺寸标注基本规则

（3）　同心圆柱的尺寸，最好标注在非圆的视图上。

（4）　尽量避免尺寸线、尺寸界限之间的相交，相互平行的尺寸应该按照大小顺序排列，小的在内大的在外。

（5）　内形尺寸和外形尺寸最好标注在图形的两侧。

下面给出了一些不合理的尺寸标注以及修改方案，如图 18-24 所示。

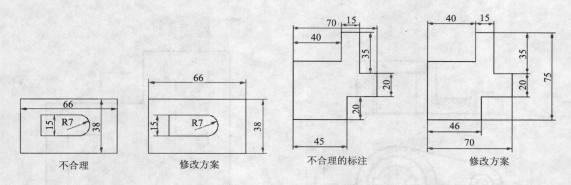

图 18-24　不合理的标注实例

18.2　各类机械图的绘制

本节将介绍各类机械制图的绘制方法，包括剖视图、剖面图、轴测图、机械零件图及装配图等。

18.2.1　绘制机械剖视图

机械制图中有些零件的结构在一般视图中并不能表现出来，需要剖开某个平面才能清楚地展现出来，尤其是某些内部结构，此时用户可以使用剖视图来表现零件的结构。

（1）剖视图绘制一般方法。

首先确定剖切面的位置及投射方向：为了在主视图上反映机件内孔的实际大小，剖切面应通过孔的轴线并平行于 V 面；以垂直于 V 面的方向为投射方向；接着将处于观察者与剖切面之间的部分移去，画出余下部分在 V 面的投影。最后在剖面区域内画出剖面符号，如图 18-25 所示。

（2）剖面线的标注。

剖视图的标注包括以下内容。

● 剖切线：指示剖切位置的线（用点画线表示）。

● 剖切符号：指示剖切面起、止和转折位置及投射方向的符号。

● 视图名称：一般应标注剖视图名称【×—×】（【×—×】为大写拉丁字或阿拉伯数字），
　　在相应视图上用剖切符号表示剖切位置和投射方向，并标注相同的字母。

剖切符号、剖切线和字母的组合标注如图 18-26 所示。

（3）剖视图种类。

剖视图包括全剖视、半剖视和局部剖视 3 种，用法各有不同。用剖切面完全地剖开物体所得的剖视图称为全剖视图。针对不同的机械零件，全剖视图可以采用单一剖切面剖切、几个平行的剖切平面剖切或者几个相交的剖切面剖切 3 种剖切方法。

当物体具有对称平面时，向垂直于对称平面的投影面上投射所得的图形，可以对称中心线为界，一半画成剖视图，另一半画成视图，这种剖视图称为半剖视图。

用剖切面局部地剖开物体所得的剖视图称为局部剖视图，局部剖视图用波浪线或双折线分界，以示剖切范围。如图 18-27 所示为全剖视图，图 18-28 所示为半剖视图。

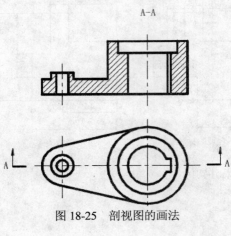

图 18-25 剖视图的画法

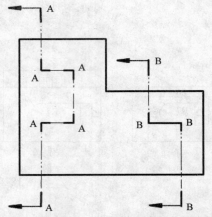

图 18-26 剖切符号、剖切线和字母的组合标注

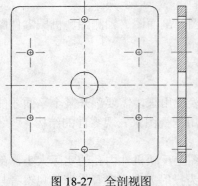

图 18-27 全剖视图

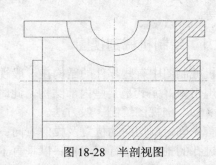

图 18-28 半剖视图

18.2.2 绘制机械剖面图

剖面图常用于表达物体某一局部的断面形状，如机件上的肋、轮辐或轴上的键槽、孔等。例如轴类零件，一般先绘制一个基本视图，然后再绘制几处剖面图来表达轴上的特殊结构等。一般情况下，剖面图只需绘制出机件切开后的断面形状即可，但是在剖面图的绘制步骤中有许多规定，如当剖面图通过机件上的圆孔或者圆孔的轴线时，这些结构应按照剖视来绘制等。

国家标准《机械制图》规定如下。

（1）对于零件上的肋、轮辐及薄壁等，若剖切平面通过板厚的对称平面或者轮辐的轴线时，这些结构都不绘制剖面符号，而用粗实线将它与邻接部分分开。但是，当剖切平面垂直于肋和轮辐等对称平面或者轴线时，应绘制出剖面符号。

（2）当零件的回转体上均匀分布的轮辐、肋、孔等结构不处于剖切面上时，可将这些结构旋转到剖切平面上画出。

（3）当机件具有若干相同的结构并且按照一定规律分布时，需要绘制出几个完整的结构，其余用细实线连接，在零件图中应该注明总数。

（4）当图形不能充分表达平面时，可用平面符号表示。

（5）当不致于引起误解时，对于对称机件的视图可以只绘制出一半，并在对称中心线的两端画出两条与其垂直的平行细实线。

（6）在圆柱上，因为钻有小孔、槽或者铣方头等出现的交线允许省略或者简化，但是必须有一个视图已经清楚地表示了它们的形状。

（7）在不引起误解的情况下，零件图中的小圆角、锐边小倒角或者45°小倒角允许省略不画，但是必须注明尺寸或者在技术要求中说明。

（8）当机件的部分结构图形过小时，可以采用局部放大的方法，用比原图更大的比例画出。

绘制重合剖面时，重合剖面的轮廓线用细线绘制，当视图的轮廓与重合剖面的图形重合时，视图的轮廓线仍需完整画出。

※ 例18-2　绘制轴套的移出剖面图

本例绘制轴套的移出剖面图，如图18-29所示。绘制步骤大致为：在轴套上指定一点，并向外绘制垂直引线，然后绘制出中心线。以中心线交点为圆心，绘制半径为11的圆，再用矩形命令绘制移出剖面的键槽部分，最后使用修剪命令对其进行处理，得到效果图。

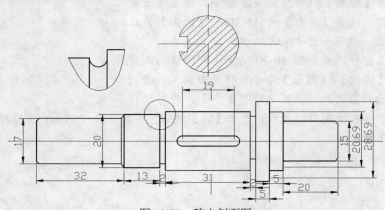

图18-29　移出剖面图

具体操作步骤如下。

（1）选择【绘图】/【直线】命令，绘制中心线，线型采用CENTER2，效果如图18-30所示。

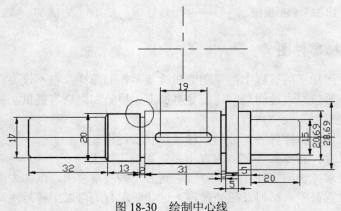

图18-30　绘制中心线

（2）单击【圆】按钮⊘，命令行提示如下。

> 命令: _circle 指定圆的圆心或 [三点(3P)/两点(2P)/相切、相切、半径(T)]:　//捕捉中心线交点
> 指定圆的半径或 [直径(D)]: 11　　　　　　　　　　　　　　　　　//输入半径

（3）单击【矩形】按钮□，命令行提示如下。

> 命令: _rectang　　　　　　　　　　　　　　　　　　　　//单击按钮执行命令
> 指定第一个角点或 [倒角(C)/标高(E)/圆角(F)/厚度(T)/宽度(W)]: from　//输入 from
> 基点:　　　　　　　　　　　　　　　　　　　　　　　//拾取圆心为基点
> <偏移>: @-7.5,-3　　　　　　　　　　　　　　　　　//使用相对坐标输入偏移距离
> 指定另一个角点或 [面积(A)/尺寸(D)/旋转(R)]: @-6,6　//使用相对坐标输入另一个角点

得到的效果如图 18-31 所示。

（4）单击【修剪】按钮┼，对矩形和圆进行修剪，效果如图 18-32 所示。

（5）选择【绘图】/【图案填充】命令，弹出【图案填充编辑】对话框，设置【图案】为 ANSI31，【比例】为 0.6，对剖面进行填充，效果如图 18-33 所示。

（6）交叉窗口选择如图 18-30 所示小圆围住的倒角处的局部，选择【修改】/【缩放】命令，将原图放大，绘制如图 18-29 所示的样条曲线。使用【修剪】命令，修剪掉样条曲线以外的部分。删除倒角处直线，单击【圆】按钮，用两点法绘制圆，修剪掉圆的上半部，效果如图 18-29 所示。

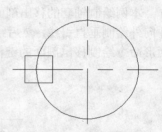

图 18-31　绘制矩形

图 18-32　修剪出槽

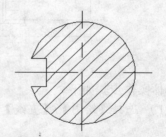

图 18-33　填充剖面图

18.2.3　绘制机械零件图

零件图是在生产加工的过程中指导制造和检验零件的图样，它不仅要将零件的形状、内外机构，以及大小等信息表达清楚，还需要对加工、检验和测量等提供必要的技术要求。完整的零件图必须包括以下几项内容。

（1）一组视图：将零件各部分的结构、形状表达清楚。

（2）全部尺寸：将零件各部分的大小和位置确定下来。

（3）技术要求：说明零件在制造时应达到的一些质量要求，例如表面粗糙度、尺寸极限偏差、形状和位置公差、材料及热处理等。这些要求有的可以用符号注写在视图上，有的

须统一注写在图纸的空白处。

（4）标题栏：说明零件的名称、材料、数量及图号等。

零件图的绘图过程大致分为以下步骤。

（1）根据零件的用途、形状特点和加工方法等选取主视图和其他视图。

（2）根据视图的数量和实物的大小确定适当的比例，并选择合适的标准图幅。

（3）画出图框和标题栏。

（4）画出各视图的中心线、轴线和基准线，确定各视图的位置。各视图之间要注意留有充分的标注尺寸的余地。

（5）由主视图开始，绘制各视图的主要轮廓线，绘图时要注意各视图间的投影关系。

（6）绘制出各视图上的细节，如螺钉孔、销孔、倒角、圆角等。

（7）仔细检查草稿后，描粗并画剖面线。

（8）绘制出全部尺寸线，注写尺寸数字。

（9）注出公差及表面粗糙度符号等。

（10）填写技术要求和标题栏。

（11）最后进行检查，没有错误后，在标题栏内签字。

绘制零件图时先画大轮廓，后画细部。绘图时要充分利用投影关系，几个视图同时画；绘制零件图时要先画图形，后标尺寸。

如图 18-34 所示是一个常见的叉架零件的主视图和侧视图。

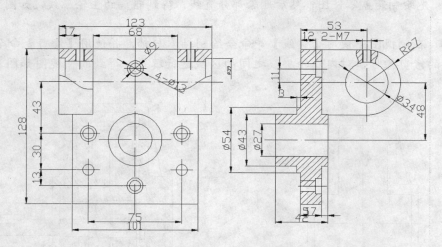

图 18-34　叉架零件图

18.2.4　绘制机械装配图

机械零件的装配图对于图纸的幅度和图框的大小都有严格的要求。装配图要求能够表现出各个组件的装配尺寸，并且有标题栏、零件明细表、各种标注和技术要求等。除了基本绘图技巧以外，装配图绘制的要求也应该注意。

机械装配图的内容主要包括以下部分。

（1）至少一组视图，用来表示如下内容。

● 组成部件的零（组）件。

● 各零（组）件之间的装配关系。

● 部件的工作原理。

● 本部件和其他部件或机座间的装配关系。

● 零件的主要结构形状。

（2）必要的尺寸用来表示零件间的配合、部件的安装、部件外形大小和部件的工作性能。

（3）技术要求用来说明对装配、安装质量的要求和调试、检测及使用的某些要求。

（4）标题栏用来表示部件的名称、数量及填写与设计和生产管理有关的一些内容。

（5）零（组）件序号、指引线和明细栏用来说明组成部件的各零件的名称、数量和材料规格等。

装配图的绘制方法主要包括如下几种：直接绘图、零件图块插入、零件图形文件插入、利用设计中心拼绘装配图法等。

※ 例 18-6　直接绘制装配图

直接绘制装配图指的是像绘制零件图一样绘制装配图，下面举一个简单的机械零件装配图的例子。

具体操作步骤如下。

（1）先绘制箱盖零件图，然后删除部分直线，得到箱盖的主轮廓线，如图 18-35 所示。

（2）在侧视图中使用【直线】等命令绘制轴承与轴，并使用【修剪】命令对图形进行适当的修剪操作，对内外轮廓线之间的区域进行填充，得到的侧视图如图 18-36 所示。

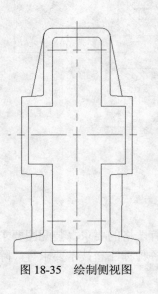

图 18-35　绘制侧视图

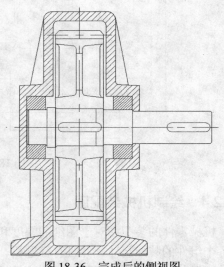

图 18-36　完成后的侧视图

※ 例 18-7 零件图形文件插入法

零件图形文件插入法就是插入（复制）已经绘制好的零件到装配图中，然后再修剪得到装配图，下面举一个简单的例子来进行说明。

具体操作步骤如下。

（1）将箱盖零件图中的顶视图复制到当前图形中，然后删除图形中除外轮廓线和中心线之外的所有直线，效果如图 18-37 所示。

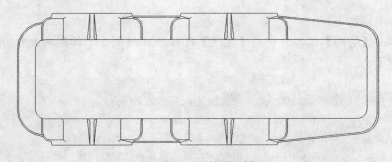

图 18-37　调整顶视图

（2）将上一步得到的箱盖的顶视图移动到啮合齿轮顶视图中，然后将箱盖中的图形删除，得到减速器的顶视图，如图 18-38 所示。

18.2.5　绘制轴测图

轴测投影图（简称轴测图）通常称为立体图，直观性强，是生产中的一种辅助图样，常用来说明产品的结构和使用方法等。它是在平行投影条件下，改变物体相对于投影面的位置，或者改变投射方向，在投影面上得到的具有立体感的投影图，其实质是用二维图形模拟三维对象。

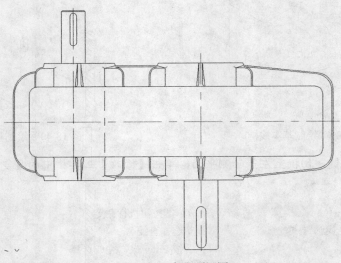

图 18-38　完成顶视图

根据轴测投影特性，在绘制轴测图时，对于与直角坐标轴平行的直线，可在切换至当前轴测面后，打开正交模式（ORTHO），然后仍将它们绘成与相应的轴测轴平行；对于与 3 个直角坐标轴均不平行的一般位置直线，则可关闭正交模式，沿轴向测量获得该直线两个端点的轴测投影，然后相连即得一般位置直线的轴测图。如图 18-39 所示的基本线框图形，可以通过简单的直线命令来完成。

具体操作步骤如下。

（1）单击【绘图】工具栏中的【直线】按钮 ✎，绘制 3 个轴测轴方向的绘图基准线，命令行提示如下。

```
命令: _line 指定第一点: 200,200    //使用绝对坐标指定第一点
指定下一点或 [放弃(U)]: @52<30    //使用相对极坐标指定第二点
指定下一点或 [放弃(U)]:            //按 Enter 键，完成第一条直线绘制
LINE  指定第一点: 200,200          //按 Enter 键，重复直线命令，使用绝对坐标指定第一点
指定下一点或 [放弃(U)]: @38<90     //使用相对极坐标指定第二点
指定下一点或 [放弃(U)]:            //按 Enter 键，完成第二条直线绘制
LINE  指定第一点: 200,200          //按 Enter 键，重复直线命令，使用绝对坐标指定第一点
指定下一点或 [放弃(U)]: @54<150    //使用相对极坐标指定第二点
指定下一点或 [放弃(U)]:            //按 Enter 键，完成第三条直线绘制
```

效果如图 18-40 所示。

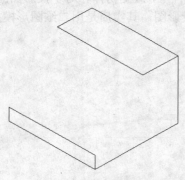

图 18-39　绘制基本线框

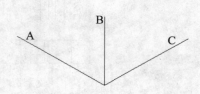

图 18-40　绘制基准线

（2）按 F5 键，切换至左等轴测平面，单击【修改】工具栏中的【复制对象】按钮 ⊙，命令行提示如下。

```
命令: _copy                        //单击按钮执行命令
选择对象: 找到 1 个                 //选择直线 A
选择对象:                          //按 Enter 键，完成选择
当前设置: 复制模式 = 多个
指定基点或 [位移(D)/模式(O)] <位移>: 8<90    //绝对极坐标指定基点和位移
```

指定第二个点或 <使用第一个点作为位移>://按 Enter 键，完成复制

COPY   //按 Enter 键，继续执行复制命令

选择对象: 找到 1 个   //选择直线 A

选择对象: //按 Enter 键，完成选择

当前设置: 复制模式 = 多个

指定基点或 [位移(D)] <位移>: 38<90   //绝对极坐标指定基点和位移

指定第二个点或 <使用第一个点作为位移>://按 Enter 键，完成复制

（3）按 F5 键，切换至右等轴测平面，单击【修改】工具栏中的【复制对象】按钮，命令行提示如下。

命令: _copy   //单击按钮执行命令

选择对象: 找到 1 个   //选择直线 B

选择对象: //按 Enter 键，完成选择

当前设置: 复制模式 = 多个

指定基点或 [位移(D)] <位移>: 52<30   //使用绝对极坐标指定基点和位移

指定第二个点或 <使用第一个点作为位移>://按 Enter 键，完成复制，效果如图 18-41 所示

（4）绘制其他定位线段（以直线 D 为基准线段）。单击【修改】工具栏中的【复制对象】按钮，命令行提示如下。

命令: _copy   //单击按钮执行命令

选择对象: 找到 1 个   //选择直线 D

选择对象: //按 Enter 键，完成选择

当前设置: 复制模式 = 多个

指定基点或 [位移(D)] <位移>: 30<30   //使用绝对极坐标指定基点和位移

指定第二个点或 <使用第一个点作为位移>://按 Enter 键，完成复制

copy   //按 Enter 键，继续执行复制命令

选择对象: 找到 1 个   //选择直线 D

选择对象: //按 Enter 键，完成选择

当前设置: 复制模式 = 多个

指定基点或 [位移(D)] <位移>: 52<30   //使用绝对极坐标指定基点和位移

指定第二个点或 <使用第一个点作为位移>://按 Enter 键，完成复制

按 Enter 键，完成复制，效果如图 18-42 所示。

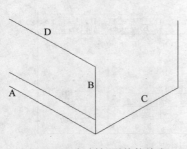

图 18-41 复制得到其他线段

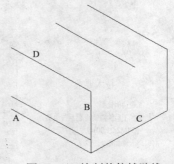

图 18-42 绘制其他辅助线

（5）绘制零件基本边框，效果如图 18-39 所示。

18.3　动手实践

综合本章知识绘制如图 18-43 所示的支撑梁的装配图。由于图形比较大，所以给出了大图不同部分的图样。

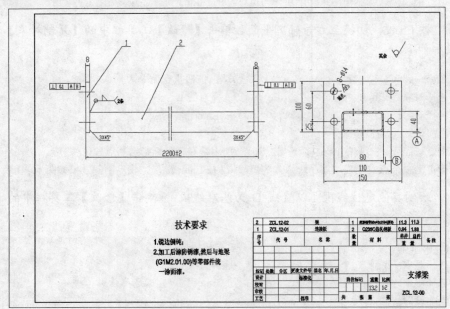

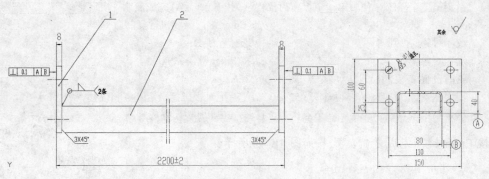

图 18-43　支撑梁装配图

具体操作步骤如下。

（1）绘制图幅和图框。本例的图幅为 594×840，为标准 A1 图纸，如图 18-44 所示。外矩形框表示图幅，内部的矩形框为图框，全部的绘图都在这个矩形框中进行。图框和图幅之间的距离有两个，左边的边距为 50，其他的边距为 10。

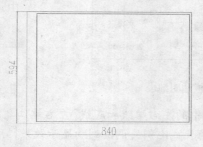

图 18-44　边框和标题栏

（2）选择【格式】/【文字样式】命令，弹出【文字样式】对话框，修改 STANDARD 文字样式。【字体名】为 txt.shx，【宽度比例】为 0.670。新建文字样式为 IMPORT，【字体名】为 Arial，【高度】为 3.5，【宽度比例】为 0.8。

（3）选择【格式】/【标注样式】命令，弹出【标注样式管理器】对话框，新建标注样式 2，具体设置如图 18-45 所示。由于本图绘制比例为 1:2，所以需要设置【主单位】选项卡中的【比例因子】文本框为 2。

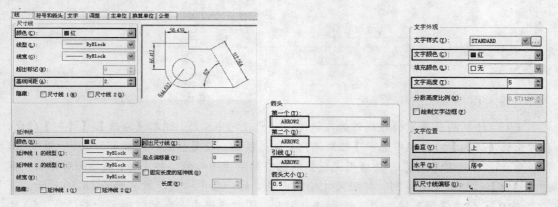

图 18-45　标注样式 2 参数设置

（4）使用 line 命令、trim 命令和 offset 命令，绘制如图 18-46 所示的标题栏和明细表。其中上面两行为明细表，下部为标题栏。标题栏外部用 0.3 mm 的粗实线来表示，其余部分用细实线表示。

（5）选择【绘图】/【文字】/【单行文字】命令，使用 IMPORT 文字样式，在明细表和标题栏中分别输入文字。文字【支撑梁】需作特殊设置，要求设置字高为 6，其余采用文字样式 IMPORT 进行设置，字高为 3.5，效果如图 18-46 所示。

（6）利用前面所学的方法，按照图 18-47 所示的尺寸标注技术要求。

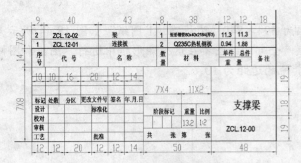

图 18-46　标题栏和明细表　　　　　　　　　　　图 18-47　标注技术要求

（7）首先绘制出主视图中的左右端线和底线。左右端线之间的距离在图中应该为 2200，全部绘制出来将会使得图形的长宽比例失调，影响显示效果，所以只绘制出能表达形体的主要形状的部分，略去中间重复的结构。下端线绘制长度为 330，左右端线则按照实际尺寸 100 绘制。然后将左右端线向内偏移 4，下端线向上偏移 20，选择【修改】/【修剪】命令，将不需要的直线修剪掉，效果如图 18-48 所示。

（8）捕捉下端线的中点，绘制中轴，将中轴向两边各偏移 1，设置两条偏移线。对下端线的两端进行倒角，倒角距离为 3，倒角角度为 45°，得到的主视图效果如图 18-49 所示。

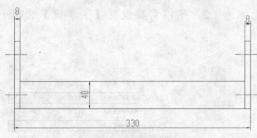

图 18-48　主视图轮廓线

图 18-49　绘制的主视图效果

（9）绘制两条垂直的短线作为左视图一个圆孔的中心线。选择【修改】/【阵列】命令，在弹出的【阵列】对话框中选中【矩形阵列】单选按钮，设置行数和列数都为 2，行距为 30，列距为 55。单击拾取对象，然后用光标拾取已有的两条中心线，按 Enter 键返回对话框。单击【确定】按钮，完成阵列。按照尺寸绘制出竖直的一条中心线，效果如图 18-50 所示。

（10）单击【圆】按钮⊙，绘制 4 个圆孔，圆心根据中心线可以确定，半径为 3.5。由于本图采用的比例是 1:2，所以实际绘制图形时，绘制尺寸都是标注尺寸的 1/2，左视图的绘制尺寸如图 18-51 所示，具体过程不再赘述。

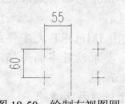

图 18-50　绘制左视图圆

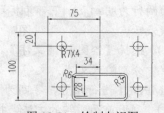

图 18-51　绘制左视图

（11）由于图中没有特殊加工表面，所以所有的表面精度都在图右上角统一标出。表面加工符号可以用 line 命令结合【绘图】/【圆】/【相切、相切、半径】命令绘出，效果如图 18-52 所示。两条直线间的角度为 60，圆半径为 2.33。

（12）选择【标注】/【公差】命令，在弹出的对话框中单击【符号】列表框中的示意图标，选择 ⊥ 符号。在【公差】文本框中输入 0.1，在【基准 1】文本框中输入 A，在【基准 2】文本框中输入 B。单击【确定】按钮，就可以生成如图 18-53 所示的形位公差符号。

（13）装配图中的每个零件都必须在明细表中记载，而零件的标号也应该在装配图中用引线标出。选择【绘图】/【圆环】命令，指定圆环内径为 0，外径为适当的值，可以直接绘制出一个实心的圆点，然后使用直线命令将引线绘制出来，绘制出的零件标号的形式如图 18-54 所示。

图 18-52 表面加工精度　　　　图 18-53 绘制形位公差　　　　图 18-54 零件标号

18.4 习题练习

18.4.1 填空题

（1）绘制零件图可分为_____和_____两种途径。

（2）装配图与零件图相比，增加了_____和_____两项。

（3）剖视图的标注包括：_____、_____和_____。

（4）完整的机械零件图一般包括_____、_____、_____和_____。

18.4.2 选择题

（1）实心轴主视图以显示外形为主，局部孔、槽可采用_____表达。键槽、花键等结构需绘制单独的_____，这样既能清晰地表达结构的细节，又有利于尺寸和技术要求的标注。

    A. 局部剖视；剖面图　　　　　　　　　B. 剖面图；局部剖视

（2）对于简单的装配图可以采用_____法，复杂的装配图需要采用_____。

    A. 直接绘制；零件图形文件插入法　　　B. 零件图形文件插入法；直接绘制

（3）国标 A2 图纸的图幅是_____。

    A. 420×594　　　　　　　　　　　　　B. 594×841

    C. 297×420　　　　　　　　　　　　　D. 148×210

（4）国标规定，在绘制零件剖面图时，以下_____可以不表示出来。

    A. 小圆角　　　　　　　　　　　　　　B. 锐边小倒角

    C. 45° 小倒角　　　　　　　　　　　　D. 轴上的键槽

18.4.3　上机操作题

（1）绘制如图 18-55 所示的支撑滑动圆柱零件图。

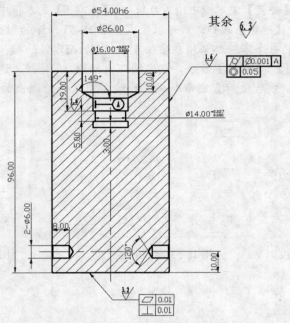

图 18-55　支撑滑动圆柱零件图

（2）绘制如图 18-56 所示的法兰盘零件图，并自己填写标题栏。

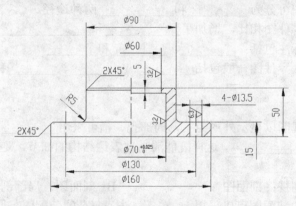

图 18-56　法兰盘零件图

（3）绘制如图 18-57 所示的限位杆装配图分图和如图 18-58 所示的总图，建议使用直接绘制方法。

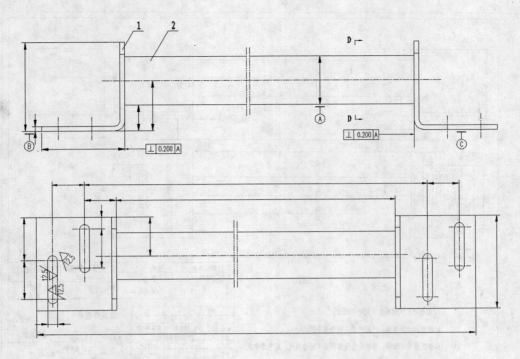

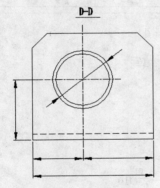

技术要求

1. 焊接时B、C两面应在同一平面上；

2. 焊接后清除焊渣，打磨焊缝，倒角去毛刺。

3. 加工后喷砂除锈，喷涂防锈底漆两遍，面漆两遍，颜色为中灰。

1件

2	XWG.02-02	横杆	1	2"低压流体输送焊接管	10.93	10.93	
1	XWG.02-01	支座	2	Q235A(6mm)	1.18	2.36	
序号	代 号	名 称	数量	材 料	单件	总件	备注
					重 量		
				组装焊接件			
标记	处数	分区	更改文件号	签名	年.月.日		
设计		标准化				限位杆	
校对				阶段标记	重量	比例	
审核					13.3	1:2	
工艺		批准		共 张 第 张		XWG.02.00	

图 18-57　限位杆装配图分图

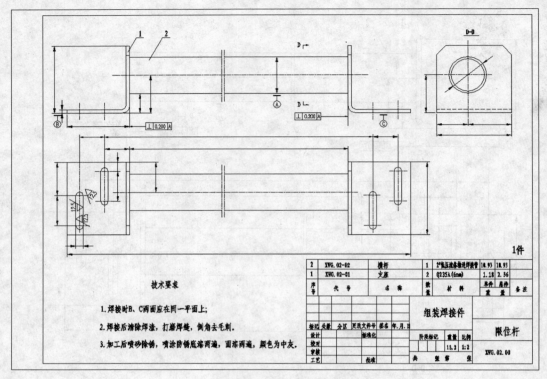

技术要求

1. 焊接时B、C两面应在同一平面上；

2. 焊接后清除焊渣，打磨焊缝，倒角去毛刺。

3. 加工后喷砂除锈，喷涂防锈底漆两遍，面漆两遍，颜色为中灰。

2	XWG.02-02	横杆	1	2"低压流体输送焊接管	18.93	18.93	
1	XWG.02-01	支座	2	Q235A(6mm)	1.18	2.36	
序号	代号	名称	数量	材料	单件	总件	备注
					重量		

组装焊接件

限位杆

XWG.02.00

图 18-58　限位杆总配图

（4）　绘制如图 18-59 所示的安装机座等轴测图。

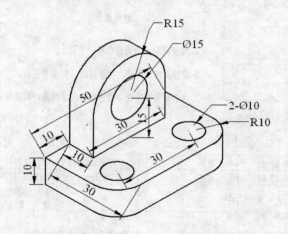

图 18-59　安装机座等轴测图

附录 A 习 题 答 案

第 1 章

1. 填空题

（1）DWG，DWT

（2）选项，选项，打开与保存

（3）从草图开始、使用样板、使用向导

（4）正东方向、逆时针方向

2. 选择题

（1）A　　　（2）B　　　（3）D　　　（4）D

第 2 章

1. 填空题

（1）实时缩放和实时平移

（2）热态、温态、冷态

（3）单击直接选择、窗口选择（左选）、交叉窗口选择（右选）

（4）被选择框完全包容的、与交叉窗口相交或者被交叉窗口包容的

2. 选择题

（1）C　　　（2）A　　　（3）A　　　（4）B

3. 问答题

（1）窗口选择（左选）方式和交叉窗口选择（右选）方式，鼠标运动方向不一样，选择框的显示也不一样。窗口选择（左选）方式首先要单击鼠标左键，然后将光标沿右下方拖动，再次单击鼠标左键，形成选择框，选择框成实线显示。被选择框完全包容的对象将被选择。

交叉窗口选择（右选）方式光标往左上移动形成选择框，选择框呈虚线，只要与交叉窗口相交或者被交叉窗口包容的对象，都将被选择。

（2）常见的缩放方式包括全部缩放、范围缩放、显示前一个视图、比例缩放、窗口缩放和实时缩放。

全部缩放在视图中显示整个图形，并显示用户定义的图形界限和图形范围。

范围缩放在视图中尽可能大的、包含图形中所有对象的放大比例显示视图，视图包含已关闭图层上的对象，但不包含冻结图层上的对象。

显示前一个视图缩放显示上一个视图。

比例缩放可以将图形按照一定的比例显示在视图中，这种缩放方式能够按照精确的比例缩放视图。按照要求输入比例后，系统将以当前视图中心为中心点进行比例缩放。

窗口缩放用于缩放一个由两个对角点所确定的矩形区域，在图形中指定一个缩放区域，AutoCAD 将快速地放大包含在区域中的图形

实时缩放开启后，视图会随着鼠标左键的操作同时进行缩放。当执行实时缩放后，光标将变成一个放大镜形状 $\boxed{Q \cdot}$，按住鼠标左键向上移动将放大视图，向下移动将缩小视图。

第 3 章

1. 填空题

（1）（11,22）
（2）切点
（3）对象的长度和等分点的个数
（4）辅助线、距离、点

2. 选择题

（1）B　　（2）C　　　（3）C　　　（4）A

第 4 章

1. 填空题

（1）@100<30
（2）内接于圆和外切于圆
（3）线宽
（4）ARC、PLINE

2. 选择题

（1）B　　（2）D　　　（3）B　　　（4）A、B

第 5 章

1. 填空题

（1）move，rotate，erase
（2）圆角和倒角
（3）交叉窗口选择方式
（4）图形选择窗口内的部分会、与图形选择窗口相交的部分

2. 选择题

（1）D　　（2）A　　（3）C　　　（4）C

第 6 章

1. 填空题

（1）矩形阵列和环形阵列，平行偏移和同心偏移
（2）镜像
（3）顺时针、逆时针

（4）　复制、复制和带基点复制

2．选择题

（1）A　　　（2）A　　　（3）D　　　（4）C

第 7 章

1．填空题

（1）hatch

（2）【图案填充原点】

（3）explode

（4）内

2．选择题

（1）D　　　（2）B

3．问答题

（1）用户如果需要对图案填充进行编辑，可以采取以下 3 种方法：

● 双击需要编辑的填充图案，或者在需要编辑的填充图案上右击鼠标，在弹出的快捷菜单中选择【编辑图案填充】命令，都会弹出【图案填充编辑】对话框，在该对话框中进行编辑即可。

● 在需要编辑的填充图案上右击鼠标，在弹出的快捷菜单中选择【特性】命令，弹出【特性】浮动窗口在其中进行编辑即可。

● 如果填充图案改动过大，可以考虑删除原填充图案，重新使用本章所介绍的适当的填充方法重新填充图案。

（2）以下列举 4 种常见的不能填充图案的情况。

● 使用 bhatch 命令填充不封闭的图形，此时弹出【边界定义错误】对话框提示用户。一般来说，不封闭图形填充图案使用 hatch 命令。

● 使用【拾取点】选取方式时，拾取点直接落在了边界上，此时弹出【边界定义错误】对话框提示用户【点直接在对象上】，用户将拾取点落在边界内就可以执行操作。

● 由于控制填充可见性的系统变量 FILEMODE 处于关闭状态，使实际已经填充的图案处于不可见状态。

● 由于填充图案间距太密导致不能填充，此时命令行提示【图案填充间距太密，或短划尺寸太小】。这种情况下，只需要将填充比例放大即可。

第 8 章

1．填空题

（1）水平、垂直、相交

（2）切点、垂足

（3）pline 和 offset

（4） 切点

第9章

1. 填空题

（1） 单行文字标注；多行文字标注
（2） 【样式】；文字样式
（3） TrueType 类型的字体和大字体文件。
（4） 变成可编辑状态、多行文字编辑器
（5） 数据单元、列标题和标题

2. 选择题

（1） B　　　（2） D　　　（3） B　　　（4） B

第10章

1. 填空题

（1） 标注文字、尺寸线、箭头和尺寸界线，圆心标记和中心线
（2） 对齐标注
（3） DIMEDIT
（4） QLEADER

2. 选择题

（1） D　　　（2） A.D　　　（3） D　　　（4） C

第11章

1. 填空题

（1） 冻结　关闭
（2） ACADISO.LIN
（3） 锁定
（4） 图层 0 和 DEFPOINTS、包含对象（包括块定义中的对象）的图层、当前图层和依赖外部参照的图层

2. 问答题

（1） 一个图形文件中，通常有图层 0、图层 DEFPOINTS、当前图层、包含对象（包括块定义中的对象）的图层和依赖外部参照的图层，这些图层不能被删除。
（2） 锁定之后的图层不能被编辑，但是是可见的；关闭之后的图层是不可见的，且不能打印；冻结之后的图层既不可见，也不可以编辑。但是图层的锁定、关闭、冻结与否，不影响图层本身的基本操作，譬如删除、置为当前等基本操作。

第12章

1. 填空题

（1）　block，wblock

（2）　【统一比例】

（3）　explode

（4）　图块的属性、属性标签、属性值

2.　问答题

（1）　在【插入】对话框中，取消【统一比例】复选框的选中状态，在【X】文本框中输入 3，在【Y】文本框中输入 3，由于是二维图形，【Z】文本框不用设置。

（2）　内部图块不是一个单独的图形文件，它只可以在创建内部图块的当前文件中使用，如果需要在其他图形文件中使用该内部图块，可以使用【复制】命令将其粘贴到其他图形文件中。外部图块是一个单独的图形文件，可以在任何一个图形文件中使用。

第 13 章

1.　填空题

（1）　上下两个小圆上

（2）　消隐

（3）　世界坐标系、用户坐标系

（4）　视口、视图

2.　选择题

（1）　A　　　（2）　B　　　（3）　D

3.　问答题

（1）　所谓右手定则是指将右手背对着屏幕放置，拇指指向 X 轴的正方向，伸出食指和中指，且食指指向 Y 轴的正方向，中指所指的方向就是 Z 轴的正方向。要确定某个坐标轴的正旋转方向，用右手的大拇指指向该轴的正方向并弯曲其他 4 个手指，右手 4 指所指的方向就是该坐标轴的正旋转方向。

（2）　按一定比例、位置和方向显示的图形称为视图。视口是图形屏幕上用于显示图形的一个限定区域。默认状态下，AutoCAD 将整个作图区域作为单一的视口，可在其中绘制和操作图形，用户也可以根据作图需要将屏幕设置成多个视口，以方便绘图。视图在视口中显示，一个视口只能包含一个视图，屏幕上可以有多个视口。

第 14 章

1.　填空题

（1）　REGION

（2）　surftab1、surftab2、isolines

（3）　X 轴、Y 轴、Z 轴

（4）　线框模型、曲面模型、实体模型、曲面模型

2.　选择题

（1）　A　　　（2）　D　　　（3）　C　　　（4）　B

第 15 章

1. 填空题

（1）层数
（2）相交
（3）交集、差集、并集
（4）copy、move

2. 选择题

（1）B　　（2）C　　（3）D　　（4）A

第 16 章

1. 填空题

（1）模型空间和图纸空间
（2）打印偏移
（3）从开始建立布局、利用样板建立布局和利用向导

2. 选择题

（1）A　　（2）C　　（3）A、B、C

第 17 章

1. 填空题

（1）1:1000
（2）构造线、偏移
（3）【对象特性】工具栏、【图层特性管理器】对话框
（4）DWT
（5）绘图界线、绘图单位、基本图层、基本文字样式、基本尺寸标注样式

2. 选择题

（1）A　　（2）D　　（3）B　　（4）C

第 18 章

1. 填空题

（1）.测绘；拆图
（2）零件编号；明细表
（3）剖切线、剖切符号、视图名称
（4）一组视图、全部尺寸、技术要求、标题栏

2. 选择题

（1）A　　（2）A　　（3）A　　（4）A、B、C